水利水电施工

SHUILI SHUIDIAN SHIGONG

2018 年第 2 辑

全国水利水电施工技术信息网

中国水力发电工程学会施工专业委员会　主编

中国电力建设集团有限公司

U0340404

中国水利水电出版社
www.waterpub.com.cn

·北京·

图书在版编目（ＣＩＰ）数据

水利水电施工. 2018年. 第2辑 / 全国水利水电施工
技术信息网，中国水力发电工程学会施工专业委员会，中
国电力建设集团有限公司主编. -- 北京 : 中国水利水电
出版社，2018.7
ISBN 978-7-5170-6693-4

Ⅰ. ①水… Ⅱ. ①全… ②中… ③中… Ⅲ. ①水利水
电工程－工程施工－文集 Ⅳ. ①TV5-53

中国版本图书馆CIP数据核字(2018)第169567号

书　　　名	**水利水电施工　2018年第2辑** SHUILI SHUIDIAN SHIGONG 2018 NIAN DI 2 JI	
作　　　者	全国水利水电施工技术信息网 中国水力发电工程学会施工专业委员会　　主编 中国电力建设集团有限公司	
出 版 发 行	中国水利水电出版社 （北京市海淀区玉渊潭南路1号D座　100038） 网址：www.waterpub.com.cn E-mail : sales@waterpub.com.cn 电话：（010）68367658（营销中心）	
经　　　售	北京科水图书销售中心（零售） 电话：（010）88383994、63202643、68545874 全国各地新华书店和相关出版物销售网点	
排　　　版	中国水利水电出版社微机排版中心	
印　　　刷	北京瑞斯通印务发展有限公司	
规　　　格	210mm×285mm　16开本　9.5印张　359千字　4插页	
版　　　次	2018年7月第1版　2018年7月第1次印刷	
印　　　数	0001—2500册	
定　　　价	36.00元	

黄登水电站地下厂房Ⅰ层中导洞

黄登水电站地下厂房Ⅰ层顶拱开挖

黄登水电站1#尾水隧洞Ⅰ层开挖

黄登水电站地下厂房岩壁梁双向开挖效果图

黄登水电站地下厂房Ⅶ层开挖

黄登水电站地下厂房与压力管道锁口预应力锚杆施工

黄登水电站尾水检修闸门室岩台梁以上开挖效果图

黄登水电站主变室开挖支护

黄登水电站地下厂房 I 层支护施工

黄登水电站标准化主厂房运输洞管路

黄登水电站进水口混凝土入仓系统

免装修的黄登水电站主厂房肘管层廊道

免装修的黄登水电站主变室主变压器层

已浇筑的黄登水电站坝身式进水口胸墙

已浇筑的黄登水电站调压室四岔口

已浇筑的黄登水电站主厂房中间层

黄登水电站 1# 尾水出口检修闸门

黄登水电站 4# 引水上平洞压力钢管焊接

黄登水电站地下厂房

黄登水电站副厂房上部网架标准化施工通道

黄登水电站进水口钢筋及冷却水管安装

黄登水电站廊道模板安装　　　　　　　　　黄登水电站蜗壳钢筋安装

黄登水电站引水下弯段施工排架　　　　　　黄登水电站主厂房肘管安装

黄登水电站主排风楼安全防护架

本书封面、封底、插页照片均由中国水利水电第十四工程局有限公司黄登项目部提供

《水利水电施工》编审委员会

组 织 单 位　中国电力建设集团有限公司
主 编 单 位　全国水利水电施工技术信息网
　　　　　　　中国水力发电工程学会施工专业委员会
　　　　　　　中国电力建设集团有限公司
名 誉 主 任　孙洪水
顾　　　　问　马洪琪　张超然　钟登华　缪昌文　付元初　梅锦煜
主　　　　任　宗敦峰
副 主 任　江小兵　郑桂斌
委　　　　员　吴新琪　高　翔　李志谦　郑　平　季晓勇　郭光文
　　　　　　　余　英　吴国如　郑桂斌　孙志禹　余　奎　毛国权
　　　　　　　王　辉　林　鹏　李文普　楚跃先　黄晓辉　李福生
　　　　　　　李志刚　梁宏生　王鹏禹　席　浩　张文山　吴高见
　　　　　　　杨成文　向　建　涂怀健　王　军　陈　茂　杨和明
　　　　　　　钟彦祥　沈益源　沈仲涛　杨　涛　和孙文　何小雄
　　　　　　　吴秀荣　肖恩尚　杨　清　陈观福　张国来　曹玉新
　　　　　　　刘永祥　成子桥　张奋来　刘玉柱　陈惠明　芮建良
　　　　　　　马军领　刘加平　孙国伟　黄会明　陈　宏
主　　　　编　宗敦峰
副 主 编　李志谦　楚跃先　郦颂东
编委会办公室　杜永昌　黄　诚

前　言

　　《水利水电施工》是全国水利水电施工技术信息网的网刊，是全国水利水电施工行业内刊载水利水电工程施工前沿技术、创新科技成果、科技情报资讯和工程建设管理经验的综合性技术刊物。本刊以总结水利水电工程前沿施工技术、推广应用创新科技成果、促进科技情报交流、推动中国水电施工技术和品牌走向世界为宗旨。《水利水电施工》自2008年在北京公开出版发行以来，至2017年年底，已累计编撰发行60期（其中正刊40期，增刊和专辑20期）。刊载文章精彩纷呈，不乏上乘之作，深受行业内广大工程技术人员的欢迎和有关部门的认可。

　　为进一步提高《水利水电施工》刊物的质量，增强刊物的学术性、可读性、价值性，自2017年起，对刊物进行了版式调整，由杂志型调整为丛书型。调整后的刊物继承和保留了原刊物国际流行大16开本，每辑刊载精美彩页，内文黑白印刷的原貌。

　　本书为调整后的《水利水电施工》2018年第2辑（中国水利水电第十四工程局有限公司黄登项目专辑），全书共分6个栏目，分别为：土石方与导截流工程、地下工程、混凝土工程、地基与基础工程、机电与金属结构工程、企业经营与项目管理，共刊载各类技术文章和管理文章33篇。

　　本书可供从事水利水电施工、设计以及有关建筑行业、金属结构制造行业的相关技术人员和企业管理人员学习、借鉴和参考。

编者

2018年4月

目　　录

地基与基础工程

机电与金属结构工程

企业经营与项目管理

Contents

Preface

Earth Rock Project and Diversion Closure Project

Underground Engineering

Concrete Engineering

Foundation and Ground Engineering

Electromechanical and Metal Structure Engineering

Enterprise Operation and Project Management

倾倒蠕变岩体深竖井快速开挖支护技术

张永岗　杨育礼　何玉虎/中国水利水电第十四工程局有限公司

【摘　要】 黄登水电站出线竖井位于倾倒蠕变岩体内，地质条件复杂。本文通过对施工过程中出现的特殊情况进行分析、总结，采取预固结灌浆、预衬砌、环向钢支撑、锚筋桩、锚杆、喷混凝土等多种加强支护方式达到开挖期安全支护目的。通过井口设置合理安全的提升系统满足小反铲下井扒渣施工，实现复杂地质条件下竖井快速高效开挖。

【关键词】 倾倒蠕变岩体　深竖井　加强支护　设备扒渣　快速施工

1　工程概况

1.1　工程简介

黄登水电站在主变室右端布置一条出线竖井，下部与主变室连通，上部与出线楼连接，深208.8m，圆形，高程1690.3～1481.5m，开挖直径10.4m，衬砌后直径8.5m。

1.2　地质条件

出线竖井岩性为变质火山角砾岩夹变质凝灰岩，竖井井口0～50m段为倾倒蠕变岩体分布区，岩体为强风化、强卸荷、松散破碎、夹泥，以散体结构为主，岩体类别为Ⅴ类；50～58m段为强卸荷带，顺层挤压面发育的t_{j5}、断层f_{230}破碎带及影响带范围，岩体较破碎，结构面发育，属镶嵌夹碎裂结构，为Ⅳ类围岩，井壁稳定性差。竖井井口以下58～208m段，为弱风化、卸荷及卸荷岩体，岩体结构类型以次块状结构为主，局部镶嵌结构，节理裂隙发育，围岩类别为Ⅲ类。

2　施工程序及方法

2.1　施工程序

测量放线→反井钻机基础施工→反井钻机安装→导孔钻进→反导井施工→一次扩挖卷扬系统布置→一次扩挖→二次扩挖材料、人员提升系统布置→二次扩挖及支护。

2.2　施工方法

（1）导孔及反导井施工。用全站仪放出竖井轴线位置，然后进行反井钻机基础预埋件安装和混凝土浇筑，强度达到70%时进行反井钻机安装及调试。导孔钻进采用φ216钻头自上而下进行，钻渣用大流量高压水冲洗从孔口返出。导井钻穿后，从下部安装直径1.4m反井钻头，自下而上进行反导井施工。

（2）一次扩挖。在竖井上部设置简易门型架和卷扬系统，并用直径1.2m圆形导向吊笼承担人员、材料、设备的上下运输，吊笼设置防坠装置，确保施工人员安全。一次扩挖自下而上沿轴线中心造辐射孔，分段进行爆破开挖，分段长度控制在4m左右，扩挖后形成直径3.4m溜渣井。

（3）二次扩挖及支护。二次扩挖自上而下分层进行，分层高度：Ⅳ～Ⅴ类围岩为1.0～1.5m，Ⅱ～Ⅲ类围岩为2.5～3.0m。二次扩挖采用"钻孔样架技术"用手风钻造垂直孔进行爆破开挖，设计轮廓线进行光面爆破。采用非电雷管微差起爆法爆破。爆破渣料用小反铲扒渣从一次扩挖形成的导井溜渣至主变室运走。

二次扩挖期间，分别设置载人吊笼、载物吊笼、井盖和设备吊运三套垂直运输系统。二次扩挖每完成一个钻爆开挖循环后及时进行安全支护施工。

3 主要施工技术

3.1 竖井导孔及反导井施工

（1）反井钻机基础及泥浆系统施工。确定好竖井中心后，以此为基础中心，开挖长 4m、宽 3m、深 0.5m 的槽子，清基后浇筑钻机基础混凝土。在钻机基础周围砌筑 3m×2m×1.0m 的水池用于导孔钻进排渣及循环供浆（水）。

（2）供电、供水。反井钻机电机功率 87.5kW，钻机用高压泥浆泵 90kW，主油泵 75kW，副油泵 7.5kW，电压等级为 380V，总功率 260kW。导孔钻进需水 5～10m³/h，用于循环排渣。冷却反井钻机液压系统，扩孔钻进需水 15m³/h，用于冷却液压系统和扩孔钻头。

（3）钻机安装调试及试运转。①接通所有电机电源，进行短暂通电，观察电机转向；②接通钻机泵车到操作车、钻机之间进回油管路；③安装机械手和转盘吊；④钻机调平、找正；⑤安装下支撑和前后斜拉杆；⑥浇地脚螺栓孔；⑦接通冷却水系统；⑧进行泥浆泵调试，形成水（泥浆）循环系统。

（4）导孔钻进。导孔钻进参数主要依据地层条件、钻进部位等多方面因素确定。一般按表 1 所示参数施工，在施工时根据不同岩石及地质情况调整。

表 1　　导孔钻进参数选择

钻进位置或岩石情况	钻压/kN	转速/(r/min)	钻速/(m/h)
导孔开孔	50	10～20	0.3～0.6
钻透到下水平前	50～70	20	0.5

（5）反导井钻进。导孔钻穿后，拆下导孔钻头，接上扩孔钻头，然后开始缓慢上提钻具，直到滚刀开始接触岩石，然后停止上提，用最低转速（5～9r/min）旋转，并慢慢递进，保证钻头滚刀不受过大的冲击而破坏。等刀齿把凸出的岩石破碎掉，钻头全部均匀接触岩石，开始正常进行扩孔钻进。当钻头钻至距钻机基础混凝土 2.5m 时，降低钻压慢速钻进，慢慢上提扩孔钻头，直至钻头安全露出地面。

（6）导孔不反水处理。黄登水电站出线竖井开始钻进导孔内就无返水，先采用常规固壁处理方法，历经 16 天，导孔才钻进 18m。后来调整方案：对竖井中心 4m 直径范围基岩进行预固结灌浆，根据倾倒蠕变岩体及强卸荷岩体取灌浆孔深 69m，共布置 4 个孔，其中一孔在导孔中心，另外 3 个布置在圆周边线上，中心角 120°。灌浆孔采用地质钻机造孔，自上而下分段孔口封闭法灌浆。孔口 2m 设置孔口管，钻孔孔径 ϕ75。钻灌分段控制，第 1 段段长 2m，第 2 段段长 3m，第 3 段及以下段长 6m。浆液采用 0.5:1。灌浆压力：周边孔 0.2MPa，中心孔 0.5MPa。注入率不大于 1L/min 时，继续灌注 15min 结束。

在完成灌浆后，重新启动导孔钻进。钻孔到距离井口 121m 的地方后再次出现不返水情况。将反井钻钻杆和钻头提出，采用 0.5:1:1 的水泥砂浆灌注，灌注总量为将整个已钻的导孔灌满。

出线竖井在导井钻进过程中先后经历了一次预固结灌浆和两次固壁灌浆，有效解决了导孔不返水问题。

3.2 一次扩挖施工

（1）卷扬系统布置。一次扩挖卷扬系统采用 10t 卷扬机，配一个直径 1.2m 导向吊笼用于手风钻、钻杆、爆破材料及人员吊运，吊笼设置防挂和防坠装置。一次扩挖卷扬系统布置见图 1。

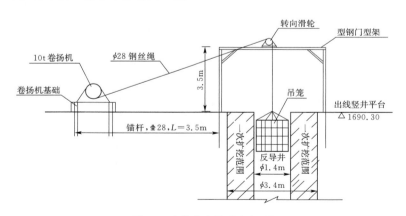

图 1　一次扩挖卷扬系统布置图

（2）一次扩挖钻孔及爆破。一次扩挖采用 YT-28 手风钻自下而上造环向辐射孔，分段造孔爆破开挖。辐射孔间距按照中心角 40°均匀布置，每排布置 9 个孔，排距 0.8m，钻孔下倾 10°，孔深 1.0m。装药长度 0.65m，堵塞长度 0.35m，单孔装药量 0.65kg，微差毫秒雷管磁电起爆，分段长度 4m。爆破设计参数见表 2。

表2 一次扩挖爆破设计参数表

炮孔名称	雷管段数	钻孔参数						装药参数				
		孔径/mm	孔深/m	孔距/cm	最小抵抗线/cm	K值	孔数	药卷/mm	装药长度/m	堵塞长度/m	单孔药量/kg	段药量/kg
主爆孔	MS1	50	1.0	29.3	0.8	1.56	15	32	0.65	0.35	0.65	9.75
	MS3	50	1.0	29.3	0.8	1.56	15	32	0.65	0.35	0.65	9.75
	MS5	50	1.0	29.3	0.8	1.56	15	32	0.65	0.35	0.65	9.75
	MS7	50	1.0	29.3	0.8	1.56	15	32	0.65	0.35	0.65	9.75
	MS9	50	1.0	29.3	0.8	1.56	15	32	0.65	0.35	0.65	9.75
小计												48.75

3.3 二次扩挖施工

二次扩挖自上而下分层开挖，采用YT-28手风钻造竖直孔，轮廓线采用"钻孔样架技术"钻孔、光面爆破，分层开挖高度按Ⅳ～Ⅴ类围岩1.0～1.5m、Ⅱ～Ⅲ类围岩3.0m控制。

（1）井口锁口支护。在二次扩挖前，先进行井口锁口混凝土和锚筋桩施工。锁口混凝土厚1.5m，高3.0m，采用C25钢筋混凝土；锚筋桩沿竖井周边布置，钻孔与井壁方向夹角15°向外倾斜，规格$L=9.0$m，

$3\phi32@2.0$m。采用组合钢模及拉筋加固，泵送及溜槽直接入仓，人工平仓，插入式振捣器振捣。

（2）二次扩挖提升系统设置。二次扩挖期间，在井口上方设置提升系统负责人员、材料、设备及井盖下井。竖井提升系统包括135kN矿用绞车、龙门架、滑动平台及轨道、卷扬机（吊井盖、稳绳、载人吊笼、滑动平台共4台）、井盖、反铲底座等，在提升系统上部设置雨棚确保雨季施工。出线竖井提升系统布置见图2、图3。

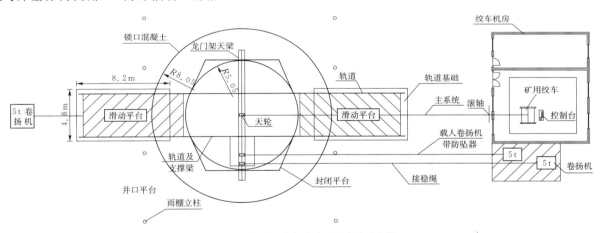

图2 出线竖井提升系统平面布置示意图

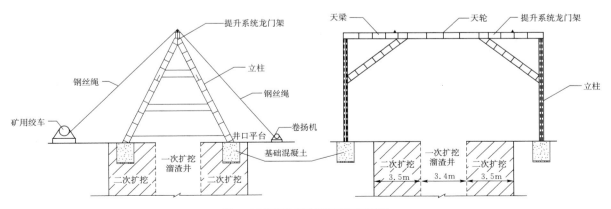

图3 出线竖井提升系统立面示意图

（3）二次扩挖施工。竖井二次扩挖采用手风钻垂直钻孔分层爆破开挖，周边孔光面爆破，分层高度据围岩类别确定，爆破孔布置按照主爆孔间距0.8m、周边光爆孔间距0.5m进行控制。主爆孔超深0.8m，光爆孔超深0.5m。主爆孔采用ϕ32药卷连续装药，周边孔采用ϕ22药卷竹片间隔装药，孔口用砂袋堵塞。起爆分段采用圆周分段法，爆破孔用非电毫秒雷管起爆网络。出线竖井二次扩挖钻孔及爆破设计见图4，爆破参数见表3。

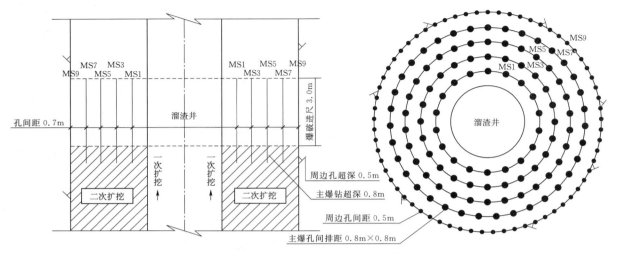

图4　出线竖井二次扩挖爆破钻孔及爆破设计图

表3　　出线竖井二次扩挖爆破参数表

炮孔名称	雷管段数	钻孔参数						装药参数				
		孔径/mm	孔深/m	孔距/cm	最小抵抗线/cm	K值	孔数	药卷/mm	装药长度/m	堵塞长度/m	单孔药量/kg	段药量/kg
主爆孔	MS1	50	4	80	0.7	1.56	18	32	3.2	0.8	3.2	57.6
	MS3	50	4	80	0.7	1.56	24	32	3.2	0.8	3.2	76.8
	MS5	50	4	80	0.7	1.56	30	32	3.2	0.8	3.2	96
	MS7	50	4	80	0.7	1.56	35	32	3.2	0.8	3.2	112
周边孔	MS9	50	3.7	50	0.7	2	65	25	2.9	0.8	0.481	31.26
小计												373.66

（4）二次扩挖测量控制。出线竖井扩挖测量采用分段控制法，利用出线平台、上坝交通洞、新增6#施工支洞、主变室作为通道将竖井测量分为三段。采用垂球吊线定点、钢尺量距的方法进行测量放样，超欠挖检查。分别在上坝交通洞、新增6#施工支洞、主变室使用全站仪测设三维坐标进行规格检查、断面复核。采用全站仪测量高程基准点，利用50m钢尺量取垂直距离计算与基准高程的高差来控制。

3.4　支护施工

3.4.1　出线竖井支护参数

竖井上部井口3ϕ32@2m×2m，$L=9$m，偏角15°锁口锚筋桩；下部井底与主变室交叉口ϕ32@1.5m×1.5m，$L=9$m，125kN预应力锁口锚杆；井筒ϕ25（28）@2m×2m，$L=4.5$m（6m）系统锚杆交错布置；井筒边墙局部挂ϕ6.5mm钢筋网；喷C20素混凝土15cm。

实际施工阶段，地质条件发生变化，设计对井筒进行了加强支护调整。调整后支护参数如下：

（1）井口0～3m段：增加3m锁口钢筋混凝土，同时将3m范围内原设计系统锚杆ϕ25/ϕ28@2m×2m，$L=4.5/6$m，调整为3ϕ32@2m×2m，$L=9$m锚筋桩。

（2）井口0～10m段：增加环向钢支撑（采用I20b工字钢），上5m榀间距为0.5m，下5m榀间距为0.75m，钢支撑纵向采用[12.6槽钢连接，间距1.5m。

（3）井口0～50m段：

1）出线竖井采取分层开挖，开挖高度1.2～1.5m。在开挖前井壁周边向外倾10°～15°钻孔进行超前预固结灌浆，钻孔间距2m，孔深3m，分两序进行，灌浆压力控制在0.1～0.3MPa。由于围岩破碎，对下部预固结灌浆参数调整为：孔深3.0m，孔距0.75m，排距3.0m，钻孔方向沿孔壁外倾10°～15°，预固结灌浆采用水泥砂浆进行，若每孔耗灰量达到500kg时孔口未返浆即结束灌浆。

2）有护壁混凝土段，每隔三排锚杆替换一排锚筋桩 3φ32@2m×4.5m（间距×排距），L=9m。

3）竖井采取 1.5m 一个循环进行护壁处理，如超挖大于 30cm 的面积小于该循环 30%，则采用喷 C20 混凝土方式支护，喷混凝土面齐平开挖面；如超挖大于 30cm 的面积超过该循环 30%，则采用立模板进行 C₂₈20 自密实混凝土浇筑，护壁配筋采用单层（环向 φ28@200，纵向 φ18@200）钢筋，护壁钢筋与锚杆及锚筋桩焊接为一整体，确保护壁混凝土的稳定。为了便于下料，每层护壁混凝土厚度上部可比下部厚 10cm，形成倒锥形，但不侵占后期 0.8m 厚混凝土永久衬砌结构。

（4）井口以下 53～65m 段：首先对出线竖井高程 1625～1637m 范围内的松动岩体进行人工清撬，然后挂设 φ6.5@0.2m×0.2m 钢筋网，喷 C20 厚 15cm 微纤维混凝土。高程 1625～1637m，从上坝交通洞口外壁沿顺时针方向 180°范围内增加 3φ32@1.5m×1.5m、L=9m 锚筋桩，安装前先用 0.5：1 的浆液、0.3MPa 的压力对开裂破碎松散的围岩进行预固结灌浆。待锚筋桩施工完成之后，对同区域挂设 GPS2 型主动防护网，防止出线竖井继续下挖时掉块对下部施工造成安全隐患。

（5）井口以下 65～208.5m 段：维持原参数，井筒砂浆锚杆 φ28/φ25@2m×2m、L=6m/4.5m，梅花形交替布置；喷 C20 素混凝土，厚 0.15m；视情况局部挂 φ6.5@0.2m×0.2m 钢筋网。

3.4.2 竖井支护施工

竖井支护施工程序：施工准备→锚杆→挂网→喷混凝土→护壁混凝土→下一循环。

（1）锚杆和锚筋桩施工。4.5m、6m 锚杆采用 YT-28 手风钻造孔，大于 6m 锚杆和锚筋桩采用 QZJ-100B 轻型潜孔钻造孔，人工在爆渣上安插锚杆，UH4.8 注浆机注浆。

普通砂浆锚杆采用"先注浆后安装锚杆"的施工工艺，大于 6m 的普通砂浆锚杆或锚筋桩采用"先安装锚杆后注浆"的施工工艺。

（2）挂网喷微纤维混凝土施工。先喷 1 层 3～5cm 厚混凝土后，人工挂铺钢筋网，并与锚杆和附加插筋连接牢固，然后进行第 2、3 层施喷，每层喷厚 3～6cm，第 4 层一般情况下作为复喷。竖井段采用人工在爆渣上或短梯上作业。喷混凝土用 6m³ 搅拌运输车从拌和楼运输、溜管溜至工作面，TK500 混凝土喷射机施喷。喷微纤维混凝土 3～4 层，一次喷护到位。

钢筋网为屈服强度 300MPa 的光面钢筋（Ⅰ级钢筋）或 GPS2 型主动防护网（4m×5m）；微纤维采用聚丙烯微纤维，其纤维抗拉强度应不小于 450MPa、纤维杨氏弹性模量应不小于 500MPa、纤维断裂伸长率不大于 25%，微纤维长度 14mm，掺量 0.9kg/m³。

钢筋网在钢筋加工厂编焊，8t 载重汽车运至工作面后人工铺挂。钢筋网与锚杆焊接牢固，且尽量紧贴初喷面。对有凹陷较大部位，可加设短插筋或膨胀螺杆拉紧钢筋网。

3.4.3 型钢拱架施工

型钢拱架在加工厂分段加工制作，8t 载重车运输至现场，人工安装。圆弧形工字钢加工采用自制的工字钢弯曲机冷弯而成，制作成单元标准件，单元标准件端头部位焊接连接钢板，连接钢板上设置螺栓孔，用于井内现场安装时的快速连接。单元件上间隔 80cm 焊接 φ38 的短钢管，用于现场安装时榀与榀之间的连接钢筋的固定，榀与榀之间的连接钢筋采用 φ25 钢筋。拱架安装后与系统锚杆或随机锚杆焊接固定。

3.4.4 护壁混凝土施工

竖井井口以下 50m 段由于岩石极其破碎，自稳能力差，采用护壁混凝土进行支护，施工程序为：施工准备→钢筋绑扎→立模→浇筑→拆模→下一循环。护壁混凝土钢筋在场内加工，8t 载重车运至现场人工绑扎，模板采用组合钢模拉筋加固，混凝土采用搅拌运输车运至现场、溜管输送至仓面、人工插入式振捣器振捣。

4 结语

黄登水电站倾倒蠕变岩体内深竖井开挖支护的安全快速施工完成，摸索出了一套适合复杂地质条件下深竖井快速施工的方法，对今后竖井快速施工有一定的借鉴意义。其中设备下井扒渣施工方法的成功使用，具有安全、快速、经济等特点，大幅度提高竖井二次扩挖施工效率，取得较好的经济效益和社会效益。施工中积极总结所使用的新技术，申请获批了"一种中小型断面竖井下井扒渣装置""一种竖井开挖期吊笼稳绳装置"和"一种竖井一次扩挖导向吊笼"三项实用新型专利。

黄登水电站岩壁梁岩台双向控爆开挖施工

杨育礼 张永岗 蔡 彬／中国水利水电第十四工程局有限公司

【摘 要】 通过对多个地下厂房岩壁吊车梁施工的探索及总结，成功摸索出了一套岩壁吊车梁岩台开挖施工工法，并在黄登水电站成功实施，开挖成型效果较好。

【关键词】 吊车梁 开挖施工 双向控爆 黄登水电站 地下厂房

1 概述

地下厂房开挖施工中，岩壁梁岩台开挖是施工的重点及难点，开挖成型极为困难，精度要求又极高。通过科学的试验，选择适合的爆破参数、钻孔参数、孔间排距等。根据不同地质条件，在岩台开挖前采取一些针对性的加固措施，保证了岩台的完整性；在岩台的造孔精度控制上，采用了样架导向技术，保证了造孔质量；岩台开挖采取双向光面爆破法，保证了岩壁吊车梁开挖质量。

黄登水电站地下主厂房地层主要为变质火山角砾岩、变质火山细砾岩夹变质凝灰岩，其次是侏罗系中统花开左组板岩。洞室岩体呈次块状—块状，以Ⅱ、Ⅲ类围岩为主，岩体完整性好，局部受 $F_{230}-14$ 断层影响，围岩揭露呈水平向 70°切割断层；地下洞室位于地下水位以下，洞室围岩均为微透水—极微透水岩体。主厂房开挖高度为 80.5m，长度为 247.3m，上拐点以上宽度为 32m，下拐点以下宽度为 29m。根据主厂房分层高度，岩台布置在主厂房Ⅲ层上下游边墙，上拐点高程为 1496.27m，下拐点高程为 1494.13m；岩台高为 2.14m，宽为 1.5m，斜面长 2.62m，倾角为 55°。

岩壁吊车梁开挖结合主厂房Ⅲ层结构特点，首先进行中部梯段拉槽开挖（宽度为 20m），并预留 4.5m 保护层。中部拉槽开挖采用潜孔钻垂直钻孔，中部拉槽超前两侧岩台保护层开挖约 30m。岩台部分采用手风钻双向光爆，施工过程中按Ⅲ①→Ⅲ②→Ⅲ③…Ⅲ⑤的顺序进行开挖。在中槽开挖前下直墙所在面采用 YQ－100E 改进型轻型潜孔钻钻孔，一次预裂到Ⅲ层底板 1489.70m 高程；岩壁梁上拐点以上直墙设计轮廓线光爆孔采用手风钻造孔，并预埋 PVC 管进行保护。下直墙以内的保护层采用手风钻分台阶垂直开挖，浅孔小药量爆破，开挖高度 3.8m。最后进行岩壁梁小三角体岩台开挖，采用三角体斜墙面及上直墙面手风钻打斜孔和垂直孔双向光爆。岩台开挖采用高精度非电雷管，磁电雷管起爆。边墙预裂采用 YQ－100E 改进型轻型潜孔钻钻孔，中槽开挖采用手风钻水平钻孔。为确保岩壁吊车梁拐点安全，在 1493.97m 高程（拐点以下 16cm）布置 $\phi 25@1m$、$L=3m$、外露 0.1m 的砂浆锚杆，并采用 $\angle 160×100×10$ 角钢与锚杆焊接。斜面孔造孔时采用 1.5 寸钢管架设样架造孔。

岩台开挖成型平整度控制较好，半孔率达到 90%以上，平均超挖控制在 8.9cm 以内。

2 技术特点

岩壁吊车梁控制精度要求高，岩台不能受到大的扰动。为减少爆破振动对岩壁吊车梁的影响，该部位的开挖采用预留保护层的开挖方式，先离厂房边墙 3～5m 预留保护层进行施工预裂，再进行中部梯段拉槽开挖。中槽施工预裂采用轻型潜孔钻造孔，采用履带式潜孔钻 D7 进行梯段开挖，也可采用手风钻造水平孔开挖；岩台所在层设计边线预裂采用轻型潜孔钻造竖直孔，采取"一次预裂、薄层开挖、随层支护"的方法，减小对保留岩体的爆破振动影响，保证高边墙稳定。保护层开挖遵循"短进尺、弱爆破"的原则采用手风钻分层进行，斜岩台部位采用双向光爆，其余部位单向光爆。同时为了保证开挖质量，在岩台开挖前需选取一个部位进行生产性试验。

3 施工方法及要点

岩壁吊车梁双向光爆采用分段、分序施工，其施程序和施工工艺主要根据生产性试验确定。

3.1 生产性试验

生产性试验的目的主要是通过试验不断摸索、确定岩壁吊车梁开挖的施工程序、爆破参数及钻孔精度控制方法。试验分为模拟试验及生产性试验，一般模拟试验进行1~2次，生产性试验进行3~4次。生产性试验选择在不同地质条件下进行，验证并确定开挖分序、爆破参数、钻孔精度控制方法及下拐点保护措施。

3.2 开挖分层分区

岩壁吊车梁开挖按照图1所示进行分层、分区。

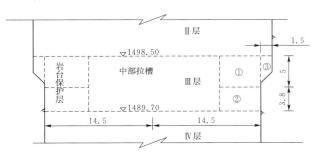

图1 岩壁吊车梁开挖分层图（单位：m）
①、②、③—保护层及岩台开挖顺序

3.3 开挖施工

3.3.1 岩壁吊车梁开挖施工程序

岩壁吊车梁开挖施工程序如下（不包括上层开挖及本层中部拉槽开挖）：上层边墙欠挖检查及处理→岩台保护层①区开挖及③区垂直光爆孔造孔→岩台保护层②区开挖→地质素描及岩面基础验收→岩台下拐点加固处理（锁口锚杆、角钢防护施工等）→下拐点以下系统支护→岩台③区开挖。保护层也可根据岩台所在层分层高度调整，分三层开挖。

其中锁口锚杆、角钢（或槽钢）防护施工及下拐点以下1m范围喷混凝土支护用于有地质缺陷的部位，地质条件较好的部位可以省去此工序。

3.3.2 施工程序中需注意的问题

（1）保护层及中部拉槽开挖宽度控制。预留保护层宽度按照3~5m控制，这样才能保证在中槽开挖完成后保护层还有足够的宽度供手风钻造孔施工。中槽开挖的宽度需注意满足出渣装车及会车需要。

（2）开挖高度。岩壁吊车梁上面一层开挖底板距离岩壁吊车梁上拐点一般在1.5~2.5m，岩壁吊车梁所在层的开挖底板距离岩壁吊车梁层下拐点3.5~4m。岩壁吊车梁保护层开挖层高控制在2.5~3m。

保护层开挖分层高度按照2.5~3m考虑是因为手风钻造孔施工在孔深不大于3m时造孔相对容易并比较容易控制造孔精度。岩壁吊车梁上层开挖底板与岩壁吊车

梁上拐点距离主要考虑③区开挖（岩台斜面开挖）一般只有150cm左右的厚度，如果岩壁吊车梁上层开挖底板与岩壁吊车梁上拐点之间距离过大，爆破过程中可能会对岩壁吊车梁建基面造成损伤，因此其距离按照1.5~2m控制。岩壁吊车梁所在层的开挖底板与岩壁吊车梁层下拐点的距离主要考虑手风钻进行岩壁吊车梁斜面孔施工的空间；并综合考虑岩壁吊车梁受拉、受压锚杆的设计参数，留出足够的空间保证锚杆造孔及安装不会受到限制。

3.3.3 开挖分段及控制措施

（1）分段长度。岩壁吊车梁开挖分段长度原则上按20m一段，根据现场中部拉槽揭露出的实际地质情况，若遇到岩石破碎带、块体或断层部位，可对分段长度适当调整。

（2）开挖顺序。厂房Ⅲ层施工工序较多，必须按照"平面多工序，立体多层次"的原则，作业时间存在搭接，进行开挖支护流水作业。厂房上、下游边墙超前预裂100m后，岩台竖直光爆孔造孔开始；Ⅲ①层中槽超前30~50m以上，两侧保护层错距开挖跟进，错开距离15~30m；Ⅲ②层分左、右半幅开挖，在Ⅲ①层开挖全部完成后进行；Ⅲ②层开挖完成后，边墙支护及时跟进，确保高边墙稳定及工期目标顺利实现。

3.4 施工工艺流程

各区开挖施工工艺流程如下：测量放线→样架施工→样架检查验收→造孔施工→验孔→样架拆除→爆破参数设计及装药爆破→出渣清底→爆破效果检查。

3.5 施工操作要点及控制措施

3.5.1 测量放线

测量由专业人员进行，放样内容包括样架导向定位点、所有周边孔开孔点，所放点位须在现场进行明显标识，放线过程现场技术员全程参与。

3.5.2 样架搭设及检查验收

导向样架采用1.5英寸钢管排架搭设，管扣件连接。边墙及底板开挖面采用手风钻先造直径50mm的孔，深50cm，再用钢管插入孔内加固样架，定位导向管长1.2m，具体根据孔位要求布置。样架搭设参见图2。

样架搭设完毕后需经过专业测量人员进行校核及质量管理部门验收方能投入使用。

3.5.3 造孔控制

岩壁吊车梁岩台开挖采用样架进行钻孔精度控制。

（1）开挖布孔。岩台（③区）竖直、斜面光爆孔均按35cm孔距布孔，若遇到岩石破碎带、块体或断层部位，可适当调整孔距（可调整为30cm孔距布孔）。每个光爆孔均按照爆破设计由专业人员通过测量放线定出孔位。

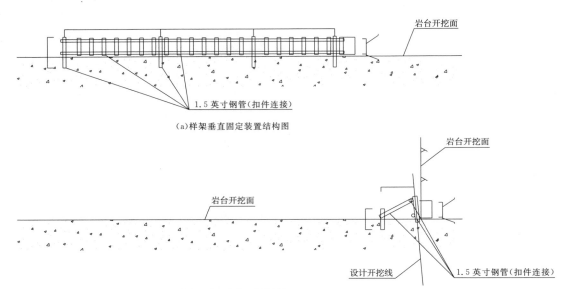

（a）样架垂直固定装置结构图

（b）样架垂直固定装置结构剖视图

图2 导向样架搭设示意图

（2）孔深控制。严格控制垂直孔的孔深，在样架上面专门搭设一根横向钢管，从钢管的上口到每区的设计孔底长度取为定值，并且将所用钻杆全部截成这个长度值（包括钻头长度），钻工用定长（包括钻头长度）钻杆施工至横向钢管上口处时，钻机被此钢管挡住无法向下施钻，从而保证所造孔在孔深要求上满足规范要求。

（3）倾角控制。严格控制造孔的倾角，每个光爆孔都采用导向管（1.5英寸钢管）进行施工，并且为了保证钻杆的居中，在每个导向管的上口处都加了对中夹片，这样就保证了所造的孔在方向上满足设计要求。造孔倾角控制见图3。

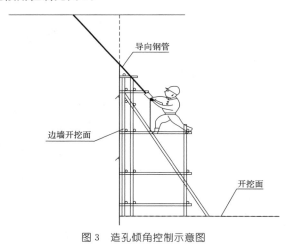

图3 造孔倾角控制示意图

3.5.4 样架拆除

爆破孔经过检查验收合格后，可拆除样架。拆除过程中需对爆破孔进行有效的保护，防止出现堵孔等现象。

3.5.5 爆破参数控制

根据生产性试验取得的成果，初步拟定各区开挖装药爆破参数，实际开挖过程中根据揭露的地质情况及时对爆破参数进行个性化设计，及时优化调整，调整时线装药密度按10g/m进行增减。为了提高岩壁梁岩台面的成型质量，用斜面和垂直面的"面装药密度"控制线装药密度。

所有光爆孔药卷均事先按照爆破设计确定的装药结构采用竹片绑扎好，光爆孔插药入孔时还应注意药卷的方向，竹片靠洞室轮廓线一侧，药卷朝向最小抵抗线方向。相邻孔的间隔装药错开，尽量减小因间隔药之间围岩裂隙发育造成的局部突起现象。爆破孔采用黏土或细砂袋进行炮孔的堵塞，堵塞长度不小于最小抵抗线。

（1）完整岩石。垂直光爆孔线装药密度按55g/m控制，垂直孔面装药密度154.3g/m²；斜面光爆孔线装药密度按86.2g/m控制，斜面孔面装药密度246.3g/m²。

（2）节理裂隙发育岩石。垂直光爆孔线装药密度35g/m，垂直孔面装药密度98.2g/m²；斜面光爆孔线装药密度62.3g/m，斜面孔面装药密度178.0g/m²。

3.5.6 爆破效果检查

排炮结束后，现场技术人员、专职质检人员及专职安全人员必须及时到现场检查爆破效果，收集相关数据。测量人员采用全站仪对岩面超欠挖情况进行检查，形成测量体型图。另外检查下拐点的破坏情况、上拐点成型是否在一条直线上，以及炮孔间是否出现"八"字孔现象，检查并统计残孔率及半孔率，炮孔间岩面的平整度，垂直孔与斜面孔对应是否整齐。根据检查结果及收集的数据，及时与质量标准相比较，得出评价结论及改进方法。

3.6 岩台下拐点加固措施

当岩台下拐点部位岩体较为破碎，节理、裂隙等较发育时，系统锚杆支护只能把体积稍大的不利岩体锁住保证岩体的整体性，对体积稍小的岩体或相对破碎的岩体还需在进行③区爆破施工前采取加固措施，从而保证岩台的成型质量。

（1）在岩台下拐点以下 10cm 位置布置一排 $\phi25@$

75cm，$L＝3m$ 砂浆锚杆锁口，外露 15cm；采用∠50×50×3 角钢对锁口锚杆进行通长焊接加固。

（2）在锁口锚杆和角钢的基础上，采用 C30 钢纤维混凝土对下拐点以下 1m 范围喷 6～8cm 厚混凝土加固。

（3）对于岩石破碎带、块体或断层部位，除采用上述两种方案外，可视情况进行随机锚杆或挂钢筋网多重加固。

岩壁吊车梁下拐点加固参见图 4。

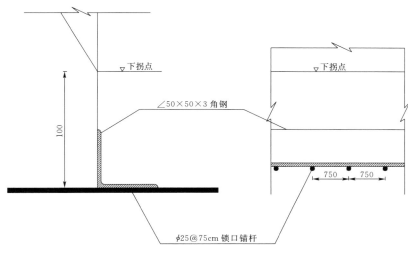

图 4　岩壁吊车梁下拐点加固示意图（单位：mm）

4　结语

（1）通过增加岩台保护层分序、采用样架进行周边孔控制，以及对不同岩石、部位采用"个性化装药"和"面装药密度"控制线密度等方法，整体岩台成型完整，爆破半孔率达到 90％以上，平均超挖控制在 3.2cm 以内，有效控制了质点爆破振动速度，减小了边墙变形，保证了高边墙围岩的安全稳定；同时也为以后地下厂房高边墙岩台施工提供了技术指标和新的技术方法，新颖的工法将促进地下工程施工技术的进步，社会效益明显。

（2）与同类岩台开挖工法相比，通过精确控制，减小超挖量，减少岩壁梁混凝土施工时混凝土的超填量以及处理欠挖的时间和费用，降低了消耗，节省了时间，产生了较好的经济效益。

（3）岩台开挖采用了双向光爆工艺，可保证不同区段岩台平行施工，加快施工进度。

（4）在造孔中采用了标准化样架导向技术，减少了人为因素影响，保证了施工质量的稳定性。

不良地质条件下厂房与尾水扩散段
交叉口开挖施工技术

李炳秀　杨育礼/中国水利水电第十四工程局有限公司

【摘　要】 大型电站地下厂房与尾水扩散段交叉口挖空率大，地应力集中，开挖难度较高。总结多个地下厂房开挖支护施工经验，形成一套在高挖空率、不良地质条件下交叉口高效、安全开挖支护施工技术，并已成功推广应用。

【关键词】 不良地质　开挖施工　交叉口　黄登水电站　地下厂房

1　概述

地下厂房一般具有埋深大、地质条件复杂、挖空率高等特点。其中主厂房与尾水扩散段交叉部位在地下洞室群中一般为挖空率最大、地应力最集中的部位，开挖期的围岩稳定及安全问题十分突出。

黄登水电站地下厂房岩石为火山角砾岩、火山细砾岩及夹变质泥灰岩，主厂房与尾水扩散段交叉口位置Ⅳ、Ⅴ级结构面较发育，局部还存在Ⅲ级结构面及Ⅱ级断层穿过，尾水扩散段均处于不良地质段，主厂房开挖至尾水扩散段时存在较大的坍塌风险。其他地下厂房同样存在类似情况。通过总结多个地下厂房与尾水扩散段交叉口部位开挖支护施工经验，摸索出一套高挖空率、不良地质条件下交叉口开挖支护施工方法。

2　技术特点

（1）在地下厂房施工中，主厂房与尾水管交叉部位是整个地下洞室群的最低点，具有挖空率高、较其他部位初始地应力高、洞室跨度大等不利于施工安全和围岩稳定的特点。加之黄登水电站在该部位交叉口遇到不良地质段，开挖成型极为困难，抑制尾水扩散段顶部围岩和尾水扩散段间岩柱的塑性变形是确保主厂房顺利施工的关键。

（2）控制爆破技术：采用光面和预裂爆破技术，用"新奥法"原理，适时支护，确保了开挖轮廓面成型和减少爆破震动对围岩及相邻建筑物的影响，有利于质量控制及建筑物结构安全。

（3）合理的开挖程序：采用先开挖尾水扩散段、后开挖主厂房的顺序，交叉部位采用径向预裂和光面爆破的方式开挖；厂房边墙开挖前做好尾水扩散段洞口锁口和系统支护的开挖程序；同时对尾水扩散段进行预衬砌混凝土、预固结灌浆和反吊锚索，挖空率大于50%时，增加岩墩间对穿锚索加固。通过上述措施保证了地下厂房高边墙的稳定，对减少围岩松弛变形极为有利。

（4）合理的开挖方法：在交叉口两倍洞径的洞段范围内采用浅孔、小药量、多循环、短进尺等开挖方法，采用在交叉口部位已开挖洞室一倍洞径长度范围内支护完成后才与厂房贯通的施工程序，有利于抑制围岩松弛变形，保证了大型洞室交叉口的稳定。

（5）超前预加固措施：提前做好尾水扩散段洞口锁口和系统支护的开挖程序，以及对尾水扩散段进行一期钢筋混凝土预衬砌及预固结灌浆，并增加岩柱间对穿锚索及尾水扩散段上仰反吊锚索进行加固，对减少围岩松弛变形极为有利，保证了地下厂房高边墙的稳定。

3　施工方法及要点

3.1　施工通道布置

提前完成尾水扩散段开挖支护，并对厂房和尾水扩散段围岩进行预加固，既减少对关键线路项目直线工期占用，规避施工干扰，改善施工交通，同时有利于厂房高边墙的围岩稳定。

提前进行尾水扩散段和尾水支洞渐变段Ⅰ层开挖，开挖至主厂房下游边墙后继续向主厂房内延伸开挖一个8m×7.5m导洞，主厂房开挖料通过竖井溜至导洞内进行出渣运输。

3.2 尾水扩散段与主厂房交叉口施工

尾水扩散段与主厂房交叉口开挖施工流程见图1。

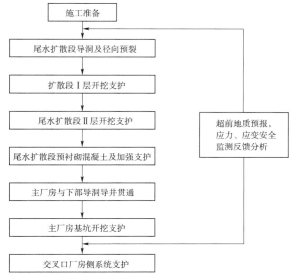

图1 尾水扩散段与主厂房交叉口开挖施工流程图

（1）施工准备：分析研究施工期快速监测及分析成果、揭露地质条件等资料，制定开挖、支护程序施工方案，初步拟定开挖爆破参数。

（2）尾水扩散段导洞及径向预裂：Ⅰ层待尾水支洞Ⅰ层开挖修边完成后进行导洞开挖，采取跳洞开挖的方式，导洞布置在尾水扩散段轴线顶部，顶拱摸到设计开挖线施工，便于适时进行系统锚喷支护。导洞一直延伸至进入主厂房2～3m。尾水扩散段开挖分层见图2。

交叉口环向预裂：尾水扩散段与主厂房相交处断面发生突变，为保证该部位在后续开挖过程中的成型质量，在导洞内向边顶拱打环向预裂孔先行进行径向预裂爆破。

（3）尾水扩散段Ⅰ层开挖支护：Ⅰ层的扩挖以导洞为临空面，两侧向厂房方向错距扩挖，距离交叉口两倍洞径时，进行控制爆破，采用"导洞超前、短进尺、小药量、多循环、少扰动"工艺，测量放出周边孔尾线方向，精确控制造孔方向。穿过Ⅳ～Ⅴ类围岩段需采取管棚、超前小导管等方式进行超前支护。扩挖时采用光面爆破，周边孔孔间距控制在50cm以内，小药卷间隔不耦合装药，周边孔装药线密度为120～150g/m。

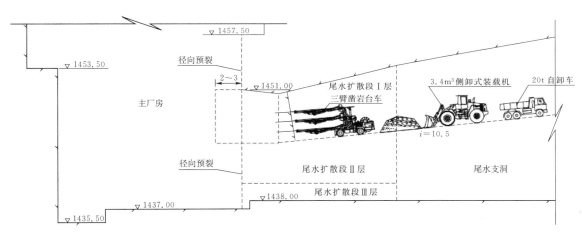

图2 尾水扩散段开挖分层示意图（单位：m）

Ⅰ层扩挖完成后，采用"新奥法"原理，系统支护由浅表至深层适时跟进，程序为：初喷钢纤维混凝土3～5cm→锚杆支护→挂网→复喷混凝土至设计厚度（地质条件较差的部位增加钢拱架支撑或提前进行预衬砌混凝土，采用现代化成龙配套的大型施工机械设备，保证支护的及时性，确保施工安全，加快施工进度。

（4）主厂房导洞开挖：利用前期开挖的导洞继续向厂房开挖延伸至主厂房轴线附近（距离厂房上游边墙不得少于6m），根据揭露的地质情况进行临时支护，以便后期厂房锥管层开挖时作为出渣运输通道。

（5）尾水扩散段Ⅱ～Ⅲ层开挖支护：利用已经开挖完成的Ⅰ层开挖面为临空面，采用水平孔周边光面爆破开挖，结合尾水支洞开挖一起进行。底部预留2m保护层，待后期厂房开挖至底部后从厂房侧反向开挖。系统支护方式和Ⅰ层一致。

（6）尾水扩散段预衬砌混凝土及加强支护：尾水扩散段开挖完成后，虽进行了系统支护，但由于该部位挖空率高，两条尾水扩散段之间岩墙厚度小于一倍洞径，且该部位位于洞室群最低位置，地应力较为集中，很容易产生围岩脆性开裂和塑性变形破坏。为最大限度抑制围岩的塑性变形，需对尾水扩散段进行预衬砌钢筋混凝土和预固结灌浆，并进行岩柱间及尾水扩散段顶部岩体加强支护处理。预衬砌混凝土为尾水扩散段边顶拱的一

部分，可结合永久衬砌混凝土确定预衬砌厚度；加强支护包括尾水扩散段间岩柱对穿锚索，尾水扩散段顶拱反

吊锚索和上仰预应力锚杆等。尾水扩散段预衬砌及加强支护布置见图3。

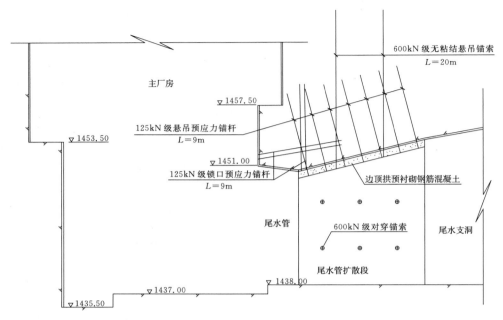

图3　尾水扩散段预衬砌及加强支护布置示意图

（7）主厂房与下部导洞导井贯通：在尾水扩散段锁口预应力锚杆、混凝土预衬砌、回填灌浆、预固结灌浆、对穿锚索、反吊锚索等工程施工完成后，再实施主厂房上部开挖面与导洞间导井的贯通。导井的贯通采用CM351钻机钻孔爆破开挖，相邻两个基坑采取错距开挖的方式进行，保证中隔墩的岩石稳定性。导井为尺寸3m×3m的方形井，首先在导井中心钻3～5个直径115mm的孔贯通导洞作为爆破临空面，周边按照1.5m×1.5m间距环向布置2排爆破孔，距导洞顶部0.5m，孔内连续装$\phi70$药卷，孔口堵塞长度0.8m，环间毫秒微差爆破一次贯通。

（8）主厂房基坑开挖及支护：利用导洞作为出渣运输通道，以导井为中心临空面分区向外扩大开挖，周边预留保护层分层光面爆破。主爆孔采用CM351型钻机造孔，间排距2.0m×2.5m，孔径115mm，孔深8～15m，孔内连续装$\phi70$药卷；保护层采取周边光面爆破分薄层开挖、边墙及时跟进支护的方式，光面爆破孔采用手风钻钻孔，孔深5.0m，孔径为42mm，间距50cm，间隔装$\phi25$药卷，线装药密度控制在120～150g/m，根据岩石条件适当调整。

基坑边墙与尾水扩散段交叉口的支护：主要包括厂房下游边墙系统支护和锁口预应力锚杆支护，系统支护包括喷微纤维（或钢纤维）混凝土、砂浆锚杆和锚索。

各种支护随着基坑保护层的开挖自上而下及时实施。

3.3　施工期监测与反馈分析

根据洞室布置及围岩情况布置监测断面，同一监测断面应布置多点位移计、锚索测力计、锚杆应力计、收敛监测断面等综合监测项目；同时，洞室交叉口段开挖爆破时，需进行爆破质点振动速度的监测，以便优化开挖方式和爆破联网、装药结构等参数。监测仪器的安装和监测需在具备条件后及时进行，初期监测频次要高，后期根据数据分析适当降低监测频次。通过监测数值模拟反演分析，对下一步支护及施工提出支护及开挖相关建议。

4　结语

我国西部地区，尤其是西南地区水电资源特别丰富，随着西南水电基地的建设，后期水电资源开发过程中，多数地下厂房施工将遇到类似高挖空率、不良地质段交叉口的施工。本项技术可推广应用于西南各大型水电基地地下厂房施工，可实现深埋、复杂地质条件下的水电站地下厂房与尾水扩散段交叉口的快速安全开挖支护。

黄登水电站主厂房开挖施工技术措施综述

李炳秀　周　维　刘振东/中国水利水电第十四工程局有限公司

【摘　要】　本文主要围绕黄登水电站主厂房开挖施工进行阐述，对施工技术方案进行总结，可为类似工程提供借鉴。

【关键词】　黄登水电站　主厂房开挖　施工技术措施　综述

1　工程概况

黄登水电站引水发电系统地下主、副厂房按一字形布置，从右至左依次布置右端副厂房、安装间、机组段、左端副厂房，相应长度分别为25.15m、60m、141m、21.15m，总长247.3m，高度80.5m，岩壁梁以上宽度32m，以下29.3m。

2　地质条件

地下主厂房段地层主要为变质火山角砾岩、变质火山细砾岩夹变质凝灰岩，变质凝灰岩岩体较破碎，劈理和顺层积压面发育。侏罗系中统花开左组板岩岩体较破碎，呈薄层状结构。

洞室岩体呈次块状—块状，以Ⅱ、Ⅲ类围岩为主，岩体完整性好；断层破碎带及较大劈理发育或挤压面发育的变质凝灰岩夹层为Ⅳ、Ⅴ类围岩。洞室在局部可能会出现的变形破坏形式主要为由结构面组合形成的楔体塌滑或崩塌破坏及断层带的坍塌破坏。

3　开挖方法

3.1　分层

主厂房从上至下共分10层进行爆破开挖。具体分层见图1。

主厂房Ⅰ、Ⅱ层开挖以空调机室为施工通道，Ⅲ层及部分Ⅳ层以主厂房运输洞为主要运输通道，Ⅳ层、Ⅴ层及部分Ⅵ层以母线洞为通道，Ⅶ、Ⅷ层以引水下平洞作为通道。下部Ⅸ、Ⅹ层石渣从溜渣井下至后延段，以尾水支洞为施工通道。

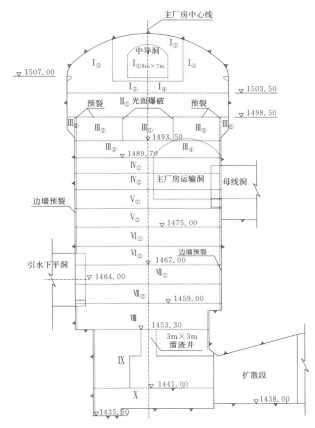

图1　主厂房开挖分层横剖面图

主厂房开挖采用钻孔爆破法进行施工，主要施工技术有预裂爆破、光面爆破、掏槽等，主要施工工艺有导洞法、导井法、先洞后墙法等。

3.2　岩锚梁开挖

综合厂房各层开挖特点及复杂程度，岩锚梁的开挖汇集了组织水平、技术水平以及施工人员个人素质等各要素，将直接关系到岩锚梁的成型质量。另外，岩锚梁开挖成型质量与地质条件息息相关。

岩锚梁具体开挖过程及成果描述如下：

（1）地下厂房岩锚梁范围开挖高度 8.8m，岩台坡比为 1：0.7。

（2）开挖总体程序：①吊顶小牛腿浇筑基本完成后，进行Ⅲ层开挖支护；②Ⅲ层中部拉槽先进行施工，预裂待Ⅱ层锚索施工完成后紧跟施工。

（3）施工方法简述。岩锚梁采取中部拉槽水平开挖，两侧边墙预留保护层，岩台部分采用手风钻双向光爆。施工过程中首先采取在上游侧从空调机室修建施工便道的方式进入工作面，进行Ⅲ₁层开挖支护施工；Ⅲ₁层施工完成后利用主厂房运输洞（局部区域垫渣）升坡进行上游侧施工便道拆除，并进行占压部分的Ⅲ₁层开挖施工及Ⅲ₂层开挖及支护施工。Ⅲ₂层开挖时，上、下游边墙留 2.5m 保护层，YT-28 手风钻造竖直孔，浅孔小药量光爆。为此，需增加一道施工预裂，孔

距 60cm。考虑无自由面，施工预裂线装药密度初拟 170g/m，可根据爆破试验和现场实际地质条件优化。施工预裂超前于Ⅲ₂层中槽开挖，上、下游侧保护层开挖适时跟进，掌子面错开 30m 左右。

Ⅲ层岩锚梁岩台采用双向控爆法开挖。Ⅲ层中槽开挖超前岩台保护层 30m，岩台上部直墙面光爆孔造孔与预裂孔可同时施工。导向钢管采用 φ48 钢管，钻孔样架全部采用 φ38 钢管搭设，孔位定位钢管间距 35cm，孔深控制钢管全长布置。外侧保护层开挖结束后，从下部搭设钢管样架，采用手风钻从下部钻岩台斜面光爆孔。斜面光爆孔与预先施工的上部直墙面光爆孔组成双向光爆网，同步起爆挖除岩台三角体。根据项目部多座地下厂房岩台施工的成功经验，优选岩台三角体双向光爆参数，并根据岩层不同地质结构调整装药参数是保证岩台成型质量的关键。岩锚梁岩台双向控爆开挖方法见图 2。

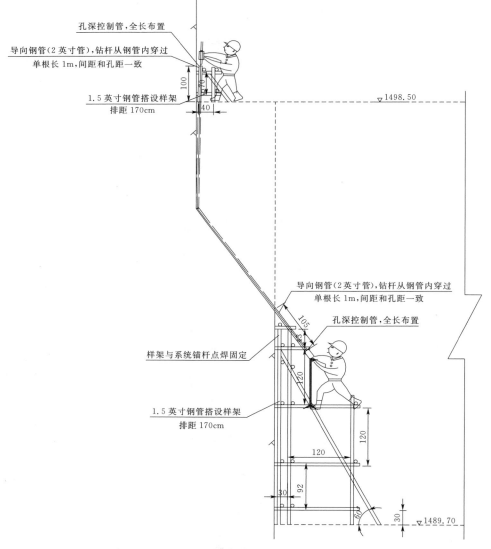

图 2 岩锚梁岩台双向控爆开挖方法示意图（单位：cm）

岩锚梁岩台的开挖，严格控制光面爆破孔的钻孔方向、孔距、装药量，并根据地质条件的变化、爆破效果及时修正孔距和装药量。爆破孔装药采用间隔装药，严格控制装药量。斜面孔装药结构图见图3、图4。

根据岩锚梁爆破试验成果，推荐光面爆破参数见表1。

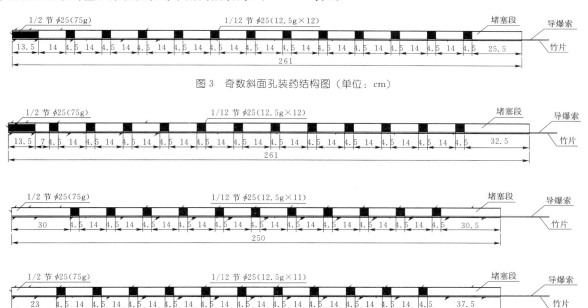

图 3 奇数斜面孔装药结构图（单位：cm）

图 4 偶数斜面孔装药结构图（单位：cm）

表 1　　　　　　　　　　　　　　　　推荐光面爆破试验参数表

试验区	炮孔类别	孔深 /m	孔距 /m	装药规格	单孔药量 /kg	线装药密度 /(g/m)	单段药量 /kg
岩石完整区	斜面光爆孔	2.61	0.35	$\phi25$	0.225	86.2	小于30
	垂直光爆孔	2.5	0.35	$\phi25$	0.135	55	

岩锚梁部位的岩壁及岩台面不允许欠挖，局部超挖不得大于10cm，不允许产生爆破裂隙。岩壁开挖后，清除爆破产生的裂隙及松动岩石，清洁岩壁面，及时进行岩壁斜面修整。

厂房Ⅲ层主要采用YT-28手风钻钻水平孔开挖，分左、右幅开挖。手风钻水平抬动开挖时，为保证具有良好临空面，采用毫秒雷管微差起爆网络。边墙采用手风钻分两次进行超前预裂，在设计开挖边线上形成一条贯穿裂缝，以缓冲、反射开挖爆破的振动波，减小对保留岩体的爆破振动破坏，使之获得较平整的开挖轮廓。

3.3　开挖工艺流程

（1）施工准备。洞内风、水、电就绪，施工人员、机具准备就位。技术员对各班操作手进行技术交底。

（2）测量放线。洞内导线控制网采用全站仪进行测量。每排炮后进行洞室中心线、设计开挖规格线及控制点测放，并根据爆破设计参数点布孔位。

（3）钻孔作业。采用YT-28手风钻钻孔，由合格钻工严格按照测量定出的中心线、开挖规格线、控制点、尾线和测量布孔进行钻孔作业。在已经造好的孔上插上PVC管进行定向。

在钻孔作业过程中，技术人员现场旁站，便于及时发现和解决现场技术问题。每排炮由值班技术员按"平、直、齐"的要求进行检查，做到炮孔的孔底落在爆破规定的同一个铅直断面上；为了减少超挖，周边孔的外偏角控制在设备所能达到的最小角度。炮孔装药之前，质检员对掌子面上的炮孔进行检查，如有遗漏，则要补钻。对炮孔的各项指标检验合格后，方可装药。

（4）装药、连线、起爆。装药前用高压风冲扫孔内，炮孔经检查合格后，方可进行装药爆破；炮孔的装药、堵塞和引爆线路的连接，由专业的炮工严格按批准的钻爆设计进行施作，装药严格遵守爆破安全操作规程。

掏槽孔由熟练的炮工负责装药，光爆孔、预裂孔用小药卷捆绑于竹片上间隔装药。水平开挖利用自制平台架装药，炸药装好之后，理顺导爆管，先进行同段炮非电雷管的并联，再进行不同段的串联，然后用黏土进行炮孔的封堵，要求连线、封堵良好，封堵长度不小于炸药的最小抵抗线。再由技术员和专业炮工分片分区查看，并进行网络接线检查。撤退工作面其他工作人员、设备、材料至安全位置。炮工负责引爆。

（5）开挖前，完成超前支护。超前支护形式主要采用超前锚杆。超前支护完成后，确保洞室能满足开挖爆破施工要求时，才能钻进爆破开挖，并在开挖结束后系统支护跟进。对层间错动带、小断层及节理裂隙较为突出的部位进行随机支护或加强支护。同时，开挖进尺控制在 1～1.5m，遵循"短进尺，弱爆破"的原则。

3.4 关键及特殊部位开挖技术

主厂房开挖成型质量的关键部位在于岩锚梁、洞室交叉部位的施工。

（1）地下洞室及岩锚梁对爆破质点振动速度要求非常严格（小于 7cm/s），每层拉槽开挖前必须进行周边设计轮廓线预裂，加快地震波的衰减速度，从而尽可能减小爆破振动对围岩及支护结构的影响；由于第Ⅳ层离岩锚梁比较近，为减少第Ⅳ层开挖爆破对岩锚梁的振动影响，岩锚梁锚杆需在第Ⅳ层边墙预裂完成后方可进行安装，然后进行岩锚梁混凝土浇筑。在厂房第Ⅳ层开挖时必须进行爆破振动测试，控制单响药量和质点振动速度，求得本区实测的 K、a 值。

（2）引水压力管道、母线洞、尾水管扩散段、主变运输洞、主变交通洞等都必须在高边墙上开洞口，高边墙稳定问题突出。因此，施工中采取以下措施，确保施工质量：第一，测量放线认真准确，岩锚梁等关键部位由上级测量单位复核；第二，由经验丰富的钻手施钻，技术员跟班指导，岩锚梁等重要部位组织质量跟踪小组，对每道工序进行质量跟踪；第三，在技术人员指导下，由经验丰富的炮工进行装药连线，严防用错雷管段数；第四，严格控制最大单响装药量，以防止爆破振动对厂房高边墙，特别是岩锚梁造成损坏；第五，为保证边墙开挖轮廓，厂房除Ⅰ层外，其余每层开挖前均对上下游边墙及端墙进行预裂；第六，高边墙上开洞口时，尽可能采用小洞贯大洞的方式并预先做好洞口的锁口支护，并按"先洞后墙"的原则进行施工，做好各洞口与厂房相交处的环向预裂。

（3）岩锚梁施工技术要点。

1）岩锚梁位于厂房第Ⅲ开挖层内，为保证岩锚梁岩台成型，开挖时采用控制爆破技术，采用高精度非电雷管。开挖前精心进行爆破设计与试验，试验选择在先施工段进行，爆破工艺性试验通过后才能大量展开施工。岩锚梁部位的开挖采用预留保护层的开挖方式，保护层与中部槽挖之间采取预裂爆破分开。中部槽挖先行，用液压潜孔钻垂直钻孔，梯段爆破，超前两侧保护层开挖约 30～50m，保护层厚度初拟 4.0m，施工中根据爆破试验优化参数。

2）岩锚梁保护层必须按爆破振动试验确定的爆破

参数严格控制下直墙外侧垂直钻爆的单响药量，钻孔时采用三次钻杆校杆法和加扶正器法保证下直墙面预裂孔垂直，孔与孔之间平行，孔底偏差小于 10cm，保证预裂孔钻孔精度。岩台三角体上直墙面及斜面光爆孔间距 30～35cm，钻孔深度及角度用测量仪器严格控制。岩石三角体双向光爆采用高精度非电毫秒雷管，磁电雷管起爆。

3）岩锚梁施工中，采用激光定位技术放样，精确测放轮廓线。钻孔方位角采用地质罗盘控制，水平钻孔用水平尺控制水平度，斜面倾斜孔仰（倾）角及深度用几何法控制。开孔前用全站仪测定每一孔位应钻深度。

4）岩锚梁三排深孔受力锚杆设置钻孔样架。锚杆孔深根据超挖情况重新计算，并用全站仪准确测量定位。受拉锚杆采用凿岩台车造孔，受压锚杆采用潜孔钻造孔。锚杆孔上、下偏差不大于 ±3cm，左右偏差不大于 ±10cm，孔深偏差不大于 5cm，角度偏差不大于 +2°。岩锚梁锚杆安装在Ⅳ层边墙预裂完成后进行，以减小爆破对岩锚梁锚杆的扰动。

3.5 钻爆设计

3.5.1 钻爆设计原则

根据主厂房地质条件及相关技术规范要求、开挖方法及以往施工经验，隧洞开挖爆破设计按"短进尺、弱爆破"的原则进行；严格控制最大单响药量，减小对围岩的扰动，并按规范和设计要求的质点振速等要求对爆破参数进行测验，根据实测参数进行爆破设计。

3.5.2 爆破参数选择

厂房Ⅰ层采用手风钻造水平孔开挖，钻孔直径为 50mm，循环进尺根据不同围岩类别暂定为：Ⅱ、Ⅲ类围岩洞段 3m，Ⅳ类围岩洞段 1.0～1.5m，周边光爆孔间距 50cm，爆破效率按 91％考虑。

3.5.3 爆破器材选用

（1）炸药：采用塑料膜包装的卷状乳化炸药，水位线以下开挖可采用 4# 岩石抗水炸药。成品卷状乳化炸药密度为 0.95～1.3g/cm³，爆速不小于 4500m/s，作功能力不小于 320mL，猛度不小于 16mm，殉爆距离不小于 4cm。

（2）雷管：采用普通非电毫秒雷管，塑料导爆管雷管的单发准确率应在 99.9％以上，延时精度符合出厂质量要求。

（3）导爆索：浸水前导爆索爆速不低于 6500m/s，能可靠传爆和起爆炸药，导爆索爆速不低于 6000m/s。

（4）起爆装置：采用磁电起爆。

3.5.4 爆破允许质点振速

按照招标文件技术条款，厂房高边墙等部位最大允许质点振速应不超过 7cm/s，其余应满足《水工建筑物地下工程开挖施工技术规范》和《引水发电系统地下洞室开挖与支护施工技术要求（A 版）》的要求。

4 开挖质量控制

（1）严格按照设计图纸、施工技术规范、监理批复的措施施工。

（2）建立和完善"三检"质量管理制度，执行质量一票否决制。

（3）施工用原材料必须有出厂合格证、材质证明书，需要抽检的必须及时通知试验室取样，检查合格后方可使用。

（4）严格控制开挖边界尺寸，尽量避免超欠挖，有结构要求的不允许欠挖，超挖不大于 15cm（不良地质段除外）。

（5）光面爆破须达到以下要求：

1）残留炮孔痕迹应在开挖轮廓面上均匀分布。

2）炮孔痕迹保存率：完整岩石在 80% 以上，较完整和完整性差的岩石不少于 50%，较破碎和破碎岩石不少于 20%。

相邻两孔间的岩面平整，孔壁不应有明显的爆震裂隙。

（6）严格按爆破设计进行布孔装药爆破。

（7）开挖要求四点一线（底线点、中线点、起拱点、顶点）的孔位在同一直线上。

（8）QC（全面质量管理）小组定期召开厂房开挖质量和工艺讨论会，并经常到作业现场收集实际资料（围岩地质条件、钻爆参数等），对数据进行分析整理，为不断提高厂房开挖质量提供依据。

5 结语

黄登水电站地下厂房系统洞室群施工除具有常规地下厂房施工难度外，还受到特殊地质条件的影响，洞室开挖后围岩会产生较强烈的变形破坏。尤其是在下游边墙部位，开挖形成的洞室交叉段、岩柱等应力集中部位变形破坏更为严重。开挖过程中对应不同结构及地质情况选择了适应性的措施：

（1）根据地下厂房及临近洞室施工顺序及进度计划安排，周密规划施工通道，并考虑由于地质条件变化而导致施工顺序发生变化的情况，编制多种切实可行的方案。

（2）对于临近交叉洞室开挖，高边墙上开洞口时，尽可能采用小洞贯大洞的方式并预先做好洞口的锁口支护，并按"先洞后墙"的原则进行施工，做好各洞口与厂房相交处的环向预裂。

（3）岩锚梁开挖控制要点：

1）爆破质点振速要求不超过 7cm/s。每层拉槽开挖前必须进行周边设计轮廓线预裂。

2）采用预留保护层的开挖方式，保护层与中部槽挖之间采取预裂爆破分开。

3）严格控制钻孔精度。

（4）尾水管后延伸段部位由于挖空率高，加上地质条件差，开挖过程中风险极大，对结构突变位置先进行环向辐射孔预裂，采取导洞、分层开挖的方式，并随层进行一次衬砌支护。

黄登水电站大型地下洞室群交叉口开挖支护施工技术

伍胜洪　何玉虎　孙智刚/中国水利水电第十四工程局有限公司

【摘　要】　地下式水电站一般以主厂房、主变室、尾水调压室和机组检修闸门室四大洞室为中心，通过引水和尾水隧洞横贯及排水廊道、出线竖井、排风竖井等辅助洞、井群的环绕和交织相贯，形成庞大、复杂的地下洞室群。在开挖支护阶段，各洞室交叉口部位是开挖支护控制的重点和难点。本文选取几个常见洞室交叉口部位，进行开挖支护程序、方法和工艺介绍。

【关键词】　大型地下洞室群　开挖支护　施工技术

1　引言

在地下电站土建施工中，由于地下洞室众多、分布密集，形成了多种类型的洞室交叉口。在开挖支护阶段，交叉口部位往往形成应力集中区，塑性变形、坍塌等地质灾害容易产生。特别是在主厂房高边墙与引水隧洞、尾水管、母线洞交叉部位以及尾水调压室与尾水支洞、尾水隧洞等交叉部位，由于洞室断面大、交叉口挖空率高，洞室稳定问题更为突出。如何通过技术的方法抑制地质灾害的发生是交叉口开挖支护的关键。

本文选取以下几个常见洞室交叉口，分别代表不同类型洞室交叉口，对施工程序、施工方法、工艺要点等进行技术总结：

（1）洞与高边墙：地下主厂房上、下游边墙与引水下平段和母线洞交叉口。

（2）洞与井：尾水管与厂房基坑交叉口、尾水调压室下部四岔口。

（3）洞与洞：尾闸交通洞与进风洞交叉口。

2　技术原理

（1）控制爆破：采用光面和预裂技术，用"新奥法"原理，适时支护，确保开挖轮廓面成型和减少爆破震动对围岩及相邻建筑物的影响，有利于质量控制及建筑物结构安全。

（2）合理的开挖程序：采用先小洞后大洞、先洞后墙、径向预裂的开挖方式。高边墙开挖前做好洞口锁

和系统支护的开挖程序，保证地下厂房高边墙的稳定，对减少围岩松弛变形极为有利。

（3）超前预加固措施：在洞与洞、洞与井等交叉部位，提前做好超前支护和加强支护，采取交叉口洞口锁口、洞间岩柱加固、薄岩层先悬吊锚固后开挖，增加悬吊锚筋桩（锚索）、锚拉板、型钢拱架，在交叉口2倍洞径的洞段范围内采用浅孔、小药量、多循环、短进尺等开挖方法，采用在交叉口部位已开挖洞室1倍洞径长度范围内支护完成后才行贯通的施工程序，有利于抑制围岩松弛变形，保证大型洞室交叉口的稳定。

（4）超前监测及信息反馈：根据洞室布置及围岩情况布置监测断面，同一监测断面应布置多点位移计、锚杆应力计、收敛监测断面等综合监测项目；在开挖爆破时，进行爆破质点振速监测，以便优化开挖方式和爆破联网、装药结构等参数。通过监测数值模拟反演分析，对下一步开挖支护提出建议并及时调整开挖支护参数。

3　施工工艺流程及操作要点

3.1　施工工艺流程

交叉口开挖支护施工工艺流程：施工准备→施工通道施工→与高边墙相交小洞开挖与锚固→大洞与小洞交叉口贯通→交叉口支护。

超前地质预报、应力应变监测、安全监测反馈分析贯穿整个施工通道、交叉口开挖过程中，而且要加密监测，每次爆破前后均进行监测，开挖及支护根据情况及时调整。

3.2 施工通道规划及施工

大型地下厂房在发电机层有母线洞与之相贯，在蜗壳层与引水隧洞相贯，下部尾部与尾水扩散段相通。交叉口众多，合理制定施工程序，提前完成小洞室开挖支护，并对厂房围岩预加固，既减少对关键线路项目直线工期占用，规避施工干扰，改善施工交通，同时有利于厂房高边墙的围岩稳定。

根据上述布置特点，提前实现引水隧洞、母线洞、尾水扩散段与厂房高边墙贯通，则需要规划三条施工通道，即至引水下平洞施工通道、至母线洞施工通道、至尾水扩散段通道。

（1）至引水下平洞施工通道：考虑压力钢管运输时断面较大，宽度7~8m，从主厂房运输洞开口布置2#施工支洞，采用下坡，垂直横穿引水下平洞，兼顾引水斜井（竖井）及下游至厂房的下平段施工。

（2）至母线洞施工通道：从主变通风洞下坡至主变室，再垂直分叉贯穿各条母线洞。断面适中可采用7.0m×7.0m（宽×高），满足设备装渣、运渣需求及喷锚台车通行需求。

（3）至尾水扩散段通道：布置在主厂房至尾水调压室之间，垂直横穿各条尾水扩散段（或尾水支管），断面8.0m×7.0m，布置有7#施工支洞及新增5#施工支洞。

3.3 交叉口开挖技术

3.3.1 母线洞、引水下平洞与主厂房高边墙交叉口段先洞后墙施工（洞与高边墙交叉）

洞室开挖高边墙主要存在围岩卸荷变形与块体滑移问题，高边墙洞室开挖成败关键在于是否能有效控制住开挖下降过程中围岩变形持续发展到有害松弛和破坏程度。周密可靠的交叉口施工措施及开挖过程中安全监测与反演分析，是确保洞室高边墙稳定的有力保障。

母线洞、引水下平洞与主厂房高边墙交叉口段，在主厂房边墙预裂至隧洞顶拱之前，完成隧洞交叉口的开挖，并做好锁口支护。洞室距边墙1.0倍洞径（跨度）范围内采用格栅拱架支撑进行加强支护。高边墙预裂和梯段爆破时，严格控制一次起爆药量，避免对已形成洞室开口部位围岩及支护结构造成破坏，以减小围岩变形和塑性区的扩张。

母线洞处于厂房岩锚吊车梁下部，洞顶距岩锚梁约6.15m，应力较为集中，变形也相应较大。为确保岩锚梁锚杆的锚固岩体质量，最大限度地减小围岩变形和塑性区的扩张，保证洞口开挖围岩稳定，所有母线洞开挖进入厂房时段安排在岩锚梁混凝土施工之前。母线洞上游段开挖需采取短进尺、小扰动的控制爆破。与厂房高边墙交叉洞室施工程序见图1。

（1）导洞开挖：从母线洞、引水下平洞采用中上导洞，跳洞开挖至厂房内1.5~2.0m，导洞尺寸满足出渣、支护设备运行要求即可。中上导洞顶拱与设计开挖线一致，适时进行系统支护。

（2）扩挖及支护跟进：地质条件较好部位导洞超前15~20m，大型断面扩挖采用分区扩挖，左、右可滞后1~2排炮。距离交叉口2倍洞径时，进行控制爆破，采用"导洞超前、短进尺、小药量、多循环、少扰动"工艺。测量放出周边孔尾线方向，精确控制造孔方向。扩挖时采用光面爆破，周边孔孔间距控制在50cm以内，小药卷间隔不耦合装药，周边孔线装药密度为180~220g/m。采用"新奥法"原理，系统支护由浅表至深层适时跟进，程序为初喷混凝土3~5cm→锚杆支护→挂网→复喷混凝土至设计厚度→深层锚筋桩、锚索支护。采用现代化配套的大型施工机械设备，如迈斯特湿喷车、353E凿岩台车、平台车等，保证支护的及时性，确保安全，加快施工进度。

（3）洞口段加强支护：根据围岩地质情况及地下厂房洞室群施工期安全监测与反馈分析成果报告，高边墙下交叉口洞室顶拱1~1.5倍洞径采用钢拱架加强支护，钢拱架采用I20a工字钢加工制作，拱架榀间距0.5~1m，榀间沿洞轴方向设置φ25纵向连接筋，连接筋间距0.8m，榀间交错布置，环向设置锁脚锚杆。型钢拱架原则上不侵占结构面，在开挖过程中将架设部位结构断面外扩20cm。

（4）高边墙贯通：与交叉口相贯的高边墙开挖采用预裂，预裂为设计边线，采用薄层开挖随层支护，层高控制在4.5~6.0m，中部拉槽，形成临空面。

（5）施工期监测及反馈分析：根据洞室布置及围岩情况布置监测断面，同一监测断面应布置多点位移计、锚索测力计、锚杆应力计、长观孔等综合监测项目，通过监测及数值模拟反演分析，对下一步支护及施工提出支护及开挖程序相关建议。

3.3.2 尾水管与厂房交叉口施工（洞与井交叉）

尾水管与厂房交叉口开挖施工程序：施工准备→薄岩墙、薄岩板梁锚拉板、悬吊锚筋桩加固→尾水扩散段导洞开挖进厂房→尾水扩散段扩挖及支护施工→厂房与尾水扩散段导井贯通→以导井为临空面、分区扩大、薄层开挖、随层支护、交叉口厂房侧系统支护。

4条尾水支洞各层开挖时，同层分序间隔开挖，逐层及时喷锚支护，确保尾水管之间岩体的稳定。尾水管与母线洞之间最小岩层厚度约1.2倍尾水管洞径，在尾水管顶层开挖时，母线洞I层已开挖完成，施工中将根据围岩变形监测情况，视需要提请设计单位在两洞之间增设预应力对穿锚索加强支护。

尾水管先以中导洞开挖提前进入厂房下部，为防止厂房机坑下游尾水管口上方1457.50~1448.00m高程岩台失稳，在尾水管上层导洞进入IX层后，对厂房机坑下游岩台上游面进行环形预裂，在厂房IX层开挖前完成尾水管扩散段边顶拱支护。

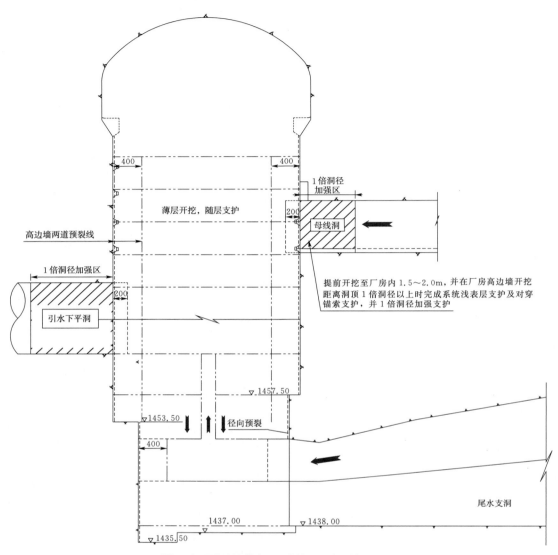

图1　与厂房高边墙交叉洞室施工工程序（单位：cm）

尾水管开挖支护程序：先进行母线洞至尾水管的悬吊锚筋桩（锚索）支护施工→中上导洞（8m×9m）至厂房机组中心位置→尾水管扩挖、系统支护跟进→1倍洞径型钢拱架支护。

厂房下部尾水管开挖支护：厂房两条尾水管之间岩墙厚度小于1倍洞径时，宜采用锚拉板加固处理，开挖时挖除60~80cm，浇筑C30钢筋混凝土锚拉板，锚筋采用3φ32，沿机坑槽周边布置，中部加强。在尾水管与厂房水轮机层贯通前，先进行钢筋混凝土锚拉板施工，锚拉板以锚筋桩和混凝土盖板为受力体系，形成桩受力体系，杆体锁住岩层，约束围岩松弛及不利裂隙沿层面发展。

在锚拉板施工完成后从厂房水轮机层采用轻型潜孔钻机钻孔至尾水管下部导洞，导井直径约3.0m，采用"提药法"分段自下而上爆通导井。机坑扩挖支护遵循"薄层开挖，随层支护"的理念。坑槽均采用手

风钻小药量、精细化施工，设计轮廓线光面爆破。"提药法"开挖，适用于开挖小断面竖井（直径2.0~4.0m），深度又不太深（10~20m），下部有导洞的部位。先用轻型潜孔钻造孔，用铅丝（或尼龙绳）悬吊药卷和封堵沙袋，自下而上分段爆破。分段深度一般为1.0~1.5倍洞径。孔间采用非电毫秒雷管分段，磁电雷管起爆。

以导井为临空面，分区扩大，薄层开挖，随层支护。开挖好后，及时进行机坑薄岩墙预应力锚杆施工，对穿预应力锚索、锚筋桩支护跟进。

3.3.3　尾水支管、尾水洞与调压室交叉口施工（洞与井交叉）

黄登水电站尾水系统布置采用"二机合一"的布置形式，即二条尾水管交汇到一个调压室、经一个尾水隧洞与下游河道连接。这种布置格局在尾调室下部形成四岔口。四岔口处挖空率高，二次应力状态复杂，在洞室

交汇部位会出现应力集中和较大的塑性区，薄岩柱（体）易产生有害变形。

针对这种大型四岔口布置，采取先洞后井、先锁脚后贯通的整体施工程序。先从尾水洞上层开挖 8m×8m 导洞，贯穿调压室底部至尾水支管洞顶部，采用中上导洞超前 15～20m、导洞顶拱支护跟进、扩挖随后程序。根据高地应力破坏形式机理，采取先靠江侧后靠山侧的扩挖顺序，扩挖后及时进行浅表层锚喷支护，深层锚索支护跟进。交叉口 1 倍洞径范围架设型钢拱架加强支护，在尾水洞拱脚布设 $\phi32$，$L=9.0m$，$T=120kN$ 的预应力加强锚杆，尾水支管洞间岩墙拱脚部位增加 2～4 排对穿锚索。

调压室开挖至下部之前，调压室底部平洞开口前做好预应力锚杆锁口，采用 $\phi42$，$L=6m$ 管式注浆锚杆超前支护，短进尺、弱爆破开挖。距调压室边墙 1.5 倍洞径或至尾闸室范围内，每开挖一排炮至设计规格线即进

行设计喷锚支护和加强支护，建议采用 I25 工字钢支撑，I16 工字钢纵向联系，喷 30cm 厚钢纤维混凝土进行加强支护。调压室底部顶层保护层分两次扩挖到位，设计边线光面爆破；顶层以下开挖先进行边墙预裂，再分层浅孔梯段爆破开挖，梯段爆破按质点振速测试数据严格控制一次起爆药量。加强叉口段的安全监测及数据反馈，以便改进开挖方案。视需要提前进行尾水支洞叉口段混凝土衬砌，保证施工安全。

调压井开挖采用反井钻机钻直径 1.4m 导井贯通至下部导洞，先自下而上扩井至 3.0m，再自上而下扩至 6.0m（或 12m），然后采取周边预裂、自上而下、分区薄层开挖、随层支护的施工方案。调压井至交叉口 20m 范围时，下部与之相贯的尾水洞、尾水连接管岩墙对穿锚索施工完成，1 倍洞径范围钢拱架喷护完成，根据围岩情况考虑提前 1 倍洞径混凝土衬砌锁口。贯穿采用分区分部贯穿，预裂或光面爆破。开挖顺序见图 2。

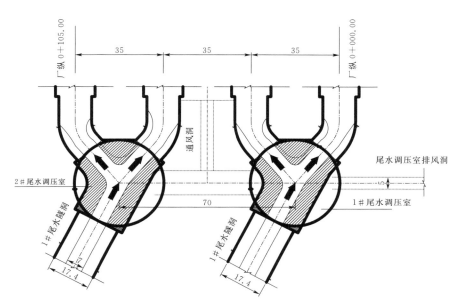

图 2　尾水调压室四岔口开挖顺序示意图（单位：m）

3.3.4　尾闸交通洞与进风洞交叉口施工（洞与洞交叉）

洞与洞交叉口开挖时，先开挖的洞室向前掘进距交叉口 10～15m 后，再进行交叉口部位开洞口。开洞口前，先距离设计开挖边线 0.5m 左右打设 1～2 排轴向锁口锚杆，锁口锚杆间距 0.5～1m，排距 1m，梅花形交错布置。进口段开挖进尺根据围岩地质条件确定，Ⅱ、Ⅲ 类围岩 2.5～3m，Ⅳ 类围岩 0.8～1.5m，Ⅴ 类围岩及不良地质段 0.5～0.8m。对于 Ⅳ、Ⅴ 类围岩及不良地质段，开挖后系统支护及时跟进。开洞口后，再进行径向锁口锚杆施工。因交叉口容易造成应力集中，进口段 1.5 倍洞径范围应加强支护，加强支护形式主要包括钢支撑、管棚、挂网、喷混凝土等，钢支撑间距 0.5～1m，按规范将围岩降低一级后采取相应的加强支护措施。

4　结语

黄登水电站地下洞室群交叉口施工技术在地下工程施工中具有较强的代表性，具有推广意义。在实际施工中，要根据交叉洞口的地质条件、岩体结构面和岩性不同采取针对性的措施，并进行分析计算后实施。

不良地质条件下尾水调压室开挖支护施工技术

张永岗　黄金凤　王　欢/中国水利水电第十四工程局有限公司

【摘　要】 黄登水电站尾水调压室开挖分五层进行施工，第Ⅰ层为穹顶，第Ⅱ、Ⅲ层为平洞开挖，第Ⅳ层为井挖，第Ⅴ层为"四岔口"部分开挖。开挖过程中对"四岔口"先行加固，并且根据开挖揭露的地质条件进行动态支护设计，从而保证了施工期的安全。

【关键词】 不良地质　尾水调压室　开挖支护

1 概况

1.1 工程概况

黄登水电站尾水调压室为地下式，"二机一尾一调"的布置格局，由2个调压室组成，高程1455.00m以上为圆筒式调压井，高程1455.00m以下为调压室与尾水隧洞、尾水支洞相交部分。调压井开挖直径为32.4～36m，底部开挖高程为1437.00m，顶部开挖高程为1514.54m，高77.54m，两室中心距为70m，调压井自高程1505.15m以上为球形穹顶，球形半径为18.68m；两尾水调压室间在1488.20m高程设连通上室，连通上室断面为城门洞形，开挖断面尺寸为13.9m×16.9m（宽×高）。

1.2 地质条件

黄登水电站尾水调压室地段地层主要为变质火山角砾岩、变质火山细砾岩夹变质凝灰岩，微风化—新鲜岩体。1#调压室开挖揭露的Ⅲ级结构面主要有$F_{203}-1$、$F_{230}-2$，围岩受$F_{230}-1$和$F_{230}-2$两条相互交叉的Ⅲ级断层影响较大。其中$F_{230}-1$刚好横穿1#尾水调压室，上游侧与1#尾水支洞贯通，断层影响带宽度约30cm；$F_{230}-2$从左向右分别穿过1#尾水调压室下游井壁、调压室连通上室、2#尾水调压室上游井壁，断层影响带宽度约100cm，与$F_{230}-1$在1#调压室下游侧井壁交汇。此外，1#调压室开挖揭露Ⅳ级结构面有19条，其中断层7条，挤压面12条，结构面较为发育，节理面多呈闭合—微张，延伸1～3m。以下两组节理最为发育：①N40°～60°W，SW∠50°～70°；②N20°～50°E，NW∠40°～55°。其他节理随机出露，成组性差。

2 施工规划

2.1 通道布置

（1）调压室顶部布置5#-1、5#-2、5#-3施工支洞。其中，5#-1施工支洞底板开挖高程为1501.00m，终点与2#尾水调压井相接；5#-2施工支洞底板开挖高程为1492.00m，纵坡9.51%，终点与尾水调压井连通上室相接；5#-3施工支洞底板开挖高程为1501.00m，终点与1#尾水调压室相接。

（2）每条尾水调压室底部与1条尾水隧洞和2条尾水支洞相贯，井筒出渣主要通过尾水隧洞或尾水支洞经施工支洞运输出洞外。

2.2 总体施工方法及程序

（1）根据不同的地质条件，1#、2#尾水调压室穹顶开挖采用不同的开挖方法。1#尾水调压室先从5#-3施工支洞升坡至调压室穹顶进行先锋槽的开挖，然后从两侧进行扩挖，扩挖采取"先剥皮，后掏心"的方式。2#尾水调压室从5#-1施工支洞升坡至调压室穹顶进行先锋槽的开挖，然后从中心向两侧进行扩挖，扩挖采取"先掏心，后剥皮"的方式。

（2）井筒采用先开挖导井，然后扩挖成4.0m直径的溜渣井，最后分层进行二次扩挖成型的施工方法。二次扩挖时采用挖掘机扒渣代替人工扒渣。

（3）开挖阶段由于不同的结构面相互切割，浅表层变形掉块现象突出，开挖过程中多次出现开裂掉块及喷混凝土剥落现象，多次暂停施工进行新增加强支护处理。除了增加锚杆、锚筋桩、预应力锚索、预应力锚杆等常见的支护之外，井壁掉块及喷混凝土剥落部位增加了GPS2型主动防护网，降低安全隐患，有效抑制了施工过程中的人员伤害。

（4）尾水调压室下部与尾水隧洞和2条尾水支洞相贯通，形成"四岔口"。在尾水调压室"四岔口"开挖时，为了保证下部尾水隧洞、尾水支洞围岩的稳定，采取先导洞后扩挖的原则，并对交叉口部位临近尾调侧12m长洞段的尾水隧洞和尾水支洞进行0.5m厚的一期钢筋混凝土预衬砌。在顶部及高边墙部位增加了上仰、对穿锚索及预应力锚杆，在"四岔口"贯通之前对部位进行固结灌浆施工，有效解决了复杂地质条件下"四岔口"坍塌、掉块的危险，从而保证了施工安全。

3 主要施工方法

3.1 施工准备

施工前应进行尾水调压室开挖施工方案规划，其内容包括：施工道路布置；监测断面及仪器设备的布置；施工风、水、电规划；尾水调压室开挖施工的程序、施工方法、施工机械设备配备和人员配置；进度计划；质量安全文明施工及环保水保措施等。

3.2 尾水调压室施工分区

每个尾水调压室从上至下共分为五个区施工，各区分区高度分别为13.538m、3m、5m、37m、18m，Ⅱ区、Ⅲ区与联通上室同步施工，Ⅳ区为竖井。尾水调压室开挖分区见图1。

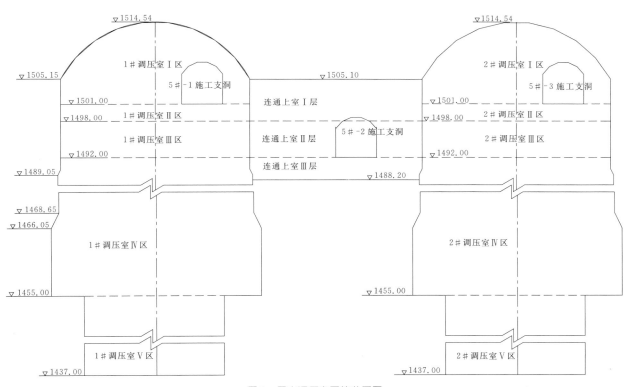

图1　尾水调压室开挖分区图

3.3 尾水调压室Ⅰ区开挖

3.3.1 1♯尾水调压室Ⅰ区开挖

1♯尾水调压室以5♯-3施工支洞作为施工通道先进行先锋槽的开挖。先锋槽起始断面为7m×5m（高×宽），采用短进尺弱爆破施工。顶部沿设计边线进行造孔开挖至穹顶中心部位，下部采用升坡，坡度为20%。该槽段开挖时，为避免错台每次进尺不得大于1.2m。

每次出渣后，及时进行系统支护，支护完成后再进行下一段的爆破。

先锋槽完成后，从两侧进行扩挖，扩挖采取"先剥皮，后掏心"的方式（图2），即分两区进行施工，先进行设计边线处的开挖（A区），临时支护及时跟进，进尺为1m。中间剩余区域（B区）滞后A区4排炮施工，进尺控制为2m。扩挖完成后，最后进行高程1503.00～1501.00m的开挖支护施工。

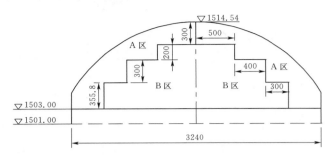

图2 1#尾水调压室穹顶开挖示意图（单位：cm）

3.3.2 2#尾水调压室Ⅰ区开挖

2#尾水调压室以5#-1施工支洞作为施工通道进行先锋槽的施工，先锋槽高7m，宽5m，水平开挖，开挖至穹顶设计边线。

在先锋槽开挖至设计边线后，大断面进行槽段的开挖，顶部沿设计边线进行造孔，开挖至穹顶中心部位，下部均用石渣进行回填，坡度可达20%，施工方法同1#尾水调压室。

先锋槽施工完成后，自中心向两侧进行开挖。鉴于开挖断面较宽，因此，开挖过程分为A、B、C三个区进行施工（图3），宽度分别为5m、5m、6m，B、C区开挖滞后A区两排炮，每次进尺不得大于1.0m。开挖完成后及时进行系统支护，支护完成后方可进行下一段开挖，最后完成剩余区域的开挖支护施工。

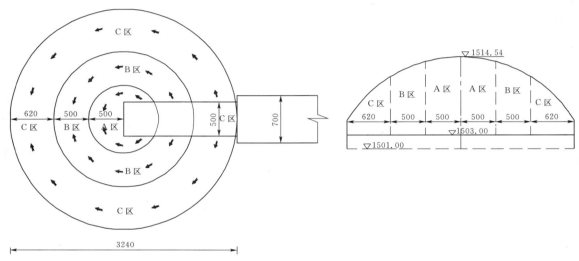

图3 2#尾水调压室穹顶开挖分区图（单位：cm）

3.4 尾水调压室Ⅱ区开挖

尾水调压室Ⅱ区开挖底部高程为1498.00m，从5#-1施工支洞进入2#尾调室，然后降坡10.8%开挖至连通上室Ⅰ层底部1498.00m开挖高程。先向右开挖，待完成1#尾调室Ⅱ区开挖支护后，再从右向左推进，依次完成连通上室Ⅰ层剩余工程、2#尾调室Ⅱ区开挖支护工程，同时以14%的坡比回填施工道路至5#-3施工支洞作为施工通道。

尾水调压室Ⅱ区施工高度为3m，采用YT-28手风钻进行造孔爆破，先进行掏槽至调压室中心，再向两侧进行扩挖。扩挖时设计周边预留2m厚的保护层，随下一次扩挖进行爆破（可调整）。扩挖采用YT-28手风钻造竖直孔（周边光爆），开挖完成后及时进行支护施工；连通上室Ⅰ层采用钻架台车配手风钻造水平孔开挖，周边光爆。Ⅱ、Ⅲ类围岩全断面开挖，Ⅳ、Ⅴ类围岩段分上下台阶开挖，支护及时跟进。

3.5 尾水调压室Ⅲ区开挖

连通上室Ⅱ层开挖施工时，5#-2施工支洞底板高程为1492.00m。因此，从5#-2施工支洞向两侧进行连通上室Ⅱ层开挖，开挖高度为6m。Ⅱ、Ⅲ类围岩段全断面开挖，Ⅳ、Ⅴ类围岩段分上下台阶开挖，支护及时跟进。开挖方法同Ⅰ层。

尾调室Ⅲ区从连通上室Ⅱ层向两侧进行开挖，开挖方法同Ⅱ区。鉴于开挖高度较大，可根据揭露的地质情况分2层进行。

3.6 尾水调压室Ⅳ区开挖

尾调室Ⅳ区主要为井挖，因此主要施工程序为先进行导井开挖，后进行溜渣井一次扩挖，最后分层进行二次扩挖施工。在尾水调压室Ⅳ区开挖之前，应先通过尾水隧洞打设中导洞至尾水调压室底部，中导洞开挖断面为8m×9m。

3.6.1 导井施工

导井采用LM200反井钻机开挖，设备通过连通上室运至工作面，安装完成后先从上至下用反井钻机打ϕ216先导孔与下部中导洞贯通，再用LM200反井钻机从下反向掘进扩挖成直径1.4m导井。

3.6.2 溜渣井开挖施工

鉴于调压井开挖断面较大，为了保证开挖石渣不造成堵孔等情况发生，溜渣井确定直径为4.0m，自上而下依次通过扩挖形成。利用吊笼，人工采用YT-28手风钻进行造孔、装药，每段爆破高度为2m，一次爆破扩挖至直径4.0m。

3.6.3 扩挖成型施工

溜渣井成型后，再自上而下分层进行扩挖，分层高度为3m。导井扩挖清渣完成后，利用直径5.0m的井盖将溜渣井封闭，人工在其上进行掏槽开挖，掏槽断面为2m×2m，采用手风钻进行造孔，分段爆破，每次进尺不得大于4m，直至开挖至设计线。人工配合0.8m³反铲进行扒渣，渣料从溜渣井溜至竖井下方，采用3.4m³装载机装20t自卸汽车出渣，尾水隧洞作为出渣通道。

由于开挖断面较大，为了提高扒渣效率，在井筒内放置一台斗容0.8m³的挖掘机，用于爆渣扒甩及工作面清理，并随开挖工作面逐步下降，有效地提高了施工效率，缩短了排炮循环时间。扩挖分区避炮，对设备进行遮挡。

为了解决钻爆、支护过程中的人员安全，在作业过程中对先期施工的溜渣井采取井盖防护的措施，井盖利用布置于连通上室1492.00m高程的卷扬机进行提升。

3.7 尾水调压室Ⅴ区（"四岔口"）开挖

3.7.1 "四岔口"开挖分层

尾水调压室"四岔口"开挖是尾水调压室开挖施工的关键，以水平向开挖为主。"四岔口"垂直方向分Ⅰ～Ⅲ三个区，水平方向分五层进行开挖支护（图4），水平分层高度分别为5.0m、9.0m、4m、4m、2.7m。第②层为前期已开挖的导洞，第⑤层为保护层。

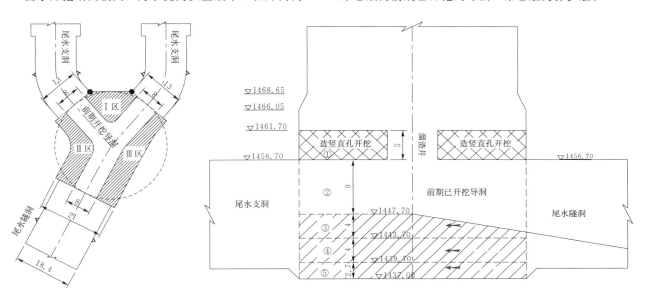

图4　尾水调压室"四岔口"开挖分区、分层图（单位：m）

尾水调压室"四岔口"分三区、五层开挖，每层完成一区开挖支护后再进行另一区开挖支护施工，每层开挖支护全部完成后再进行下一层开挖施工。

3.7.2 "四岔口"开挖程序

尾水调压室"四岔口"开挖总体程序为：高程1461.70m以上开挖支护→与尾水调压室相交的尾水隧洞和尾水支洞一期预衬砌混凝土施工→高程1461.70～1456.70m开挖、支护→尾水调压室与尾水隧洞、尾水支洞相交部位锁口预应力锚杆施工→第②层中导洞扩挖至设计边线→第③层边墙预裂→第③层造水平孔爆破→第③层支护→第④层边墙预裂→第④层造水平孔爆破→第④层支护→保护层水平光面爆破→支护。

由于"四岔口"挖空率较高，开挖后应力调整幅度大，所留岩梗体承受应力增幅大，所以采用导洞超前先行释放部分应力，再分层分块开挖，并且开挖一部分，支护一部分，以免产生较大的应力调整从而产生过多的片帮剥离、应力松弛等现象。

3.7.3 "四岔口"开挖方法

（1）尾水调压室高程1456.70m以下为"四岔口"，采用平洞开挖方法，尾水调压室随着尾水隧洞及尾水支洞逐层向下开挖。在尾水调压室开挖至高程1464.00m时，开挖的石渣暂不出渣（起到暂时抑制井筒变形的作用），在底部垫渣进行高程1464.00～1456.70m的扩挖，距高程1456.70m上部约5m时开始采用造竖直孔分两区光面爆破。待高程1456.70m以上全部开挖支护结束后，再将除施工通道垫渣外多余石渣运输至洞外。前期，在进行调压井开挖的过程中已将尾水隧洞导洞贯通，尾水调压室下挖至下部隧洞洞顶后即进入"四岔口"的开挖。"四岔口"开挖以尾水隧洞为施工通道。首先，进行尾水调压室高程1456.70m预应力锁口锚的施工，然后，对尾水支洞及尾水隧洞导洞进行扩挖至设计边线，并进行尾水隧洞、尾水支洞预应力锁口锚杆的施工，然后分层下挖。

（2）第②层导洞两侧预留岩体的开挖采用光面爆破，第③、④层每区开挖时，先进行边墙预裂，然后采用手风钻造水平孔开挖，底部保护层厚 2.7m，采用水平光爆。边墙预裂采用手风钻造 $\phi42$ 竖直孔，孔深 4.2m，然后采用竹片绑扎药卷间隔装药，磁电雷管起爆。岩柱开挖根据分层高度，采用手风钻造 $\phi42$ 水平孔开挖，孔深 3.0m，孔内连续装药，磁电雷管起爆。

（3）尾水隧洞、尾水支洞与尾水调压室相交突变部位开挖方法：从尾水隧洞（尾水支洞）将前期开挖的中导洞按尾水隧洞（尾水支洞）开挖宽度扩挖至调压室底部，然后从上至下对"四岔口"预留岩体爆破挖除。剩余边角部位采取从调压室底部往尾水隧洞（尾水支洞）造孔，另一边从尾水隧洞（尾水支洞）突变部位造孔，两侧同时爆破挖除。

4 浅表层变形及掉块处理措施

在尾水调压室开挖支护施工过程中，由于受 $F_{230}-1$、$F_{230}-2$ 断层影响，岩体呈碎块化严重，开挖支护施工期间多次出现掉块、开裂、喷混凝土剥落等严重威胁施工人员安全的现象。为保证围岩稳定及施工安全，及时进行加强支护处理。除了增加锚杆、锚筋桩、预应力锚

索、预应力锚杆等常见的支护之外，井壁掉块及喷混凝土剥落部位大面积增加了 GPS2 主动防护网，以降低安全隐患。主动防护网为 GPS2 型，其结构组成为：$\phi16$ 纵横向支撑钢绳，钢格栅网（直径 2.2mm，网孔 50mm×50mm），钢丝绳网（菱形网，直径 8mm，网孔 300mm×300mm），$\phi10$ 缝合钢绳，以及钢绳卡，采用 $\phi22$ 钢筋龙骨，2.0m×2.0m 间排距进行压服。

5 结语

黄登水电站尾水调压室地质情况较差，在开挖过程中采取了很多行之有效的施工方法。穹顶开挖时，对地质情况不相同的 1♯、2♯ 调压室分别采取了不同的开挖方法。在井壁施工阶段，除了常规的锚杆、锚筋桩、预应力锚索、预应力锚杆等支护之外，还对井壁大面积增设了 GPS2 型主动防护网，从而确保施工期施工人员及设备的安全。在进行尾水调压室井筒开挖前将底部的尾水支洞和尾水隧洞贯通至调压室底部，同时对尾水支洞和尾水隧洞靠近调压室段进行一期加强钢筋混凝土预衬砌，并在隧洞顶拱增加上仰锚索，从而确保"四岔口"开挖阶段相邻洞室的稳定。虽尾水调压室在开挖期间多次出现掉块、开裂、喷混凝土剥落、空腔等情况，但在施工时根据开挖揭露的地质条件进行了动态支护设计并多次对施工方法进行调整，从而确保了尾水调压室按要求完成开挖，同时保证了施工期的安全。

黄登水电站地下洞室群施工新技术
应用综述

傻光恒　杨育礼/中国水利水电第十四工程局有限公司

周云中/华能澜沧江股份有限公司黄登-大华桥建设管理局

【摘　要】 黄登水电站地下洞室群具有规模大、洞室多、地质及结构复杂、施工难度大、安全问题突出及施工技术要求高等特点。施工中针对这些特点，应用了多项新技术，本文予以总结。

【关键词】 地下洞室群　新技术应用　黄登水电站

1　黄登水电站简介

黄登水电站位于云南兰坪县境内，采用堤坝式开发，是澜沧江上游曲孜卡至苗尾河段水电梯级开发的第六级，以发电为主，总装机容量190万kW。上、下游分别与托巴、大华桥电站相接，坝址位于营盘镇上游12km。

水电站枢纽主要由碾压混凝土重力坝、坝身泄洪表孔、泄洪放空底孔、左岸折线坝身进水口及地下引水发电系统组成。引水发电系统建筑物布置在左岸，由引水系统、地下厂房洞室群、尾水系统及500kV地面开关楼等组成。引水采用"单机单管"布置，主厂房、主变室、尾闸室、尾调室四大洞室平行排列，尾水采用"二机一调一尾"的布置格局，是国内较大的地下洞室群。黄登地下厂房长247.3m，宽32m，高80.5m，0.4km²山体内布置大小53条洞室，总长度8.9km。工程较大、地质条件复杂、技术含量高、质量要求严、施工强度大。

2　地下洞室群施工综述

黄登水电站地下洞室群规模大，交叉布置结构复杂，施工技术难度大，项目部通过一系列有效管理措施，大胆采用了一批新技术和新工艺，保证了黄登地下洞室群按期完成。引水发电系统地下洞室群三维图详见图1。

2.1　大型地下洞室群施工组织设计

黄登水电站地下厂房洞室群水平和垂直埋深均大于300m，洞室岩体呈次块状—块状，以Ⅱ、Ⅲ类围岩为主，岩体完整性好；局部不良地质段为Ⅳ、Ⅴ类围岩，劈理和顺层挤压面发育，存在的局部可能塌滑由结构面组合形成。地应力以压应力为主，其量级为7.0～15.0MPa，属中等偏低地应力水平。岩层近陡倾分布，垂直裂隙发育，主要构造形迹为近垂直的火山角砾岩夹变质泥灰岩条带。岩体内地下水活动弱，透水性为中等及微透水，但顺夹层条带渗漏性极强，地下洞室位于地下水位以下，水文地质条件复杂。

陡倾角层间、泥灰岩夹层带、平行于厂房轴线的陡倾岩层对大跨度顶拱、高边墙及洞室交叉部位围岩稳定不利。影响围岩稳定因素较多，结构面组合、地下水运移规律、施工程序、开挖方法、围岩力学参数等都有一定的不确定性。以上因素给大型地下洞室群的设计、施工及围岩临时与永久支护带来较大困难。在工程设计中，重点研究地下厂房洞室群围岩稳定与支护、合理施工顺序、有/无支护时的围岩静力稳定特性（包括三维弹塑性损伤动力有限元分析、北京理正岩土隧道衬砌计算软件及三维非线性有限元理论）和洞室群的抗震稳定分析，建立了动力和动态仿真分析模拟系统，对地下厂房洞室群围岩稳定作出合理评价，使地下厂房的设计和施工水平都有提升。

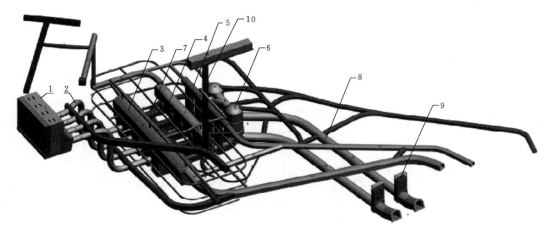

图1　引水发电系统地下洞室群三维图

1—进水口；2—引水竖井；3—主厂房；4—主变室；5—尾闸室；6—尾调室；
7—尾支管；8—尾水洞；9—尾水出口闸门室；10—出线竖井

2.2　地下厂房岩壁梁岩台开挖技术

岩壁梁岩台开挖采用"岩壁吊车梁岩台双向控爆施工技术"，垂直和斜向双向控爆一次成型，造孔采用ϕ48钢管搭设样架，严格控制施工样架、造孔、爆破参数三道关键工序，采用创新的"个性化装药和面装药密度控制线装药密度"的方法进行控制爆破。

岩壁梁开挖共分为三层进行，见图2。

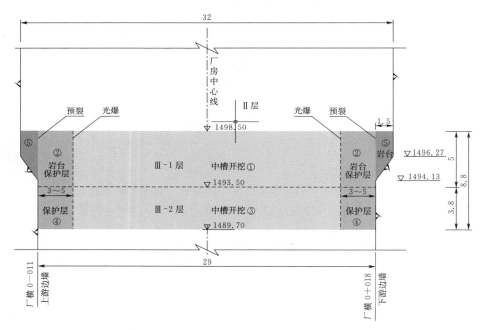

图2　地下厂房岩壁梁岩台开挖分层图（单位：m）

岩壁梁开挖爆破半孔率达到91.9%，岩面不平整度6.6cm，平均超挖8.9cm。

2.3　高边墙深孔预裂开挖施工技术

电站施工从设备选型入手，将深孔预裂爆破技术成功运用于大型地下洞室直立高边墙部位，结合薄层开挖、及时跟进支护的施工理念，形成了一套深孔预裂、薄层开挖、随层支护施工技术。

（1）设备选型：将轻型潜孔钻机改进成100E型，作为高边墙预裂孔的造孔设备。该设备推进装置在机头侧边，解决了技术超挖大的问题，将超挖控制在10cm以内。

（2）施工工艺流程：基岩面清理→测量放线→钻机定位架设→钻机定位校核→定位架加固→钻架及钻杆角度检查验收→钻孔→钻进过程校钻→终孔质量检查→装药→连网起爆。

（3）钻孔精度控制：将定位样架搭设在坚实的基岩面上，用锚杆牢靠固定，防止钻机冲击移位；采用全站仪进行孔位和定位样架的测量放样，提高钻机开孔精度；采用 $\phi 48$ 钢管搭设样架；坚持"两次校杆法"，钻机安装扶正器，控制钻杆偏差；严格控制钻进速度。

（4）爆破参数选择：预裂孔孔径 $\phi 76$，孔间距 80cm，$\phi 32$ 的乳化炸药作为主药卷，不偶合系数为 2.375，线装药密度为 $450 \sim 550$g/m。

高边墙预裂扣除地质超挖外，主厂房第 Ⅳ～Ⅶ 层及主变室 Ⅲ 层最大不平整度 12cm，平均不平整度 13.5cm，小于设计及施工规范控制标准（不平整度 15cm）。爆破半孔率达到了 90% 以上。爆破效果见图3。

图3　地下厂房高边墙预裂爆破效果图

2.4　竖井小挖机下井扒渣技术

引水发电系统引水竖井、出线竖井、闸门井二次扩挖创新采用小挖机下井扒渣技术，较以往人工扒渣，提高开挖效率，缩短工期，降低成本，增加安全保障。

小挖机下井扒渣施工：竖井二次扩挖前，在井口设置一个带滚动轴承的平台，挖机爬上平台后通过底部安装的导轨移动至竖井中心或待开挖的范围内，然后通过上部设置的提升系统将设备下放至开挖掌子面或溜渣井井盖上，提升系统钢丝绳不摘除作为安全保障系统，提起井盖后开始进行扒渣施工。

下井扒渣施工提升卷扬机和小挖机选择是一个控制重点。一般选择 5t 带双刹车卷扬机，配套钢丝绳为不旋转直径 20mm（破断力 220kN），顶部设置两倍滑轮组；挖机重量控制在 5t 左右，臂长约等于开挖半径。扒渣过程中人工洒水降尘，用以达到环保要求。

2.5　大型地下厂房梭式布料系统应用

地下厂房单台机组平面尺寸为 35m×29m，根据混凝土入仓强度以及温控要求，浇筑布置 2 台 SHB22 型梭式布料系统，混凝土水平运输采用长胶带运输系统，总长度为 176.8m，5 条胶带（1×23m＋3×35m＋1×18.8m），一个 14m 溜管（$\phi 325$），加一条 16m 胶带给梭式布料机联合组成皮带入仓供料系统（图4）。胶带机参数：带宽 650mm，带速 2.5m/s，额定输送强度 100m³/h。

图4　地下厂房梭式布料机入仓图

结构和工作原理：SHB22 型梭式布料系统主要由集料斗、固定皮带机、上料皮带机、布料皮带机、立柱、$\phi 400$ 橡皮负压溜管、旋转及伸缩机构和液压系统组成，可以满足半径 22m、高 12m 区域的混凝土连续浇筑布料要求，布料高度可根据所需高度增加。SHB22 型梭式布料系统主要性能技术参数见表 1。

表 1　SHB22 型梭式布料系统主要技术参数表

技 术 参 数		备 注
布料范围	布料半径最大 22m，最小 2.5m	
混凝土运输量	瞬时 120m³/h，额定 100m³/h	
皮带带速	2.5m/s	
皮带带宽	650mm	
回转范围	359°	
立柱高度	12m	可根据需要增加
平面最大尺寸	22.5m×3.1m×18.9m（长×宽×高）	
总重量	25t	

SHB22 型梭式布料系统的送料利用多节皮带机接力实现多个口高速布料，其回转利用机械式旋转机构进行 359° 旋转布料，然后皮带机桁架通过滚轮在托架上移动，托架由铰座及两根张拉丝杆固定在回转柱上，皮带机桁架在液压马达的驱动下相对回转柱可作 2.5～12m 的移动。

SHB22 型梭式布料系统具有结构简单、操作方便、使用灵活、简单快捷、占地小、易维护等特点。可利用厂房桥机实现整体安装和拆除，局部采用汽车吊辅助作业。该系统提高了混凝土浇筑速度，使用效率高、运行成本低、经济效益显著。目前黄登地下厂房混凝土施工结束，采用两套 SHB22 型梭式布料系统浇筑达 6 万 m³，进度和效率均优于以往地下厂房泵送或吊罐入仓方式。

2.6　机组尾水检修闸门室矩形变径滑框翻模混凝土施工技术

黄登水电站机组尾水检修闸门室（即尾闸室）共有 4 个井，其中门楣以上部分 48m 高度为标准的两个矩形断面，12m×3.6m 变到 17m×5.4m。尾闸室混凝土采用爬钢绞线变径滑框翻模施工技术，变径通过对称加长围圈和模板组实现。滑框翻模结构见图 5。

尾闸室滑框翻模结构由模板组、滑杆、围圈、主平台、抹面平台、提升架、提升装置、钢绞线、支承梁、拐臂式分料系统等主要构件组成，滑模下部断面尺寸为 12m×3.6m（长×宽），上部为 17m×5.4m，模板配置

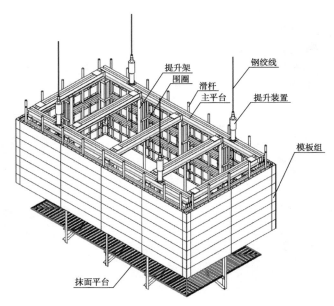

图 5　尾闸室滑框翻模结构图

高度为 2.4m。爬升靠外置式爬钢绞线装置，在井口设置支承梁通过上下两层型钢组成框架结构，整个框架通过提升架与钢绞线（$\phi 15.24$）和支撑梁连接，通过液压千斤顶向上爬升。

滑框翻模施工：搅拌运输车直接从岩台梁上经过短溜槽＋集料斗＋溜管入仓方式，溜管每 12～18m 设置一个缓降器，再溜至滑模上自制拐臂式分料器布料。混凝土采用人工平仓，插入式振捣器振捣。滑模正常滑升时应控制滑升速度在 30cm/h 以内。滑模模板总高度为 2.4m，混凝土初次浇筑至 1.8m 剩余两圈模板后停止下料，首次浇筑完成约 9h 后（具体现场定）即可滑升，滑框每次滑升 15～30cm（半圈至一圈模板高度）。在滑杆脱出底圈模板后开始进行翻模。混凝土强度达到 0.3～0.5MPa 以上（手按 1mm 印痕），开始翻模抹面，抹面采用"初、细、精、光"四道工序法进行。

滑升前应检查滑模体系情况，完好无误方可进行。滑模滑升时及时调整提升架水平。滑模滑升拆模后把底层的模板按顺序翻装到顶层相应位置，砌砖式逐层安装。如滑模施工出现异常停滑时间过长，则需将滑框滑升到滑杆只剩一层模板为止，拆除其余模板，避免因混凝土凝固造成下次滑升困难。

2.7　高流态自密实膨胀混凝土施工技术

引水系统钢衬部位较多，压力管道、肘管、蜗壳等都属重要承载结构，钢衬段底部配筋密集，施工空间狭窄，下料、振捣困难，要求混凝土填充饱满，浇筑密实，确保钢衬正常运行。设计底部或腰线以下采用高流态自密实混凝土施工。

高流态自密实混凝土强度等级为 C25W8F100，混凝土指标：扩散度 550～650mm；L 型仪间隙通过性不

小于 0.8，T500 流动时间在 2～5s；拌和物稳定性不大于 10％。

自密实混凝土砂率大、胶材多、强度高，流动性、和易性和填充性好，为满足要求，多次进行试验，且对掺膨胀剂与不掺膨胀剂的混凝土进行了对比试验，见表 2。

表 2 高流态自密实混凝土配合比对比试验　　单位：kg

水胶比	砂率 /％	粉煤灰掺量 /％	水泥	粉煤灰	膨胀剂	减水剂	引气剂	砂	粗骨料	水
			中热	Ⅱ级	UEA	PCA-Ⅰ	GYQ	中砂	5～20mm	生活用水
0.39	51	35	300	162	/	4.62	0.0069	840	811	180
0.39	51	35	300	162	28	4.62	0.0069	840	811	180

注　水泥采用祥云 P.MH42.5 中热水泥，减水剂掺量 1.0％，引气剂掺量 0.0015％，膨胀剂掺量 6.0％。

在室外进行了现场模拟浇筑试验，通过对比，加入膨胀剂效果更佳。混凝土泵送入仓，人工振捣，经检测，钢衬回填效果良好。

2.8　深竖井滑模混凝土施工技术

出线竖井深 208.5m，衬后直径 8.5m，井内被隔墙分为 4 个小井，分别为管道井、电梯井、楼梯间、通风井。井筒混凝土采用现浇，其余采用预制吊装。

竖井上段混凝土为标准圆形断面，采用滑模浇筑。滑模为钢桁架整体式结构，主要由模板组、提升架、液压千斤顶、主平台、辅助平台、抹面平台、分料平台等组成。施工材料及人员通过吊笼加矿用绞车提升系统实现垂直运输，吊笼设置了防旋转和防断绳保护装置，确保施工安全。

出线竖井井筒体型和井壁预埋锚板采用 4 台激光垂准仪从 4 个方位控制垂直度，用水平仪控制水平精度，确保了混凝土体型和锚板预埋件位置准确。

滑模采用溜管加短溜槽入仓方式，在分料平台上设置圆形旋转分料装置，实现井内 360° 范围下料无死角，各点均匀上升，按一定方向、次序分层、对称下料，坯层厚度为 30cm，高差不超过一层，上层混凝土覆盖前下层不得初凝。

2.9　引水发电系统免装修混凝土施工技术

免装修混凝土又称装饰混凝土，是直接利用混凝土成型后的自然质感作为饰面效果，一次成型，不做其他任何装饰，混凝土表面平整光滑、色泽均匀、棱角方正、线条分明、无碰损和污染，表面涂刷透明的保护剂，显得天然庄重，具有很好的耐久性且可减少后期维护。

引水发电系统大规模采用免装修混凝土施工，包括主厂房及左、右端副厂房以及防潮柱、主变室、500kV 开关站、主排风楼等框架结构混凝土，总面积约为 10 万 m²。施工主要通过对模板合理选型、细化和优化施工工艺，严格控制工艺细节和管理要求，进行过程质量控制，全面消除了错台、挂帘、蜂窝、麻面、气泡等混凝土常见缺陷和顽症，装饰线条均匀分布，横平竖直，层次感分明，达到了饰面混凝土要求。

免装修混凝土控制要点：

（1）混凝土要求：要求骨料由同系统生产，料源稳定，胶凝材料及其他添加材料必须同厂家供应，每仓同批号，混凝土同拌和系统拌和，确保成型后色泽均匀。胶凝材料控制在 350kg/m³ 以上，采用聚羧酸高效减水剂，尽量采用素混凝土浇筑，减少色差。

（2）模板控制重点：免装修混凝土对模板材质、刚度与表面光洁度要求较高，覆膜模板最多循环一到两次，方能确保表面光洁如镜。模板及装饰线条安装时精度要求较高，拼缝须十分严密，加固需牢靠，不漏浆、不错位。模板及装饰线条施工前进行三维效果设计。

（3）施工工艺：入仓方式合理，浇筑连续，采用低高频二次复振工艺（间歇 30min）振捣充分，混凝土外光内实，养护方案得当，成品保护到位。

（4）成品防护：施工完成后采取涂层保护，确保免装修混凝土外观的持久性。混凝土表面涂层应选材可靠，涂抹均匀、平整，抛光到位。

3　结束语

通过采用一系列创新技术和新工艺，黄登水电站地下洞室群系统工程在缓建、停工 20 个月，且受外部因素影响较大的条件下，按期完成了施工任务，创造了多项大型地下厂房开挖施工进度新纪录，取得了多项科技成果，质量优良率 92.5％，实现了华能澜沧江公司提出的"澜沧江上游窗口工程"的阶段性目标。其技术工艺值得借鉴。

黄登水电站竖井开挖及混凝土施工安全管理

单亚洲　姚　巍　高家明/中国水利水电第十四工程局有限公司

【摘　要】黄登水电站地下洞群竖井施工风险大，本文对其安全风险进行了识别分析，制定了各工序的风险应对措施，取得较好的成果，为其他类似工程的安全管理提供了借鉴。

【关键词】黄登水电站　竖井开挖　安全风险　应对措施

1　概述

黄登水电站位于云南省兰坪县境内，采用堤坝式开发，以发电为主，总装机容量190万kW，是澜沧江上游古水至苗尾河段水电梯级开发方案的第五级水电站。引水隧洞为坝身进水口布置型式，采用"单机单管"平行布置，单条引水隧洞长度约265m，由进口渐变段、上平段、上弯段、竖井段、下弯段和下平段组成。引水隧洞进口上平段底板开挖高程1559.05m，下平段底板开挖高程1458.35m。引水竖井深度为100.7m，为标准圆形断面，开挖直径11.9m，衬砌厚度0.8～1.45m，衬后直径10.5～9.2m，包括上弯段、竖井标准段、竖井渐变段、下弯段。

2　安全风险分析

（1）引水隧洞竖井段最大开挖直径11.9m，竖井标准段高度为50.7m，上弯段39.27m，下弯段39.27m，整体开挖高度较高，施工难度大，安全风险高。特别是竖井进行全断面开挖爆破后扒渣、锚喷支护、混凝土浇筑是安全管理的关键。

（2）引水隧洞地段地层主要为变质火山角砾岩、变质火山细砾岩夹变质凝灰岩。变质火山角砾岩、变质火山细砾岩岩体完整，多呈块状。变质凝灰岩岩体较破碎，劈理和顺层挤压面发育，稳定性较差，且竖井开挖的多次爆破震动对井壁岩石有一定影响，可能发生坍塌、岩爆等。

（3）施工中因两井布置较近，井较深，上下工作面高差大，洞室间存在爆破干扰；存在因各种原因导致的

盲炮；可燃性气体、粉尘等与空气混合形成爆炸性混合物等风险。

（4）开挖施工中施工人员较多，各工序交叉作业，增加了火工材料管理难度。

（5）竖井全断面开挖，施工人员上下采用卷扬机提升系统，提升系统吊笼旋转、钢丝绳断裂、超高限位等，增加了现场施工人员上下坠落的安全风险。

（6）采用小型机械设备进行竖井全断面开挖施工扒渣，扒渣设备上下竖井及井内作业施工安全风险较大。

（7）竖井混凝土浇筑采用泵管自下而上输送或溜管自上而下输送，泵管、溜管安装和拆除及发生意外堵管时，检修人员高处坠落安全风险突出。

（8）竖井混凝土浇筑采用自爬式滑模施工，滑模旋转及上部简易排架搭设、分料器设置等安全风险突出。

3　安全风险应对措施

3.1　安全教育及一般规定

施工前应对作业人员进行入场安全教育、安全技术交底及操作规程培训，按规定持证上岗。作业人员应熟练掌握本专业的安全技术要求，严格遵照执行；下井作业人员须正确佩戴劳动防护用品；严禁酒后下井，闲杂人员严禁入内；井口设置值班人员和专职安全管理人员；井内施工时，井口设专人监护。

3.2　风水电管理

竖井内风、水管路连接应牢靠。井内施工电缆应于井壁架空布设，电缆接头应做防水处理，同时配置备用电源。

3.3 主要提升设备管理

卷扬机及配套的钢丝绳应有足够的安全储备，其安全系数、提升速度等参数应符合相关规范规定。提升系统应配置电磁抱闸，限位、过载保护，过电流保护，信号、紧急安全开关，并在卷扬机旁悬挂张贴安全操作规程及安全管理规定。

竖井全断面开挖施工中，人员上下提升系统采用双卷扬机，提升吊篮周围设置防坠设施。一台卷扬机提升吊篮主钢丝绳，另一台卷扬机穿过防坠器两侧抓捕器提升吊篮稳板。施工过程中定期检查，按时注油。工作中设置专人盯守，密切观察，尽可能减少钢丝绳及滑轮等其他设施的磨损。

3.4 测量放样

洞内导线控制网采用全站仪及水准仪进行测量，施工一般采用全站仪进行测量。测量放样前要检查井壁及溜渣井四周围岩安全情况，发现开裂、片帮剥离立即进行处理，然后再进行作业。测量人员必须佩戴安全带、安全绳，并将安全绳挂在井壁锚杆上。加强测量人员安全意识教育，完善测量现场照明。

3.5 开挖施工

（1）钻孔。开钻前必须检查工作面附近岩石是否稳定，发现问题应立即处理，否则禁止工作。开钻时，应防止钻机过大摆动或缠绕，以防发生钻杆断裂危险。严禁对有炸药的残孔打孔。开孔、扩孔、扫孔、扫脱落岩心，或钻进不正常时，必须由班长或熟练的技工操作。

（2）装药起爆。爆破火工材料向井下运输时，禁止将雷管、炸药等同车运送。爆破严格执行《爆破安全规程》。爆破作业严格执行业主、监理要求的"四证"制度，即"工程爆破作业申请单""工程爆破作业准钻证""工程爆破作业准爆证""工程爆破作业爆后检查证"。

1）装药前：工作面非爆破作业人员和机械设备撤离至指定安全地点或采取防护措施。撤离之前不得将爆破器材运到工作面。

2）装药前：检查围岩状况及支护的稳固程度，用高压风扫孔，并清除杂物、导电体等。装药时，不得在爆破地点周围200m或设计规定的范围内进行其他爆破工作。

3）起爆前的准备：钻孔工序检查验收后，严格按爆破设计要求装药、堵塞、连网；落实防飞石措施，填报《爆破作业准爆证》，经施工单位现场负责人、技术、质检、安全部门检查验收确认，现场监理工程师检查批准后，方可起爆。

4）爆破完毕：爆破员必须在规定的等待时间（地下爆破不少于30min）后，进入爆破地点检查有无盲炮、危石、冒顶和支护破坏现象。如发现有盲炮或者其他不安全因素时，应立即通知爆破指挥所及现场负责人，并在其附近设置警示标志和人员，采取相应安全措施，指派有经验的爆破技术人员及炮工处理，只有在确认上述危险排除后，才能解除警戒。

5）通风散烟及除尘：敞开式竖井一般采用自然通风，多为利用第一次扩挖的溜渣井进行。黄登水电站引水竖井为半封闭式竖井，以采用第一次扩挖的直径3.4m的溜渣井与下弯段贯通进行自然通风为主，通风设备通风为辅。扩挖爆破后排烟30min以上，排去洞内空气中的一氧化碳、二氧化碳、亚硝酸等有害物，爆破散烟结束后，人员方可进入，开挖面爆破渣堆要洒水除尘。

6）安全排险：经常检查已开挖洞段围岩稳定情况，清撬可能塌落的松动岩块。每次爆破后，都要对溜渣井掌面、溜渣井及侧墙进行一次检查，检查是否有松动岩体，如有松动岩体要立即撬除。爆破后人工清除掌子面危石。选择有丰富洞挖施工经验的人员负责洞内的排险工作，及时撬除洞内的危岩体，对不能撬除的危岩体下方要设置安全警示牌，划出危险区域，并及时与设计、监理沟通，采取必要的支护措施。

（3）扒渣。引水竖井采用小型机械设备下井扒渣，扒渣作业需设专人负责指挥协调。扒渣前需对开挖基岩面进行人工清理、垫平，提升系统、吊点、滑轮、悬挑钢平台、滑动平台等机构进行专项检查，小型设备自行至悬挑平台上部的滑动部分中央位置，然后利用人力（装载机）缓慢移动滑动部分至吊点下方，利用吊点将小型设备起吊，滑动部分退回原位，最后将小型设备下吊至开挖工作面；小型设备下至竖井开挖工作面后，沿直径3.4m溜渣井井口四周进行扒渣，小型设备扒渣完成后，利用吊点将其起吊至平台上方，将滑动部分移动至小型设备下方，然后将小型设备缓慢下吊至滑动部分，最后将滑动部分拉回原位。至此，一个作业循环完成。

（4）出渣及清底。出渣由机械扒渣，通过溜渣井溜渣至竖井下部，装载机配自卸汽车在竖井下部装渣。挖运前须清理危石，在确保安全的情况下方可进行挖运。出渣作业面安排专人指挥机械设备、车辆，挖运现场应有足够的照明。

采用小型机械设备进行竖井扒渣，在引水上平洞布置卷扬机提升系统，竖井井口设置悬挑钢结构滑动平台，小型机械设备通过自行至滑动平台上部，再利用人工推动滑动平台至吊点下方，利用卷扬机提升小型机械设备下井，进行全断面竖井扒渣。竖井悬挑钢结构平台需进行受力计算并进行复核，卷扬机提升系统需进行复核，钢丝绳、吊点锚杆、滑轮等进行受力计算；设备下井前，专职安全管理人员必须对提升系统、吊点、滑轮、悬挑平台、滑动平台等进行全面检查，无误后方可下井；设备下井后提升系统钢丝绳作为小型机械设备的保护绳。

（5）锚杆孔放样。放样人员按要求使用双保险，锚杆放样在该断面测量放样后随之进行，减少高危部位作业次数，加强放样人员高处作业安全教育。

（6）插杆注浆。加强注浆机电缆安全检查与维护，确保注浆机电缆通过漏电保护器，注浆人员穿绝缘鞋，使用绝缘手套。加强作业人员高处作业安全教育，按要求使用双保险。

3.6 喷混凝土施工

喷锚支护是由作业人员站在大吊盘上进行施工作业。在作业前首先用钢管将大吊盘锁定，钢管分布在大吊盘扇面的四周，每根钢管一端固定在大吊盘上，另外一端支撑在井壁上。

喷射混凝土的人员，必须戴上防尘口罩和必要的劳保用品，高空作业人员必须佩戴安全帽、安全绳及安全带，才能进行操作。喷射混凝土的工作面，要有足够的照明设备。

喷射混凝土地段的松动岩石，应撬挖干净，并用高压风、水把岩粉、夹泥等杂物冲洗干净，按设计图纸及喷护要求进行施工。

3.7 浇筑混凝土施工

竖井混凝土浇筑采用泵管自下而上输送或溜管自上而下输送。为保证溜管、泵管在施工过程中固定牢靠，采用两套钢丝绳自上而下固定，钢丝绳绳头与开挖期间锚杆固定。同时输送管道置于载人吊篮一侧，以方便安装和拆除，当发生意外堵管时可方便检修。

竖井混凝土浇筑采用自爬式滑模施工，设置 18 套滑模千斤顶，分料器布置于滑模中心，并采用旋转分料，简易排架布置于滑模上部，对溜槽进行固定，溜管与分料器采用一段溜槽连接。为防止滑模滑升过程中旋转，在竖井上弯段设置 4 个垂直吊点对滑模进行纠偏。

4 结束语

黄登水电站引水隧洞竖井施工安全管理，做到了施工的全过程监控和工序的全覆盖，采取的多项安全管理措施可操作性强，作用明显，在实践中取得了良好的效果，对其他项目竖井开挖及混凝土施工安全管理有一定的借鉴作用。

黄登水电站引水发电系统工程计量管理

段　雄　晏和林/中国水利水电第十四工程局有限公司

【摘　要】　工程计量管理是合同管理的基础，是项目精细化规范管理的有效手段。本文结合黄登水电站引水发电系统工程计量管理，论述工程计量精细化规范管理的原则、方法、程序及要点，为工程结算管理提供依据，为项目盈亏分析提供重要数据，是项目管理上台阶的重要举措。

【关键词】　水电站　工程计量　精细化管理

1　概述

黄登水电站引水发电系统工程建设历时 8 年有余，合同工程分为 4 个单位工程：引水工程、地下厂房土建工程、尾水系统工程、500kV 升压变电土建工程，共计 51 个分部工程。涉及工程量为土石方明挖、洞挖、井挖、支护、灌浆、钢结构制作安装、金属结构安装。主要工程量见表 1。

表 1　黄登水电站引水发电系统土建及金属结构安装工程主要工程量表

序号	工程量名称	单位	工程量	说　明
1	土石方明挖	万 m³	140.31	尾水出口及 500kV 开关楼边坡
2	洞挖及井挖石方	万 m³	148.17	
3	土石方回填	万 m³	0.61	
4	砌石	万 m³	0.21	
5	现浇混凝土	万 m³	89.1	
6	预制混凝土	万 m³	0.1	
7	喷混凝土	万 m³	6.8	
8	钢筋及钢筋网	万 t	4.48	
9	锚杆及锚筋桩	万根	15.2	
10	钢结构	万 t	0.2	
11	锚索	10^4kN·m	8726	
12	固结灌浆	万 m	9.9	
13	回填灌浆	万 m²	4.7	

续表

序号	工程量名称	单位	工程量	说　明
14	帷幕灌浆	万 m	0.18	
15	压力钢管制安	万 t	0.5	
16	金属结构安装	万 t	0.7	门槽、门叶、启闭机等

2　计量管理体系

针对黄登水电站引水发电系统土建及金属结构安装工程，项目部建立了计量室作为专门的组织机构。以总工程师为工程计量负责人，成立以技术、经营、质量、物资、安全、施工等多元体相互结合的计量管理体系。遵守公司及业主的计量管理规定，对计量各个环节进行过程管控，制定出适合项目精细化规范管理的计量管理办法。

3　工程量计量管理

3.1　计量支付条件

（1）经过质量验收并达到"合格"的质量标准。

（2）已完成的工程量。

3.2　计量依据

（1）施工图纸、设计说明、设计通知单、技术要求，以及上级单位有关指令、指示、通知、文函等构成合同的所有文件。

（2）经上级单位批准实施的变更文件。

（3）工程项目施工质量验收合格证明资料。

(4) 工程量计算资料或确认文件。

(5) 其他与工程量计量有关的文件等。

3.3 计量原则

(1) 工程量的计量,首先应满足合同文件计量与支付条款的要求,且均以合同文件规定的计量单位和原则计量。所采用的计量方法,应是符合《水利水电工程设计工程量计算规定》(SL 328—2005)且上级单位和监管单位认可的测量与计算方法。

(2) 工程计量方法分为测量计量、记录计量、施工图纸计量及称量计量。测量计量是指经测量人员采用测量手段计算工程量的计量方式;记录计量是指现场监理工程师根据实际施工情况以实际发生记录工程量的计量方式;施工图纸计量是指有明确设计体型、可以按图示尺寸准确计算工程量或直接引用施工图纸所示工程量的计量方式;称量计量是指由合格的称量人员使用标准的称量器具在规定地点进行称量的计量方式。

(3) 工程量计算方式,根据计算的难易条件采用计算式、计算书(表)、计算分解图表等。

(4) 《工程量签证单》应包括工程名称、工程分部(桩号、高程)、分项及单元工程、施工依据、计算说明、计算简图、计算式、设计工程量、累计签证量、本次签证量等内容。所计量的工程项目序号应与合同《工程量清单》或《变更工程量清单》对应。

3.4 工程台账的建立

黄登水电站引水发电系统工程于 2010 年 11 月 1 日开工建设,过程中经历停工、缓建等,建设至今已 8 年有余,对业主计量结算 80 余期。针对工程建设的特殊性,对引水发电系统工程建立了详细的工程台账,包含工程量签证台账、结算台账、设计变更台账、设计依据台账。工程量台账中详细体现了合同工程量、设计工程量、变更工程量,对设计变更增加或减少的工程量进行了准确的统计和计量,做到不重复、不遗漏。按期有效地控制工程结算,可缩短工程计量的周期,为完工结算提供相关支撑依据及数据。

工程量台账建立分为两部分:合同内工程量及合同外工程量。合同内工程量是根据合同工程量清单对设计图纸进行项目的划分。合同工程量清单中没有项目的工程量简称合同外工程量。该类项目需进行变更报价后增加项目编码及单价。按照实际的施工情况,对工程量进行计算和统计,以设计通知单文件形式确认,在工程量台账中体现为变更工程量,变更工程量中以正量和负量体现。现场零星工程量以监理指示签认单为依据,工程量台账中为现场变更工程量。在工程量台账中需建立投标清单工程量台账、设计图纸工程量台账、设计图纸新增工程量台账、变更索赔工程量台账、实际完工工程量台账、已签证申报工程量台账,并形成动态更新。通过

建立台账,整个工程建设中各个阶段计量结算情况得到了有效的控制。

3.5 计量签证原则

(1) 执行合同原则:按招标文件合同条款所规定计量的范围、内容、方法、单位进行计量。除合同另有规定外,各个项目的计量方法应按招标文件《技术条款》中的有关规定执行。

(2) 执行一单一清原则:计量申报时,每一个项目必须对照工程量清单表中所列项目;一张工程量签证单对应一个单元工程,严禁多个单元工程混合签证;签证内容必须明确,计算过程清晰准确,签证依据齐全。

(3) 执行时间限制原则:当月所完成的每个工程项目,必须在当月报量时段内找监管单位签证确认;如属于隐蔽工程,则必须在其覆盖之前找监管单位签字确认。施工过程中所发生的非施工单位原因导致的人工、设备窝工及有关损失,应及时找现场监管单位进行备忘签证确认,便于后续变更立项的审批。

3.6 计量方式及控制

黄登水电站引水发电系统土建及金属结构安装工程施工项目计量分为:土石方明挖、槽挖工程及回填计量;石方洞挖、井挖、支护工程计量;钢筋、混凝土工程计量;灌浆工程计量;金属结构制作、安装工程计量;因地质原因引起的超挖超填工程计量等。在计量过程中严格按照合同工程、单位工程、分部(分项)工程、单元工程进行分类细化,避免计量过程中出现分类、分项错乱等现象。

常规的计量方式采用总量控制加最终完工清算结算的方式。这种方式易造成后续工作量大,或者人员变动后引起的工作断链等弊端。在计量过程中采取单元工程完工即清算方式,不但能够规范计量管理,还能够及时了解对照现场施工形象及状况,采取有效控制手段,保证现场进度、质量和安全。

工程计量管理采取先整体后局部再细化的手段,工程施工前期按照工程项目划分,由合同工程细化至单位工程、分部工程、分项工程、单元工程,以单元工程为最小模块,将分部工程按部位划分出单元模块工程量。细化单元模块工程量。这就要求施工前期投入大量的技术人员进行单元模块工程量的计算。相对施工前期施工项目较少,技术人员相对闲置,将人员投入到工程量计算中虽不能"一劳永逸",但解决了大量的前期计算,明确了初期设计工程量,施工过程中还需根据变更及时更新。

建立单元模块工程量,在现场施工过程严格按照单元模块数量(或修改的单元模块)进行施工,一定程度上可加快现场管理效率,避免施工中施工项目遗漏或重复的现象,实现实物与图纸工程量的统一;通对图纸工

程量与合同工程量清单项目进行对比分析，工程量清单中始终会存在一部分无项目、无单价的情况，建立单元模块工程量的同时，需及时申报变更立项，实现工程量与清单项目的统一；计量结算过程中及时对工程量项目进行梳理，避免计量结算过程中套用单价不符现象发生，实现项目与工程量台账的统一；建立有效的工程量台账，真正意义上将图纸量、实物量、结算量对应；建立电子台账档案，实现台账与档案的统一；施工后期竣工资料的整编时段漫长、工作单调乏味，通过建立单元模块，过程中及时对质量验收资料核对检查，确保质检资料与工程量一致，加快竣工资料整编周期，实现验收资料与工程量的统一。最终由建立的单元模块组成分部工程，由分部工程组成单位工程，由单位工程组成合同工程"五统一"，不仅缩短了计量结算的周期，也为后期竣工整编归档奠定了基础。

3.7 工程量的计算及归档

计量管理中工程量的计算通常按照相应的设计依据来进行，按照相应的体型、构造、轮廓来计算工程量。计算过程中应选择简单快捷的计算方法，尽量消除计算误差。

水利水电工程设计图纸在出图的时候可能会出现多个部位、多项工程量合并的情况，在计算工程量的过程中需按照工程量清单及变更清单逐项分开计算计量，根据工程量清单中的计量单位进行换算计量，熟读合同工程计量支付条款，掌握水利水电工程计算规程，避免出现遗漏计量及重复计量的情况。

工程量以签证的形式进行，完善的档案管理是后期竣工归档、完工结算的基础。工程量签证资料整理归档由统一部门归口管理，最终形成完工决算计算书移交竣工办归档。档案的管理以过程管理为主，为后期工程竣工做铺垫。

3.8 阶段性工程量清理

黄登水电站引水发电系统工程施工周期较长。施工周期包括开挖、支护、衬砌、灌浆、金属结构安装等。在每个阶段施工完成时，对各个阶段完成工程量进行梳理，查找出存在的问题，及时反应处理，按时反馈各个阶段完成投资情况，为领导者决策提供依据，为工程项目管理提供最方便、最快捷的信息。

4 结语

工程计量管理是项目管理中不可或缺的重要部分，需建立在业主、设计、监理及施工单位相互信任的基础上，做好过程规范控制。工作负责，平常认真，工完账清，积极的工作态度是做好计量管理工作的前提。精细化规范计量管理总结为"实物、量、项、账、档、资料"八字、"五统一"的管理模式。这种管理模式大大缩短了计量结算周期，避免了重复计算，提高了结算质量，为后续竣工提供了坚实的基础，同时可减少项目竣工审计风险，具有较高的借鉴意义。

黄登水电站出线竖井施工测量技术

牛小龙　姚习勇　郑　义/中国水利水电第十四工程局有限公司

【摘　要】　本文结合黄登水电站出线竖井开挖、混凝土衬砌体型和预埋件埋设精度控制，阐述了出线竖井施工测量的技术、方法和工艺。

【关键词】　黄登水电站　出线竖井　土建施工　测量技术

1　工程概述

黄登水电站位于云南省兰坪县境内，采用堤坝式开发，是云南澜沧江上游古水至苗尾河段水电梯级开发方案的第五级水电站，以发电为主，总装机容量 190 万 kW，上游与托巴水电站，下游与大华桥水电站相衔接，坝址位于营盘镇上游 12km。

出线竖井位于主变室右端墙，连接主变室与 500kV 开关楼，深度 208.8m，上部开挖断面为半径 5.2m 的标准圆形，下部与主变室相交的部分为里圆外方形，其间有 5m 的渐变段，底板以下为断面 3.5m×3.5m×4.0m（长×宽×深）的电梯基坑，上部与厂坝交通洞相接，中部 1572.55m 高程与新增 6♯施工支洞相交，见图 1。

出线竖井井壁混凝土衬砌厚度为 0.8m，衬砌后内径 8.5m。每隔 50m 左右设置一个壁座增加受力。下部与主变室相交部位为里圆外方的组合体型结构，中间有 5m 长的渐变段过渡，衬砌厚度 0.8m，见图 2。出线竖井 1528.45m 高程以下井身衬砌及板梁结构采用现浇混凝土，1528.45m 高程以上井壁现浇、板梁楼梯等框架结构为预制吊装方案。预制部分需在浇筑井身混凝土时埋装锚板以固定预制构件，出线竖井预埋锚板共分为 4 种尺寸，即 500mm×700mm、300mm×700mm、400mm×500mm、300mm×500mm，锚板主要用于预制板梁连接点，共计 780 块。

2　测量资源配置

2.1　测量人员配置

承担本工程施工测量任务的测绘人员均经过专业培

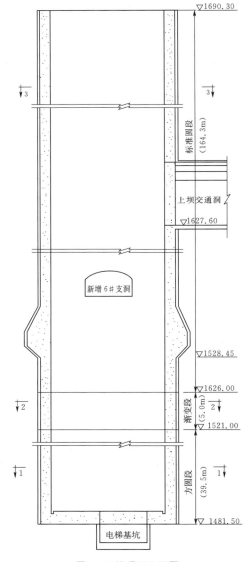

图 1　出线竖井立面图

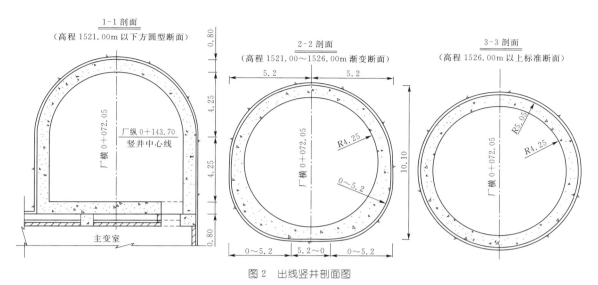

图2 出线竖井剖面图

训，具有6年以上工作经验，并持有测绘上岗证，现场共配备6人。

2.2 测量设备配置

测量设备配置见表1。

表1 测 量 设 备 配 置 表

序号	名 称	型号/规格	精度	单位	数量	生产厂家
1	全站仪	TCR1201+R1000	1mm+1.5ppm	台	1	瑞士徕卡
2	激光垂准仪	DZJ-300A	见表2	台	4	苏州测炜精密仪器有限公司
3	激光测距仪	DISTOTMD510	±1.0mm	台	1	瑞士徕卡
4	激光投线仪	LX410DT	±1mm/5m	台	1	苏州一光
5	钢尺	210250	±1.3mm	把	1	世联

3 施工测量控制网布设

3.1 首级控制网

黄登水电站首级施工测量控制网由建设单位测量中心提供并定期复测，现使用成果为测量中心于2010年5月提交的成果，平面为1954年北京坐标系（边长投影至1545.00m高程），高程系统采用1985年国家高程基准。

3.2 施工控制

从首级控制点加密施工控制点至工作面，以出露基岩面钻孔或混凝土预埋钢筋头作为测量标识，施工控制点选择在通视条件良好、交通方便、地基稳定且能长期保存的地方，能直接用于井口施工放样。加密的施工控制点相对于首级控制点的点位中误差不大于±10mm，控制点测角、测边均按《水电水利工程施工测量规范》（DL/T 5173—2012）四等精度施测，测量仪器采用徕卡TCR1201+R1000电子全站仪，其标称精度为：测距±1mm+1.5ppm；测角±1"。基本导线点测角每测站测

4测回；其中左角、右角各2测回；奇数测回以前进方向观测左角，偶数测回观测右角。水平方向观测各项限差要求分别为：半测回归零差不大于6"；一测回中2C互差不大于9"，同方向各测回互差不大于6"。边长往返对向观测，往返各4测回。测角中误差按±2.5"施测；天顶距施测采用中丝法观测4测回；各项限差要求分别为：指标差较差不大于9"，测回差不大于9"。高程采用电磁波测距三角高程传递，按Ⅳ等精度实行。

4 测量控制方法

4.1 测量工作流程

出线竖井测量工作具体流程：准备工作→井口全站仪设站→测量观测板导向孔坐标（观测计算）→激光垂准仪投点→井底全站仪设站→观测计算。

4.2 准备工作

（1）控制网点布设位置最好靠近井口，精度满足规范要求。

（2）设备工具的准备、锚杆及支架的钻孔埋设、观测板的制作安装等工作。

（3）现场照明、人行通道的搭设安装、安全隐患的排查处理等工作。

（4）根据现场施工条件，编制满足施工要求的《竖井施工测量技术方案》并报监理审批，在实际操作中严格按审批的《竖井施工测量技术方案》实施。

4.3 观测板设置

（1）设置原则：观测板布设在井口施工特征位置上（图3）；通视条件良好，无障碍（避开井壁上的锚杆、竖井的垂直提升装置等）；安全方便，利于操作（如围岩情况、人员及设备通行情况等）。

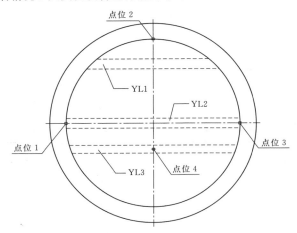

图3 观测板点位分布示意图

（2）设置方法：在井口预先埋设好的锚杆上焊接观测支架和观测板（观测板外形类似于牛腿），观测板使用钢板提前加工，中心开孔（架设激光垂准仪），螺孔和平整度应满足施工要求。

4.4 激光垂准仪投点

本工程使用DZJ-300A激光垂准仪，其主要的技术参数见表2。

表2　DZJ-300A激光垂准仪主要参数

向上一侧回垂测量标准偏差		1/45000
向下对径观测极限误差		1/2000
长水准器角值		20″/2mm
望远镜	成像	正像
	放大倍率	20X
	视角场	1°50′
	物镜有效孔径	36mm
	最短视距	0.8m
垂准用激光器	波长	635m
	出光功效	5mW
	目镜激光射程	40m（选用滤色镜，可视将更清晰和更远）
	激光有效射程	白天≥100m 夜间≥250m
	激光光斑直径	≤3mm/50m
	视准轴与竖轴同轴误差	≤5″
	激光轴与视准轴同轴误差	≤5″

激光垂准仪具体操作方法：

（1）用全站仪测量出各观测板中心孔的坐标值（控制点）；仪器操作人员在观测板上安置好垂准仪后，仪器整平，开始投点。

（2）仪器调焦：打开对点激光开关，井口测量人员准备好后，用对讲机通知井下的测量人员用接收板接收激光点，根据接收到的激光光斑大小指挥井口仪器操作人员调整激光调焦手轮，直到光斑最小最清晰。

（3）激光投点：井口测量人员首先把激光垂准仪的x方向指针对准度盘0°方向，井下工作面的测量人员看到激光束的核心光斑投射到接收板上后，确定激光光斑处于稳定状态时，用记号笔把激光光斑的圆心A标记在接收板上，完成0°方向的投点记点工作。投点点位示意见图4（a）。

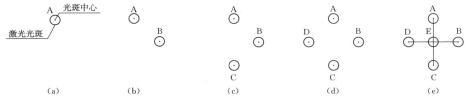

图4 投点点位示意图

（4）根据以上同样的方法将垂准仪旋转90°、180°和270°方向，完成光斑圆心B、C、D的投点标记工作［图4（b）～（d）］，井下工作面的测量人员把标记点A和C、B和D进行连线，两线交叉处的点E［图4（e）］

即为井上控制点在井下工作面的最终正式投点。其他各控制点的投射依次按照上面的步骤来完成。

理论上激光垂准仪调平之后，投射到接收板上的点就是唯一点，但在实际操作中仪器不可能调整到绝对水平，而出线竖井有 200m 深，导致投射下去的激光点会有偏移误差，故需要将仪器旋转 4 个角度，得出 4 个点，最后取中心值。

（5）井下投点的精度检查：对 4 个点位之间的距离进行量测（多次量测取平均值），检查距离误差是否满足规范要求；在全站仪井下放样时，利用 4 个投点中的 3 个点位坐标进行设站，检查全站仪计算标准差是否满足要求，再检查另一个投点点位误差，用以满足规范要求。

4.5 高程测量

投点完成之后（接收板勿动），在井底架设全站仪。垂准仪投射的激光点坐标只是二维坐标，没有高程值。高程值的测量方法：

（1）井底架设全站仪，打开激光免棱镜测量模式，直接观测井口观测板和井底接收板，得到两组高差值 a 和 b，这两组高差值相加得到观测板到接收板的高差 h，然后用井口观测板的高程值（事先已在井口用全站仪获取）减去高差 h，就得到了接收板上各投射点的高程。

（2）应用徕卡 DISTOTMD510 测距仪进行垂直高差测量。出线竖井有 200m 深，为保证测距精度，需要进行分段高程测量。充分利用与竖井井筒相连接的两个平洞（厂坝交通洞、新增 6♯ 施工支洞，相应的开挖阶段利用相应的交叉洞口），在井口部位、厂坝交通洞和新增 6♯ 施工支洞与竖井交叉部位，利用角铁制作悬挑固定支架平台，利用全站仪在支架平台上进行高程点标示，把测距仪测量基准对准标示高程点，利用测距仪的智能水平模式进行垂直距离测量，进行高程传递测量。

（3）利用 50m 钢尺在井口、厂坝交通洞、新增 6♯ 施工支洞（相应的开挖阶段利用相应的交叉洞口）量取至开挖面的垂直距离，计算与基准高程的高差，控制标点。

4.6 井底测量放样

各投射点的坐标及高程值获取之后，开始全站仪设站（后方交会法），测设三维坐标，使用编程计算器编程计算，方法及原理与平洞、地面施工测量相同。

5 滑模及预埋件测量放样

出线竖井混凝土测量放样与开挖测量放样操作过程基本相似。出线竖井采用滑模浇筑且井壁有预埋锚板，

精度要求更高，具体工艺如下。

5.1 滑模体型控制

为保证竖井衬砌体型和锚板的埋设精度，需增加激光垂准仪的台数（最好 4 台或 4 台以上）。井口垂准仪观测板布设在井口设计衬砌圆周和施工特征点位置上（十字交叉或米字交叉），激光点可以直接投射到滑模模板上口，如果激光点在模板上口外沿则说明模板位置正好，反之则说明模板有偏移。同时布设垂准仪观测板在井壁预埋锚板的中心垂直轴线上，这样可以在控制滑模体型的时候还可以控制锚板的水平径向位置。在以上操作过程中，激光垂准仪投点取中心值后，井上操作激光垂准仪的工作人员需将激光垂准仪锁定，听取井下接收点人员的指挥，将可见激光光斑调整到中心点（值）上，使垂准仪投射的激光光束为垂直光束，其他各点依次效仿该操作过程。在各点投射完成之后，还需要检查各投射点之间的距离，与已知数值进行比较复核，确认各点投射无误。在滑模滑升过程中，现场实时根据模板与激光点的位置来进行调校。

井口的激光垂准仪安装好之后直到滑模滑完才能拆下来，中间过程需要更换电池以保证电力充足；同时还需要根据滑模的滑升高度，不间断地对激光垂准仪投射光斑进行调焦，使光斑在滑模上口始终处于最佳大小状态。

5.2 锚板测量控制

竖井滑模设有钢筋操作平台、浇筑平台和抹面平台，各平台垂直通视可能相互阻挡，施工干扰较大。这时锚板高程控制就要求提前完成，充分利用与竖井相交的新增 6♯ 施工支洞和厂坝交通洞。在滑模运行前，将各层预埋锚板的高程基准测量放样至岩壁上，安装时采用激光投线仪来控制水平，保证各层锚板的相对独立，减少累计误差；同时辅以钢尺量测和激光测距仪测距，保证锚板的安装高程满足设计要求。

6 结束语

黄登水电站地下厂房电缆出线井 200 余 m，700 多个埋件，采用滑模施工混凝土，上下不通视，由于采用了针对性的改进测量方法及工艺技术，提高了测量精度，保证了施工质量，可为类似竖井施工提供借鉴。

圆形隧洞过流面底板特殊保护技术应用

黄金凤　赵智勇/中国水利水电第十四工程局有限公司

【摘　要】 水工隧洞施工工序多、时间长，圆形隧洞底拱混凝土浇筑完成后有载重车通行要求，为避免后续施工对已浇筑混凝土面产生破坏，从而导致缺陷修补费用增加，需采取有效保护措施。黄登水电站圆形隧洞过流面特殊保护方法为：在底部铺一层土工布，其上铺一层竹跳板，再上满铺一层级配碎石，最后铺一层水稳层碾压平整密实。隧洞底板混凝土特殊保护厚度约为中间94cm、两侧87cm，横坡3‰，其中铺设级配碎石厚度为60cm，水稳层厚度为30cm（两侧23cm）。车辆通行通道宽6m，两边各设一个50cm宽的砖砌排水沟。该种特殊保护方法不仅利于现场文明施工，且经济适用，还能加快施工进度。

【关键词】 圆形隧洞　水稳层　级配碎石　保护

1　工程概况

黄登水电站尾水调压室后布置有2条尾水隧洞，采用两机一洞平行布置型式。两条隧洞之间轴线间距为50m，起点位于尾水调压室中心线，出口与尾水出口边坡衔接。

1#尾水隧洞总长492.70m，纵坡3.72%，转弯半径85m，转弯长度为80.11m；2#尾水隧洞总长405.18m，纵坡4.85%，转弯半径60m，转弯长度为56.55m。尾水隧洞标准断面衬砌后为圆形断面，半径为7.5m，混凝土浇筑方法为底板100°先采用翻模浇筑，剩余260°边顶拱采用钢模台车浇筑。

2　技术背景

在大型水利水电地下工程施工中存在各种大断面圆形过流隧洞，例如引水隧洞、尾水隧洞等。随着水利水电工程施工技术的成熟与发展，目前，大多数圆形隧洞混凝土衬砌施工方法一般为：先将底拱100°～120°范围内的混凝土浇筑完成，然后剩余260°～240°范围内边顶拱采用钢模台车进行混凝土浇筑。

圆形隧洞在底拱衬砌完成进行边顶拱混凝土衬砌施工过程中，混凝土搅拌车及材料运输车需在已衬砌完成的底拱上通行，且圆形隧洞边顶拱衬砌占隧洞衬砌施工工期和工作量的60%以上，在边顶拱施工时，材料及杂物无法避免地会掉到已浇好的底拱上从而造成底拱损坏，另外车辆长时间通行也容易对已浇筑底拱造成磨损、破坏。而隧洞过流面一般对衬砌混凝土外观质量要求较高，为避免施工期对底拱混凝土表面产生破坏，需采取措施对尾水隧洞已浇筑底拱进行保护。

常用的隧洞底拱混凝土保护方法是在底拱混凝土上直接垫一层开挖石渣料。但由于黄登地下洞室地质条件的特殊性，岩石主要为变质火山角砾岩、变质火山细砾岩夹变质凝灰岩，遇水极易泥化，而在进行隧洞边顶拱混凝土衬砌过程中需对已浇混凝土进行洒水养护，以及在车辆通行过程中会夹带水分及泥浆，容易造成底拱保护的石渣泥泞不堪，现场文明施工形象极差，无法满足现场文明施工要求，需要投入大量的人工及设备进行维护、清理，且起不到保护效果。再者，边顶拱施工人员、路面清理人员及通行车辆之间施工干扰较大，安全隐患突出。

随着社会的发展，现场文明施工要求不断提高，建设单位及施工单位均需花费大量的财力和人力用于现场文明施工。因此，采用一种既能保护隧洞底板又对文明施工有利，且便于施工车辆通行的施工技术是有必要的。

3　隧洞底板特殊保护技术

3.1　保护方法

黄登水电站尾水隧洞标准段衬砌后断面半径为7.5m。考虑到隧洞底板特殊保护后车辆能正常通行，取车道宽度为6m，两侧各设置0.5m宽的排水沟进行排水，从而确定了隧洞底板特殊保护的厚度为94cm。为了便于排水，路面从中心线向两侧设置3%的横坡，则两侧路面的保护厚度为87cm。

尾水隧洞底板特殊保护共分4层，在过流面底板先铺一层土工布，土工布上方铺一层竹跳板，再在上方满铺一层级配碎石，最后铺一层水稳层并碾压平整密实。其中铺设级配碎石厚度为60cm，水稳层厚度为中间30cm、两侧23cm。最后，在路面两侧分别设置一个0.5m宽的排水沟。

土工布在底板混凝土浇筑结束后开始铺设，以便于底板混凝土养护。竹跳板主要起到将级配碎石与底板混凝土隔离的作用，以免级配碎石对底板混凝土造成磨损。水稳层起到使路面光滑平整的作用，便于车辆和人员通行。

黄登水电站尾水隧洞底板特殊保护方法详见图1。

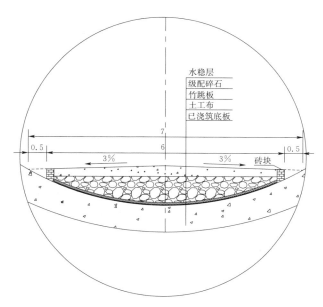

图1 黄登水电站尾水隧洞底板特殊保护方法示意图（单位：m）

3.2 工艺流程

尾水隧洞底板特殊保护施工工艺流程见图2。

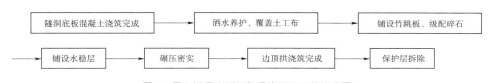

图2 尾水隧洞底板特殊保护施工工艺流程图

3.3 保护施工

3.3.1 预埋固结灌浆管保护

尾水隧洞底板需进行固结灌浆，在对底板进行浇筑前已预埋有固结灌浆管。在进行尾水隧洞底板特殊保护前，需对尾水隧洞底板预埋灌浆管进行保护，采取的具体方法为：将海绵裹成圆筒形，直径略大于钢管直径，然后塞进钢管内，并在钢管管口位置采用红油漆做好标记，便于后期查找。

3.3.2 土工布和竹跳板铺设

混凝土浇筑完成后，采用人工在已浇筑的底板混凝土表面铺设一层土工布，铺设过程中需保证土工布铺设平整并紧贴混凝土表面，然后进行洒水养护。待混凝土

达到龄期要求之后，在土工布上方铺设一层竹跳板。铺设土工布及竹跳板的作用在于将级配碎石和底板混凝土隔离开，便于后期保护层的清除。

3.3.3 级配碎石及水稳层配合比确定

尾水隧洞保护用的级配碎石和水稳层铺料要求采用公路规范标准。根据规范要求：级配碎石最大粒径不应超过37.5mm，压碎值不大于35%，针片状颗粒含量不应超过20%，压实度应达到96%以上；水稳层碎石最大粒径不应超过31.5mm，压碎值不大于26%，压实度应达到98%以上，基层碎石中不应有黏土块、植物等有害物质，针片状颗粒含量不应超过20%。

经过现场试验，得出黄登水电站尾水隧洞底板特殊保护级配碎石和水稳层配合比，见表1和表2。

表1　级配碎石配合比

拟使用部位	骨料组成比例			最优点控制		压实度控制
	中石 37.5～19mm	小石 19～4.75mm	砂 <4.75mm	最大干密度 /(kg/m³)	最优含水量 /%	
级配碎石	15（%）	45（%）	40（%）	2.120	4.0	96%
	318（kg）	954（kg）	848（kg）			

表 2　　　　　　　　　　　　　　　　　　水稳层级配碎石配合比

拟使用部位	混合料组成比例			最优点控制		压实度控制
	水泥	骨料组成		最大干密度 /(kg/m³)	最优含水量 /%	
		小石 19～4.75mm	砂 <4.75mm			
水稳层	4.0（%）	55（%）	45（%）	2.280	4.2	98%
	87（kg）	1206（kg）	987（kg）			

黄登水电站尾水隧洞底板特殊保护级配碎石配合比为：15%的中石，45%的小石，40%的砂；水稳层采用砂石骨料拌制完成后，再加入重量为砂石骨料重量4%的水泥加水拌制而成，其中砂石骨料由55%的小石和45%的砂组成。

3.3.4　级配碎石及水稳层铺设

级配碎石和水稳层通过拌和楼，根据试验室确定的配合比进行拌和后，用自卸车运输至施工部位。先采用小反铲进行摊铺，然后人工进行整平，小振动碾碾压平整密实，特别是水稳层需保证其表面光滑平整。

3.3.5　排水沟施工

因尾水隧洞边顶拱混凝土浇筑过程中需进行洒水养护，为了避免养护水积留在路面上，影响施工人员及车辆通行，路面从中心向两侧设置了3%的横坡，在两端设置了排水沟，排水沟采用红砖砌筑。

3.3.6　特殊保护拆除

尾水隧洞底板特殊保护拆除方法为：首先采用反铲配冲击锤将水稳层松动破碎，局部不便于用反铲破碎的辅以人工风镐凿出，然后人工配合反铲（斗齿加装弧形橡胶刮板）将破碎后的水稳层铲入8t自卸车内并运输至洞外。底部的竹跳板及土工布采用人工拆除，并且将尾水隧洞底板上的石渣清除干净。

4　技术效益

（1）圆形隧洞过流面底板特殊保护由以往的垫石渣改为垫土工布、竹跳板、级配碎石及水稳层，并在两侧设置排水沟，改善了文明施工环境，克服了施工效率低下、人员清理劳动强度大、耗时费工、安全隐患突出等

问题。该特殊保护技术的应用可以减少文明施工投入费用，降低人工劳动强度及安全隐患，改善文明施工形象，节约施工成本。

（2）该技术采用土工布、竹跳板、级配碎石及水稳层对圆形过流面底板进行特殊保护后，使得路面光滑平整，施工废水直接流至两侧排水沟，现场文明施工环境较好，一次性投入使用后，除了定期清扫路面，无需像常规底板保护需经常对已泥化部位的石渣进行清理并重新铺设，从而减少了人员及设备的投入，降低了对边顶拱混凝土施工的干扰，加快了施工进度。

（3）对底板保护层进行清除时，因有竹跳板作为隔离层，将隧洞衬砌混凝土面和保护层隔离开，避免了施工设备及机械损坏到底板衬砌混凝土面。将所有保护层清除完成后，底板衬砌混凝土面完好无损，仅需采用清水将混凝土表面的泥沙冲洗干净即可，无需进行修复，达到了非常理想的保护效果。

（4）该技术推动了水利水电工程圆形隧洞过流面底板保护在工艺、效率方面的进步，目前还未见在其他水电工程施工中应用，在大型圆形过流隧洞混凝土衬砌施工中具有推广价值。

5　结束语

黄登水电站采用土工布、竹跳板、级配碎石、水稳层等对尾水隧洞过流面底板进行特殊保护，避免了混凝土面的二次缺陷修补工作，这种特殊保护方法不仅对混凝土起到有效保护，还有利于现场车辆通行及文明施工，而且经济适用，具有较好的借鉴意义。

爆破安全监测在黄登水电站引水发电系统施工中的应用

李晓江/中国水利水电第十四工程局有限公司

【摘　要】　水利水电工程开挖爆破一般在初始阶段进行爆破试验，取得试验成果后再进入常规开挖阶段。在爆破试验阶段，需要进行爆破振动监测，对试验参数进行分析优化。进入常规开挖阶段后，对重点断面、重点部位及重要爆破需要进行爆破振动监测，一方面对爆破试验成果进行验证，另一方面控制爆破振动对保留围岩及周围其他保护物的影响。在黄登水电站引水发电系统工程中，需要通过爆破振动监测，对施工工艺流程进行检验，对爆破施工中的最大单段药量及装药结构进行验证，对爆破网路的形式和延时时差进行优化。

【关键词】　黄登水电站　引水发电系统　爆破安全监测

1　工程概况

黄登水电站引水发电系统布置在左岸地下，由引水系统、地下厂房洞室群、尾水系统及 500kV 地面 GIS 开关站等组成。

电站为坝身岸塔式进水口，引水道中心线间距为 31m，按单机单管布置，单机最大引水流量 $409m^3/s$。尾水建筑物包括尾水支洞、尾水闸门室、尾水调压室、尾水隧洞、尾水隧洞出口检修闸门室等，按二机一调一尾格局布置，共布置 4 条尾水支洞、2 个调压室和 2 条尾水隧洞。调压室上游侧布置尾水闸门室。

发电建筑物地下厂房洞室群主要由主副厂房、主变室、母线洞以及进厂交通、通风排风等辅助洞室组成，整个厂区洞室布置纵横交错、规模宏大，属大型地下厂房洞室群。

地下主、副厂房按一字形布置，从右至左依次布置右端副厂房、安装间、机组段、左端副厂房，相应长度分别为 25.15m、60m、141m、21.15m，总长 247.3m。主副厂房最大开挖尺寸：开挖宽度发电机层以下为 29m，发电机层以上为 32m，最大开挖高度 80.5m。

2　爆破安全监测目的

（1）通过爆破生产性试验，对拟定的开挖方式、预裂参数等进行验证，获取合理的爆破参数。

（2）通过爆破振动监测来分析开挖的爆破振动衰减规律，分析爆破对边墙、锚索锚杆等支护的影响，为地下厂房引水发电系统开挖提供数据支持。

（3）施工期对爆破松动圈进行检测，了解爆破对保留岩体的影响程度，并对其安全性做出合理评估。

3　爆破安全监测内容

3.1　爆破振动监测

3.1.1　测点布置

针对某一方向的爆破质点振速传播规律测试的测点布置方法：从爆源开始，根据求取的传爆方向，由近及远布置测点，最近的测点距离爆源 10m 左右，其余测点距爆源的距离呈指数规律布置，初拟测点之间的距离为 15m、20m、30m、50m，测点数不少于 5 个，测试次数不少于 3 次，所有测点尽量布置在与爆源连线的直线上。

针对某一具体保护物的爆破质点振速监测的测点布置方法：针对保护物的位置，在保护物与爆源连线的直线方向上布置测点，测点布置在保护物的基础部位，测点与保护物之间距离呈指数规律布置。

测点布置在岩体基础部位，传感器与基岩之间采用优质生石膏粘结，必须粘结牢固。每次爆破振动监测布置 3～5 个测点，如图 1 所示。

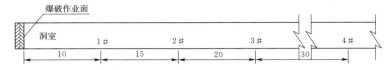

图 1　爆破试验测点布置示意图（单位：m）

3.1.2　监测设备

监测设备采用加拿大 Instantel 公司生产的 Mini Mate Plus 爆破记录仪。Mini Mate Plus 系统最小可测到 0.127mm/s（人能感觉到的震动为 0.7～0.9mm/s）的振动。该系统可以同时在同一观测点测试 3 个方向的爆破振速（含时程曲线），此外，还可提供峰值加速度、峰值位移以及频率-峰值振动速度曲线，可以记录 300 次不同时刻的爆破震动。该系统内置数码芯片自动对测试过程进行控制，可灵活方便设置测试参数，包括测试量程、采样频率、信号触发方式及电平量程，记录时间及次数等，并可适应全天候的野外作业条件，待机记录时间 48h 以上。测试系统框图见图 2。

图 2　测试系统框图

3.1.3　实施方法

（1）传感器埋设与连接。用清水洗净基岩表面，用石膏将传感器牢固地固定在基岩面上，然后把传感器连接到自记仪上，待爆破信号触发后记录完备取回，与计算机相连，进行分析处理。

（2）数据记录与整理回归分析。采用回归分析理论对岩体爆破开挖测试数据进行回归分析。求得保留岩体爆破开挖振速传播经验公式中的 k、α 值，并进行相关性和显著性检验，得出爆破地震波在保留岩体内的传播规律；同时结合爆破安全控制标准进行爆破对围岩的影响分析。

（3）确定一段起爆最大药量。利用回归分析求出萨道夫斯基爆破振速衰减规律，通过保护对象的允许安全质点振速和爆破对围岩的影响进行分析，反求今后每次爆破时允许的最大一段起爆药量，从而在每次爆破时将质点振速控制在允许的范围内，确保保留岩体的安全与稳定，并优化爆破参数。

3.2　爆破松动圈声波检测

3.2.1　检测方法及仪器

本项检测的目的是对爆破围岩影响范围及程度进行综合评价。基于此，主要采用钻孔岩体声波法（单孔声波测试）。利用钻孔进行钻孔岩体声波测试，可获得水平方向或垂直（Z）方向的岩体波速分布及岩体松动层厚度。

检测测试仪器和分析系统：测试仪器主机采用 RS-

ST01C 一体化数字超声仪，见图 3。换能器采用单孔、双孔、平面、大功率发射和带前置放大等换能器。跨孔及单孔的现场测试工作原理如图 4、图 5 所示。

图 3　声波仪实物图

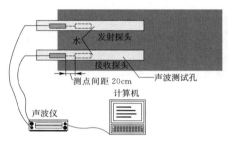

图 4　跨孔测试原理示意图

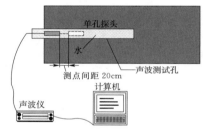

图 5　单孔测试原理示意图

3.2.2　测孔布置及检测方法

针对不同的部位和岩体结构，在爆区内斜穿过预裂面（或光爆面）布置声波观测孔，测试爆破对保留岩体壁面的影响深度。

声波测孔呈正三角形布置，每组 3 孔，测孔相互平行，两孔间距 1.2m，直径大于 50mm，倾角 30°，深入预裂面深度 5m。详见图 6。

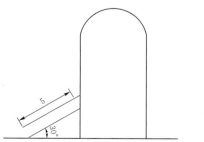
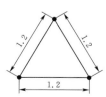

图 6　声波孔布置示意图（单位：m）

方法：测试点距为 0.2m，爆破前进行声波测试，测试完后将孔内灌满沙子，护住炮孔。爆破后等爆渣清理结束后，将炮孔吹出，进行爆破后的声波测试。对比爆破前后波速，判断爆破对保留岩体的影响。

每组声波孔钻孔进尺 15m，爆前单孔检测 3 条测线，15m，跨孔 1~2 条测线，5~10m；爆后单孔检测 3 条测线，15m，跨孔 1~2 条测线，5~10m。

3.2.3 检测成果分析

（1）单孔法声波速度值 v_P 的计算方法。对于单孔一发双收法，声波速度按式（1）计算：

$$v_P = \frac{L}{t_2 - t_1} \tag{1}$$

式中　v_P——岩体中声波纵波速度，m/s；

L——发双收换能器间距，即接收换能器 R_1 和 R_2 之间的距离，m；

t_1——接收换能器 R_1 接收到声信号的时间，s；

t_2——接收换能器 R_2 接收到声信号的时间，s。

（2）双孔法声波速度值 v_P 的计算方法。对于双孔对穿法，声波速度按式（2）计算：

$$v_P = \frac{L}{t} \tag{2}$$

式中　v_P——岩体中声波纵波速度，m/s；

L——孔距，m；

t——声波穿透岩体的时间，s。

在进行双孔对穿测试时，孔口间距 L 不能代表实际穿透距离 $L_{实}$，这时需要对测距进行钻孔倾斜修正，见式（3）。

$$L_{实} = [(x_2 - x_1)^2 + (y_2 - y_1)^2 + (z_2 - z_1)^2]^{1/2} \tag{3}$$

$$x_1 = H_1 \sin\alpha_1 \cos(-\beta_1 \pm \beta_1')$$
$$y_1 = H_1 \sin\alpha_1 \sin(\beta_1 \pm \beta_1')$$
$$z_1 = H_1 \cos\alpha_1$$
$$x_2 = H_2 \sin\alpha_2 \cos(\beta_2 \pm \beta_2')$$
$$y_2 = L + H_2 \sin\alpha_2 \sin(\beta_2 \pm \beta_2')$$
$$z_2 = H_2 \cos\alpha_2$$

式中　$L_{实}$——激振与接收实际穿透距离，m；

x_1、y_1、z_1——激振点空间坐标，m；

x_2、y_2、z_2——接收点空间坐标，m；

α_1、α_2——钻孔倾角，（°）；

β_1、β_2——钻孔方位角，（°）；

β_1'、β_2'——X 轴正向与正北向间的夹角，在 X 轴西为正、东为负，（°）；

H_1——激振点至孔口距离，m；

H_2——接收点至孔口距离，m；

L——两钻孔孔口间距，m。

4　爆破安全监测应用

黄登水电站引水发电系统先后进行 13 次爆破安全监测，详见表 1。

表 1　黄登水电站地下厂房爆破安全监测

序号	监测时间	监测部位	备注
1	2013.3.21 至 2013.3.23	主厂房 I 层厂纵 K0+220.50~K0+210.15	
2	2013.8.9 至 2013.8.18	1#尾水隧洞 I 层 K0+175.60~K0+190.00	
3	2013.11.14	主厂房 II 层厂纵 K0+210.00~K0+140.00	边墙预裂药量控制
4	2014.3.19	主变室 II 层厂纵 K0+044.10~0-047.20	边墙预裂药量控制
5	2014.3.27	主厂房 III-1 层厂纵 K0+030.00~0+024.00	
6	2014.4.11 至 2014.4.21	主厂房 III-1 层厂纵 K0+197.00~K0+210.00	
7	2014.4.22	主厂房 III-2 层下游厂纵 K0+178.00~K0+210.00	边墙预裂药量控制
8	2014.5.5	主厂房 III-1 层厂纵 K0+200.90~K0+185.00	模拟岩锚梁岩台开挖
9	2014.6.4 至 2014.6.20	主厂房岩锚梁浇筑厂纵 0+48.00~0+162.00	爆破部位在二层排水廊道、主变室等
10	2014.6.22 至 2014.6.23	主厂房岩锚梁浇筑厂纵 0+105.00~0+140.00	爆破部位在 4#母线洞
11	2014.7.11 至 2014.7.12	主厂房岩锚梁浇筑厂纵厂纵 0-002.00~0+149.00	
12	2014.7.17	主厂房岩锚梁浇筑厂纵 0+191.00	爆破部位在主厂房
13	2014.7.17	主厂房岩锚梁浇筑厂纵 0+105.00~0+098.00	爆破部位在二层排水廊道

本文选取以下 3 个典型部位进行分析。

4.1　主厂房 I 层开挖爆破监测

共进行 3 次爆破监测，其装药结构基本一致：光爆孔间隔 35cm 装 1/4 节 ϕ32 药卷（ϕ32 药卷分成上下两个 1/2 节后再从中间剖开），底部用 1 节 ϕ32 药卷加强装药；缓冲孔与主爆孔均采用连续装药结构。

第一次爆破监测于 2013 年 3 月 21 日 18：33 实施，

总装药量58.75kg。现场爆破实际参数及观测成果见表2、表3。

第二次爆破监测于2013年3月22日19：55实施，总装药量55.8kg。现场爆破实际参数及观测成果见表4、表5。

第三次爆破监测于2013年3月23日16：41实施，总装药量62.85kg。现场爆破实际参数及观测成果见表6、表7。

表2 第一次爆破监测参数表

炮孔类别	雷管段别	孔深/m	孔距/m	孔数/个	单孔药量/kg	单段药量/kg	线装药密度/(g/m)
光爆孔	MS11	2.8	0.5	21	0.55	11.55	111
缓冲孔	MS9	3.3	0.72	12	1.6	19.2	
主爆孔4层	MS7	3.3	0.72	6	2.0	12.0	
主爆孔3层	MS5	3.3	0.75	4	2.0	8.0	/
主爆孔2层	MS3	3.3	0.8	3	2.0	6.0	
主爆孔1层	MS1	3.3	/	1	2.0	2.0	

表3 第一次爆破监测振动观测成果表

测点编号	爆源距/m	仪器编号	爆破部位	水平切向 峰值速度/(cm/s)	水平切向 峰值频率/Hz	竖直向 峰值速度/(cm/s)	竖直向 峰值频率/Hz	水平径向 峰值速度/(cm/s)	水平径向 峰值频率/Hz
1#	12.5	BE14306		2.08	114	2.39	85	1.57	93
2#	18.7	BE10496	厂纵	1.60	114	1.73	64	1.55	114
3#	30.2	Mini – seis 3586	0+220.5 ～ 0+218.0	0.91	171	1.42	102	1.12	128
4#	40.2	YBJ – Ⅲ c001		0.8	86	2.35	113	0.59	139
5#	50.2	YBJ – Ⅲ 0065		0.15	109	0.5	155	0.36	113

表4 第二次爆破试验参数表

炮孔类别	雷管段别	孔深/m	孔距/m	孔数/个	单孔药量/kg	单段药量/kg	线装药密度/(g/m)
光爆孔	MS9	2.8	0.5	20	0.55	11.0	111
缓冲孔	MS7	3.0	0.72	8	1.6	12.8	
主爆孔3层	MS5	3.0	0.72	7	2.0	14.0	/
主爆孔2层	MS3	3.0	0.75	6	2.0	12.0	
主爆孔1层	MS1	3.0	0.8	3	2.0	6.0	

表5 第二次爆破监测振动观测成果表

测点编号	爆源距/m	仪器编号	爆破部位	水平切向 峰值速度/(cm/s)	水平切向 峰值频率/Hz	竖直向 峰值速度/(cm/s)	竖直向 峰值频率/Hz	水平径向 峰值速度/(cm/s)	水平径向 峰值频率/Hz
1#	12.4	BE10496		1.28	79	2.26	93	1.04	128
2#	20.6	BE14306	厂纵	1.42	128	1.32	85	0.89	93
3#	29.0	Mini – seis 3586	0+218.0 ～ 0+215.5	0.81	128	1.17	128	0.71	171
4#	39.2	YBJ – Ⅲ c001		0.72	74	1.28	93	0.58	116
5#	49.3	YBJ – Ⅲ 0065		0.13	99	0.51	146	0.3	140

表6　　　　　　　　　　　　　　　　第三次爆破试验参数表

炮孔类别	雷管段别	孔深 /m	孔距 /m	孔数 /个	单孔药量 /kg	单段药量 /kg	线装药密度 /(g/m)
光爆孔	MS11	2.8	0.5	19	0.55	10.45	111
缓冲孔	MS9	3.0	1.0	9	1.6	14.4	
主爆孔4层	MS7	3.0	1.0	5	2.0	10.0	
主爆孔3层	MS5	3.0	1.0	5	2.0	10.0	/
主爆孔2层	MS3	3.0	1.0	4	2.0	8.0	
主爆孔1层	MS1	3.0	1.0	5	2.0	10.0	

表7　　　　　　　　　　　　　　　　第三次爆破监测振动观测成果表

测点 编号	爆源距 /m	仪器 编号	爆破 部位	水平切向 峰值速度 /(cm/s)	水平切向 峰值频率 /Hz	竖直向 峰值速度 /(cm/s)	竖直向 峰值频率 /Hz	水平径向 峰值速度 /(cm/s)	水平径向 峰值频率 /Hz
1#	12.8	BE14306		1.09	102	1.49	128	0.74	146
2#	20.9	BE10496	厂纵 0+215.5 ~ 0+213.0	0.69	128	0.88	79	0.58	171
3#	30.7	Mini-seis3586		0.56	171	0.91	128	0.36	171
4#	40.6	YBJ-Ⅲ0065		0.09	88	0.51	147	0.18	147
5#	50.7	YBJ-Ⅲc001		0.33	167	0.52	147	0.35	111

　　3次爆破前后岩体波速测试成果见图7。

　　3次爆破监测沿洞轴向均布置5个测点，各测点均监测水平切向、铅垂向以及水平径向3个方向的质点振速。由《爆破安全规程》（GB 6722—2003）知：水工隧道的质点安全允许振速为7~15cm/s，故此3次爆破试验的爆破振动值均未超出安全控制标准，爆破振动影响均控制在安全范围之内。

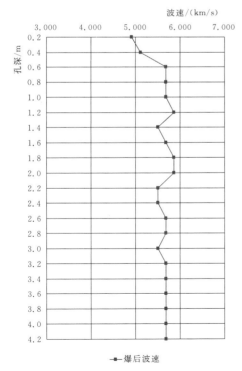

（a）第一次爆破试验爆后波速

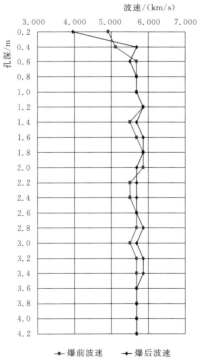

（b）第二次爆破试验爆前爆后波速对比

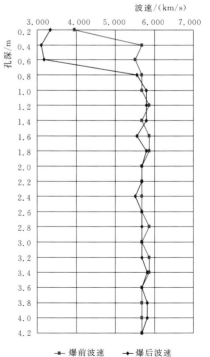

（c）第三次爆破试验爆前爆后波速对比

图7　3次爆破前后岩体波速测试成果图

采用跨孔声波法在下游侧 0＋221～0＋222 部位进行了爆破影响深度监测，以检测爆破对保留岩体的影响深度。声波测孔呈正三角形布置，每组 3 孔，深 4.1～4.3m，孔径 51mm。结果表明：对于岩性较完整部位声波纵波波速一般在 5500～6000m/s；根据波速变化趋势及变化率分析，爆破影响深度（含岩体卸荷）控制在 0.8m 以内。

4.2 主厂房Ⅲ－1层模拟岩锚梁岩台开挖爆破监测

4.2.1 爆破参数

模拟岩锚梁岩台光面爆破监测在主厂房厂纵 K0＋200.90～K0＋185.80 进行，分Ⅰ（厂纵 0＋200.90～厂纵 0＋197.38）、Ⅱ（厂纵 0＋197.38～厂纵 0＋190.75）、Ⅲ（厂纵 0＋190.75～厂纵 0＋185.80）三个区。岩台光面爆破试验竖向孔 48 个、斜向孔 48 个，共 96 个孔，孔径 42mm，间距 35cm，孔深 2.61m。

爆破参数为：

（1）Ⅰ区 1～16 号孔线装药密度 73.5g/m，斜面孔底装 1/2 节 φ25（1＃乳化炸药）药卷，往上每间隔 25cm 装 1/6 节 φ25（1＃乳化炸药）药卷，共 6 个 1/6 节 φ25 药卷，堵塞 46cm，单孔药量 0.225kg，采用全孔导爆索竹片捆扎装药。

（2）Ⅱ区 17～35 号孔线装药密度 56.8g/m，斜面孔底装 1/2 节 φ25（1＃乳化炸药）药卷，往上每间隔 35cm 装 1/6 节 φ25（1＃乳化炸药）药卷，共 5 个 1/6 节 φ25 药卷，堵塞 30cm，单孔药量 0.20kg，采用全孔导爆索竹片捆扎装药。

（3）Ⅲ区 36～48 号孔线装药密度 42.37g/m，斜面孔底装 1/2 节 φ25（1＃乳化炸药）药卷，往上每间隔 25cm 装 1/12 节 φ25（1＃乳化炸药）药卷，共 7 个 1/12 节 φ25 药卷，堵塞 44cm，单孔药量 0.1625kg，采用全孔导爆索竹片捆扎装药。

竖向光爆孔和斜面光爆孔对应部位均采用相同线药量，为避免竖向和斜面光爆孔底部药量偏大，竖向光爆孔底部预留 30cm 不装药。

4.2.2 起爆网路

本次爆破网路采用非电毫秒起爆网路。爆破孔孔内采用 MS1 段非电雷管，孔外采用 MS1 段非电雷管连接；竖向和斜向光爆孔采用全孔导爆索竹片捆扎装药，孔外导爆索连接采用 MS3 段非电雷管同时起爆；爆破孔 MS1 段及光爆孔 MS3 段非电雷管由磁电雷管起爆。

4.2.3 测点布置及监测情况

本次监测采用的振速检波器是三向振速传感器。在具体监测过程中，沿厂运洞上游边墙布置 4 个爆破振动测点，每个测点分别测试平行主厂房轴线向、垂直主厂房轴线向和铅垂 3 个方向的质点振速。用石膏把检波器固定在厂运洞上游边墙基岩上，然后将自记仪与其相连。振动监测成果见表 8，振动衰减规律见表 9。

表 8　爆破试验振动监测数据

测点编号	振速/(cm/s)			距离/m	单响药量/kg
	平行洞轴向	垂直洞轴向	铅垂向		
1＃	2.08	1.32	1.42	10	15.425
2＃	1.68	0.79	0.77	15	15.425
3＃	0.44	0.28	0.14	22.3	15.425
4＃	0.3	0.13	0.07	33.8	15.425

表 9　光面爆破振动衰减规律

测试方向	衰减规律	相关系数 R	样本数
平行洞轴向	$v=27.8\left(\dfrac{Q^{1/3}}{R}\right)^{1.76}$	0.95	
垂直洞轴向	$v=22.7\left(\dfrac{Q^{1/3}}{R}\right)^{1.97}$	0.99	4
铅垂向	$v=63.5\left(\dfrac{Q^{1/3}}{R}\right)^{2.65}$	0.98	

由监测结果看出，本次监测最大质点振速为距离爆区 10m 处的 1＃测点，平行洞轴线方向振速为 2.08cm/s，该振速由光爆孔产生，最大单响药量 15.43kg。爆破振速满足本工程控制速度范围。

由爆破振动监测数据及衰减规律表可知，产生最大爆破振动为平行于洞轴向方向，可将该方向爆破振速作为控制爆破方向，将本工程控制标准 10m 处振速 7cm/s 代入衰减规律公式，可以得到最严控制药量 95kg。但实际施工过程中，在能满足现场施工条件下尽量减小爆破单响药量，从而降低爆破振速，减小爆破振动对围岩的影响，实际单响药量宜按照不大于 30kg 控制。

4.2.4 爆破效果分析

（1）本次监测最大质点振速为距离爆区 10m 处的 1＃测点，平行洞轴线方向振速为 2.08cm/s，该振速由最大单响药量 15.425kg 的光爆孔产生。爆破振速满足本工程控制速度范围。

（2）爆破后整个岩台竖向和斜向成型效果较好，大面较平整，Ⅰ区、Ⅱ区、Ⅲ区 3 个区残留半孔率分别为 92.42％、91.14％、75.46％，Ⅰ区、Ⅱ区岩体较完整残孔率均在 90％以上，Ⅲ区岩体完整性稍差残，孔率稍低，3 个区残孔率均能够满足技术要求（图 8）。

（3）Ⅰ区、Ⅱ区、Ⅲ区 3 个区均以超挖为主，平均超挖 11.9～12.7cm，超挖值满足技术要求。

（4）爆破后孔壁无明显爆破裂隙，表明目前采用的 3 种线药量均能取得较好爆破效果。相比较而言，Ⅰ区线药量 73.5g/m 稍微偏大，Ⅲ区线药量 42.37g/m 稍微偏小，针对目前岩体Ⅱ区 56.8g/m 线药量更为合适，在岩体完整性稍差的部位可以考虑采用Ⅲ区线药量42.37g/m。

（5）岩台斜面孔及竖向孔孔底结合部位岩体无欠挖，孔壁无明显爆破裂隙，表明斜面孔底部采用1/2节φ25（1♯乳化炸药）药卷、竖向孔孔底30cm不装药的装药结构较合理。

（6）产生的最大爆破振动为平行于洞轴向方向，可将该方向爆破振速作为控制爆破方向，将本工程控制标准10m处振速7cm/s代入表3衰减规律公式，可以得到最严控制药量95kg。但实际施工过程中，在能

满足现场施工条件下尽量减小爆破单响药量，从而降低爆破振动速度，减小爆破振动对围岩的影响，实际单响药量宜按照不大于30kg控制，一次爆破长度控制为20m一段。

（7）针对爆破后孔间岩面有个别鼓包现象，可以稍微调整相邻两孔绑扎炸药的位置，使两孔炸药位置不在同一孔深部位，从而错开岩体中不规则裂隙，使炸药能量更好作用于岩体。

（8）为了控制欠挖，斜面孔线装药密度可以适当增加5～10g/m。

图8　岩台光面爆破效果图

4.3　主厂房岩锚梁浇筑期间爆破监测

2014年6月22—23日，在主厂房岩锚梁岩台厂纵0＋105～厂纵0＋140桩号进行了两次爆破质点振速监测，总计7个测点。在具体监测过程中，距离爆源最近

处主厂房岩锚梁岩台及岩锚梁新浇筑混凝土部位布置2～3个爆破振动测点，每个测点分别测试平行主厂房轴线向、垂直主厂房轴线向和铅垂向3个方向的质点振速。监测成果见表10。

表10　　　　　　　　　爆破振动监测数据

监测日期	监测时间	爆破部位	编号	振速/(cm/s)			测点部位
				平行洞轴向	垂直洞轴向	铅垂向	
2014.6.22	21：25	4♯母线洞厂横0＋57	1♯	3.3	2.88	2.44	岩台下直墙纵0＋105
			2♯	1.39	1.17	1.23	岩台下直墙纵0＋100
			3♯	0.83	0.64	0.93	岩台斜面0＋140
			4♯	0.81	0.46	0.56	岩台混凝土0＋142
2014.6.23	13：35	4♯母线洞厂横0＋51	1♯	2.77	3.61	1.37	岩台下直墙纵0＋105
			2♯	0.72	0.95	0.98	岩台混凝土斜面0＋140
			3♯	0.61	0.86	0.51	岩台混凝土0＋142

母线洞爆破共进行了两次爆破振动监测，主厂房岩台未浇筑混凝土部位厂纵0＋105桩号监测到最大振速

3.3～3.61cm/s，新浇筑混凝土部位厂纵0＋140桩号监测到最大振速0.46～0.98cm/s。

根据《澜沧江黄登水电站引水发电系统地下洞室开挖与支护施工技术要求》中对施工期爆破振速的规定：混凝土龄期初凝～3d质点振速小于1.2cm/s，3～7d质点振速1.2～2.5cm/s，龄期7～28d质点振速小于5cm/s。由以上监测数据可知，母线洞爆破时主厂房下游岩锚梁新浇筑混凝土部位厂纵0＋140桩号爆破振速为0.46～0.98cm/s，均满足龄期初凝～3d质点振速应小于1.2cm/s的控制标准。母线洞爆破时主厂房下游岩锚梁未浇筑混凝土部位最大质点振速3.3～3.61cm/s，均满足已开挖部位质点振速小于7cm/s的控制标准。

5 结束语

在地下洞室的施工中，由于开挖破坏了原有的应力平衡状态，使洞室周边的径向应力消失、切向应力剧增，围岩应力进行重分布。随着洞室开挖，岩体进入塑性状态，洞室周边岩体先破坏，应力向岩体深部转移，围岩破坏范围逐渐扩大，直至围岩应力小于或等于岩体强度，形成新的平衡，破坏才停止。洞室开挖施工需要通过对开挖爆破进行实时监测，分析监测成果，对开挖方案、爆破参数和起爆网路进行调整优化，达到减小爆破有害影响的目的。

爆破安全监测主要为质点振速监测和爆破前后声波波速变化率监测。质点振速监测可以和爆破参数直接挂钩，对于控制爆破有害效应有直接的指导作用。而爆破前后的声波对比测试则是对岩体受到爆破动力影响程度的直接反映。通过二者的结合监测和综合分析，才能完整评价爆破对保留岩体的影响，从而达到有效监控的目的。

浅谈城门洞型隧洞弯段的测量放线方法

罗佳宁　贺　喜　李宏炜/中国水利水电第十四工程局有限公司

【摘　要】　测量放线是整个施工过程的基础工作，贯穿施工的全过程。现在的施工经常遇到弯段线型的工程，不管是平面弯段还是竖向弯段，其思路都是相通的。本文以黄登水电站排水洞城门洞型平面弯段为案例，介绍隧洞平面弯段的测量放线方法。

【关键词】　城门洞型　隧洞弯段　测量方法

1　工程概况

黄登水电站引水发电系统地下工程转弯段较多且形式多种多样，排水廊道、交通洞是平弯，引水隧洞既有竖向弯也有水平弯。弯段的放样在地下工程测量施工中较为常见也尤为重要。工程施工测量工作不仅是工程建设的基础，而且是涉及工程质量的关键。转弯段的放样方法有很多的相通性，在此对平面弯段施工测量方法重点说明。

2　设备配置

测量设备配置见表1。

表1　测量设备配置表

序号	名称	型号/规格	单位	数量
1	全站仪	TCR1201＋R1000	台	1
2	卡西欧计算器	fx－5800p	个	1
3	钢尺	210250	把	1

3　施工测量控制网布设

3.1　首级控制网

黄登水电站首级施工测量控制网由黄登水电站测量中心测量并定期复测，使用成果为测量中心于2010年5月提交的"黄登水电站枢纽区Ⅱ等施工测量控制网2010年复测成果表"，平面为1954年北京坐标系（边长投影至1545.00m高程），高程系统采用1985年国家高程基准。

3.2　施工控制

从首级控制点加密施工控制点至工作面，以出露基岩面钻孔或混凝土预埋钢筋头作为测量标识，施工控制点选择在通视条件良好、交通方便、地基稳定且能长期保存的地方，能直接用于作业面施工放样。加密的施工控制点相对于首级控制点的点位中误差不大于±10mm，控制点测角、测边均按《水电水利工程施工测量规范》（DL/T 5173—2012）四等精度施测。测量仪器采用徕卡TCR1201＋R1000电子全站仪，其标称精度为：测距±1mm＋1.5ppm；测角±1″。基本导线点测角每测站测4测回；其中左角、右角各2测回；奇数测回以前进方向观测左角，偶数测回观测右角。水平方向观测各项限差要求分别为：半测回归零差不大于6″；一测回中2C互差不超过9″，同方向各测回互差不超过6″。边长往返对向观测，往返各4测回。测角中误差按±2.5″施测；天顶距施测采用中丝法观测4测回；各项限差要求分别为：指标差较差不超过9″，测回差不超过9″。高程采用电磁波测距三角高程传递，按Ⅳ等精度实行。

4　施工测量前的准备

4.1　熟悉设计图纸

设计图纸是施工测量的主要依据，在测设前，应熟悉建筑物的设计图纸，了解建筑物与相邻地物的相互关系，以及建筑物的尺寸和施工要求等，并仔细核对各设计图纸的有关尺寸。提前按照设计图纸用CAD绘出草图，把要放线的关键点标出，并把尺寸、桩号、高程或坐标标注出来。为了避免人为错误的出现，每次的测量放样数据要有专人进行检查校核，确保无误。这样做，第一可以检查施工图纸是否有误，避免图纸错误出现的施工错误；第二按照事先准备好的施工坐标放样，可以大大提高施工放样速度，还可以避免现场准备不足造成的计算错误。

4.2 施工现场踏勘

进入施工现场，要了解控制点的位置，控制点有没有被损毁或发生位移及沉降。如果发生此状况，则需要从保存完好的其他控制点重新转点到施工区域。

4.3 编制施工测量方案

（1）资料情况：①施工场地附近的首级控制点和加密控制点的情况；②施工过程中要满足的规范和技术要求；③说明成果的基本情况和技术指标情况。

（2）控制网的测设：按照规范和技术要求规定，根据施工区域的情况制定控制测量方案。

（3）施工测量：根据测量仪器情况，规定满足规范和技术要求的测量方法。

（4）施工误差控制：①测量必须将仪器按规定进行严格的检验，防止因仪器本身误差造成测量误差；②控制测量时间应选在无风、阴天，避免烈日和雨天，减少自然条件对施测精度的影响；③测量工作从始至终由固定的专职测量员担任，重要的轴线定位、测量应由平差计算人员进行检查、复核，如有差错应及时校正。

5 测量放线方法

有了以上充分的施工测量准备工作，具备了实施施工测量放样工作条件。在工程施工建设，特别是洞室开挖中，经常遇到平面弯段，所以掌握基本的平面弯段施工测量方法就显得尤为重要。平面弯段为前进方向右偏和左偏两种，现以黄登水电站的施工弯段为例介绍平面弯段的施工测量方法。

图1为黄登水电站一层排水廊道的一段弯段平面图，平面坐标控制点见表2，弯段起始桩号为1P0＋41.050，终点桩号为1P0＋82.283，弯段轴线半径为

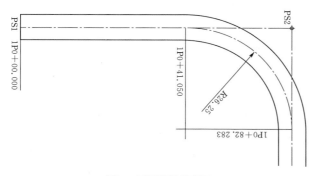

图1　平面弯段示意图

26.25m，底板坡比为−1.26％。横剖面见图2，为城门洞型，宽2.5m，高3.5m，顶拱半径为1.44m。

表2　　　　　控制点坐标

点号	N/m	E/m	备注
PS1	2938617.521	511424.490	起点坐标
PS2	2938678.761	511452.399	交点坐标

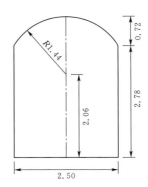

图2　排水廊道剖面图（单位：m）

以黄登水电站引水发电系统工程一层排水廊道开挖轴线为例，小桩号向大桩号方向施工，此部位轴线为右偏弯段（圆曲线），则需要测量放线出桩号、底板高程、边墙边线、顶拱的弧线。在进行测量放点前，按以下步骤进行：

（1）坐标转换。将施工区的大地坐标转换为PS1→PS2施工坐标（以PS1为原点，PS1→PS2为X方向），首先需要计算点PS1→PS2的方位角，PS1、PS2连线为直线AB。

如图3所示，计算直线AB方位角，A点的坐标为X_A、Y_A，B点的坐标为X_B、Y_B，a_{AB}为A点到B点的方位角，S_{AB}为A点到B点的距离。

A点到B点的方位角：

$$\tan(a_{AB}) = \frac{\Delta Y}{\Delta X} = \frac{Y_B - Y_A}{X_B - X_A}$$

$$a_{AB} = \arctan\left(\frac{Y_B - Y_A}{X_B - X_A}\right)$$

由图可见，

1）$\Delta X \geqslant 0$，$\Delta Y \geqslant 0$，方位角：$\alpha = |a|$；

2）$\Delta X \leqslant 0$，$\Delta Y \geqslant 0$，方位角：$\alpha = 180° - |a|$；

3）$\Delta X \leqslant 0$，$\Delta Y \leqslant 0$，方位角：$\alpha = 180° + |a|$；

4）$\Delta X \geqslant 0$，$\Delta Y \leqslant 0$，方位角：$\alpha = 360° - |a|$。

所以PS1→PS2的方位角为：

$\alpha = \tan^{-1}[(511452.399 - 511424.490)/(2938678.761 - 2938617.521)]$

$= 24.500$。

根据公式：

$x = 0 + (N - 2938617.521) \times \cos24.500 + (E - 511424.490) \times \sin24.500$

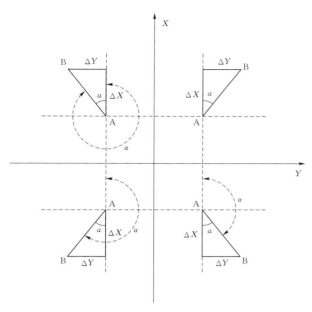

图 3　点位示意图

$y = (2938617.521 - N) \times \sin 24.500$
$+ (E - 511424.490) \times \cos 24.500$

所求得的 x、y 是已知点以 PS1 为原点、以 PS1→PS2 为 X 轴、以边墙方向为 Y 轴的施工坐标。

（2）推算弯段桩号、底板高程、边墙值、顶拱值。

ZH0＋（弯段桩号）＝41.050＋26.25×π×a/180；

D（底板高程）＝1523.307－[K－0.000（起始桩号）]×0.0126；

F（边墙）＝$\sqrt{(X-41.050)^2 + (Y-26.25)^2} - 26.25$；

G（顶拱起拱高程）＝D＋2.780。

在施工放样中，就要利用全站仪配合卡西欧编程计算器进行放样工作。现以卡西欧 fx-5800p 为例进行简单的编程（计算器中赋值 J：－180°＜J≤180°）：

"K"? K:"R"? R:LBl 0:"X0"? X:"Y0"? Y:"H0"? H:I＝0:J＝0:

输入弯段起始桩号和弯段转弯半径，输入实测施工坐标

"S＝":Pol(X－K,Y－R)→S ◼

输出圆心到弧段距离

"ZH0＋":K＋R＊π＊(90＋J)/180→E ◼

输出弯段桩号

"F＝":R－S→F ◼　　　　输出边墙宽度

"D＝":1522.790－(E－K)＊0.0126→D ◼

输出底板高程

"G＝":D＋2.78→G ◼　　　输出起拱高程

If H≤G Then "BQ－PC":Abs(F)－1.25→P

Else"R－PC":Pol(H－D－2.060,F)－1.44→P

条件输出:低于起拱输出边墙偏差，

高于起拱输出顶拱弧形半径偏差，

IfEnd

Goto 0 ↵　　　　　返回循环输入,程序运行。

此为右偏弯段计算程序，测量放线时，经过反复测点计算，直到实测数据满足规范要求。

在实际测量放样中，与右偏对应的就是左偏类型的弯段，两者的主要区别是圆心角和圆心坐标的变换，现计算器左偏程序如下：

"K"? K:"R"? R:LBl 0:"X0"? X:"Y0"? Y:"H0"? H:I＝0:J＝0:

输入弯段起始桩号和弯段转弯半径，输入实测施工坐标

"S＝":Pol(X－K,Y＋R)→S ◼

输出圆心到弧段距离

"ZH0＋":K＋R＊π＊(90－J)/180→E ◼

输出弯段桩号

"F＝":S－R→F ◼　　　　输出边墙宽度

"D＝":1522.790－(E－K)＊0.0126→D ◼

输出底板高程

"G＝":D＋2.78→G ◼　　　输出起拱高程

If H≤G Then "BQ－PC":Abs(F)－1.25→P

Else"R－PC":Pol(H－D－2.060,F)－1.44→P

条件输出:低于起拱输出边墙偏差，高于起拱输出顶拱弧形半径偏差，

IfEnd

Goto 0 ↵　　　　　返回循环输入,程序运行。

城门洞型断面，主要放样边墙、顶拱和底板高程等点位，将测点坐标输入卡西欧 fx-5800p 计算器，计算得到 D（对应测点桩号的设计底板高程）的数值，上下调整测点高程位置，直至计算结果 D 等于实测 H 时即可。边墙设计值放样时，根据计算的 F 和设计边墙距离轴线的宽度值 1.25 进行比较，左右调整测点位置，直至计算结果 F 等于设计值 1.25，达到放线精度。顶拱测量放样点主要是控制横断面上半径方向实测半径值与设计半径值比较，计算结果"R-PC"满足精度要求即可。

在施工中，要对编制的程序进行检查验证才能使用，以上施工放样程序已验证并在施工中使用。在黄登水电站施工测量中，断面主要是城门洞型和圆形，可以根据具体的断面类型进行程序的调整，主要是理解弯段施工的作业原理，为具体的施工测量提供思路和方法。

6　结语

施工弯段的形式多种多样，常见的有平面弯段和竖

向弯段，这里主要介绍了平面弯段的原理和方法，竖向弯段和平面弯段原理是相通的，我们可以根据平面弯段的思路去进行竖向弯段的施工放样工作。随着现代测量科技的发展，测量工具和方法都有了全新的进步，我们也要与时俱进，不断学习新的测量技术，开阔思路，更好地为工程建设服务。

复杂地质条件下隧洞开挖遇到的问题及解决方法

赵健飞　郭钰欣　周夏腾/中国水利水电第十四工程局有限公司

【摘　要】　齐热哈塔尔水电站工程引水隧洞在开挖过程中遇到了许多施工困难，主要有深埋长隧洞通风散烟设计、塌方、岩爆以及高地热问题等，通过参建各方的共同努力，最终逐一解决了这些问题，顺利完成了开挖任务。

【关键词】　引水隧洞　施工困难　解决方法

当前，我国国内水利水电开发正逐渐向高原、高海拔等峡谷地区转移。这些地区一般地形、地质条件复杂，枢纽布置影响因素较多，发电系统大多采用引水隧洞式。在隧洞的开挖过程中，前期地质勘探虽然可以给予一定的指导，但实际情况往往更为复杂。笔者根据齐热哈塔尔水电站引水隧洞工程施工实践，从隧洞开挖过程中遇到的主要困难入手，结合现场处理情况，总结经验方法，为今后此类工程施工提供参考依据。

1　工程概况

齐热哈塔尔水电站工程为低闸坝长隧洞引水式电站，岸边式地面厂房，电站总装机容量 210MW。首部挡水建筑物包括拦河坝、泄洪闸及隧洞进水口。发电引水隧洞位于河道左岸，总长 15660.86m，纵坡为 3.0‰和 6.095‰。开挖断面采用马蹄形，直径 4.7m。

隧洞通过地区属于西昆仑高山区，沿线地势陡峻，地面高程 2400～4600m，最低处为塔什库尔干河谷。沿线沟谷发育，切割深度一般在 800～2000m，山坡坡度一般在 50°～60°，多有陡崖分布，隧洞沿线大部分地区基岩裸露，植被稀疏。根据地质勘探成果，该段引水隧洞大部分位于 Ⅱ、Ⅲ 类围岩中，局部位于 Ⅳ、Ⅴ 类围岩中。隧洞埋深大，沿线穿过多处断层及破碎带。

2　工程地质条件

2.1　地层岩性

引水发电洞穿过的地层依次有：元古界变质岩、加里东中晚期侵入岩体。各地层特征及分布如下：

元古界变质岩：岩性以变质闪长岩、片麻状花岗岩为主，灰—深灰色，中细粒结构，块状、次块状构造或片麻状构造，致密坚硬，主要分布在隧洞洞口，为本标段进口段，洞段长度约 1.38km，占比约 30.6%。

加里东中晚期侵入岩：以似斑状片麻状花岗岩或花岗片麻岩为主，夹少量黑色斜长角闪岩条带，中—粗粒结构，块状或片麻状构造，主要分布在本标段末端，洞段长度约 3.12km，占比约 69.4%。

2.2　地质构造

元古界变质岩片理及片麻理产状为 NW320°～340°/SW∠60°。片理、片麻理及层理走向与洞线大体呈小角度相交。

2.3　主要工程地质问题

（1）岩爆。工程具备发生岩爆的有利条件，表现在：隧洞工程位于地壳活动强烈的西昆仑山地区，在印度板块的挤压下，具有较强的区域应力环境；周边地震活动强度大，频度高；为高山峡谷地形，易出现地应力集中区；隧洞埋深大，据中国地质科学院地质力学研究所对本工程的地应力测试和分析，埋深1210m 处最大应力值达 28.2MPa，自桩号 Y3＋977 起，上覆岩体厚度超过 1630m，桩号 Y4＋100 附近达到引水隧洞的最大埋深 1720m，地应力值可能会更高；隧洞穿过的围岩多为块状硬脆性岩石，单轴抗压强度多大于 100MPa；隧洞大部分岩体的完整性较好；隧洞大部分地段少水，甚至无水。

综上所述，本工程隧洞在埋深大、地应力高、岩石硬脆、岩体较完整、无水和少水的洞段，具备发生岩爆的可能。主要包括：Ⅱ、Ⅲ类的变质闪长岩、片麻状花岗岩洞段；大断层的下盘；深切沟谷附近。

（2）突涌水与外水压力。本隧洞地下水不丰富，一般洞段为无水和仅有少量渗水，地下水主要富集在深切沟谷和少量较大断层及影响带、裂隙密集带附近。

（3）地温问题。工程区处于新构造运动活跃区，大部分洞段围岩主要为较完整的片麻状花岗岩，地应力高，地下水贫乏，易于热量积聚而不利于散失。结合温泉、钻孔地温实测结果判断，部分洞段可能存在60℃甚至更高的地温。

3 开挖过程中遇到的问题及解决办法

本标段隧洞开挖施工的主要步骤：分别从主洞和1#支洞开始掘进，1#支洞与主洞贯通后开始分上下游开挖，3个工作面同时进行。

3.1 长隧洞通风散烟设计

齐热隧洞洞线长，洞径较小且埋深大，主洞口距离1#支洞交叉处2632m，支洞长1625m，通风散烟问题直接影响隧洞开挖进度。通风采用压入式风管机械通风，首先进行通风量计算。

隧洞基本参数：开挖面积 $A=27.8m^2$（按Ⅲ类围岩开挖断面计算）；隧洞最长通风长度 $L=3510m$；单位体积耗药量 $1.36kg/m^3$；一次爆破用药量 $G=132.3kg$（每次爆破进尺3.5m）；洞内最多作业人数 $m=10$ 人；风量备用系数 $k=1.2$；炮烟抛掷长度 $L_0=15+G/5=41.5m$；爆破后通风时间取 $t=30min$；取管道平均百米漏风率 $P_{100}=1.2\%$。

根据隧洞内空气最小流速 $v_0=0.15m/s$ 的要求，工作面风量 $Q_1=60v_0A=60×0.15×27.8=250.2$（$m^3/min$）。

根据洞内每个施工人员需要的新鲜空气量 $q=3.0m^3/min$ 计算工作面风量 $Q_2=kqm=1.2×3.0×10=36.0$（m^3/min）。

按爆破使用的最多炸药用量计算风量：

$$Q_3=\frac{7.8}{t}\sqrt[3]{G(AL_0)^2}$$

$$=\frac{7.8}{30}\sqrt[3]{132.3×(27.8×41.5)^2}$$

$$=145.7 （m^3/min）$$

漏风系数 $P=\left(1-P_{100}×\frac{L}{100}\right)^{-1}$

$$=\left(1-1.2\%×\frac{3510}{100}\right)^{-1}$$

$$=1.73$$

故设计风量：$Q=P×\max(Q_1,Q_2,Q_3)=1.73×250.2=432.8$（$m^3/min$），平均风速 $v=Q/A=432.8/$

27.8=0.26（m/s）。

依据以上计算参数选择西安交通大学咸阳 SDDY-Ⅰ型轴流风机，功率为75kW，设计风量为717m^3/min，布置两台，分别从主洞和1#支洞进行通风散烟，能满足施工要求。

3.2 塌方

塌方是隧道施工中比较常见、比较典型的一种事故。以齐热哈塔尔水电站工程引水隧洞 Y0+000～Y4+500 段出现的3次塌方为例介绍相应的处理措施。

隧洞开挖至桩号 Y1+110～Y1+130 段时连续出现4次塌方，主要位于隧洞左顶拱处，最大塌腔高度9.78m，纵向18.5～20.0m，横向4.0～5.0m。本次发生塌方段为 F_2 断层，断层走向 NW300°～330°，倾角 SW70°～80°，该段岩体破碎，夹有黑云母片岩、糜棱岩，充填紧密。塌方出现后，按照架立工字钢拱架、钢拱架之上喷射回填砂浆0.5m的顺序进行；所有的塌方出露面进行喷C25混凝土封闭，厚度5cm左右，随机锚杆支护，侧墙进行挂钢筋网；钢拱架以上的塌腔部位采用 $\phi100$ 钢管满堂脚手架搭设，对侧墙进行支撑，承重采用垂直工字钢。

隧洞开挖至 Y3+966 时发生塌方，根据开挖揭露的地层来看，该段隧洞围岩以断层带物质（碎裂岩、糜棱岩）为主，且无胶结，潮湿，局部渗水量较大。断层走向 NW300°～320°，倾向 SW，倾角50°～70°，后续发生多次塌方。针对塌方体采用上下台阶、分段逐步少量清理塌方碎石，逐段支护，稳中求进的方式进行；掌子面采用预留核心土，超前锚杆及时施工及两侧工字钢及时跟进的方式进行开挖。对于已架立工字钢拱架洞段进行喷C25混凝土封闭、锚杆支护、侧墙挂钢筋网等支护处理。钢支撑立柱外边墙为坍塌堆积体或人工填筑体，松散、块状、破碎，进行固结灌浆加固处理。钢支撑顶部空腔部位采用回填灌浆的方式进行加固处理。

隧洞开挖至 Y4+040 桩号处掌子面发生塌方，塌方体沿掌子面向下游呈带状分布，断层带走向与隧洞走向近似平行进深约6～10m，顶部形成高约6m的塌腔，带内物质为未胶结的碎裂岩、糜棱岩等构造产物，并且有大量地下水。处理时按照架立工字钢拱架、喷C25混凝土封闭、锚杆支护、侧墙挂钢筋网等支护处理，钢支撑立柱外边墙为坍塌堆积体或人工填筑体，松散、块状、破碎，对其进行固结灌浆加固处理。

3.3 岩爆

在完整坚硬的脆性岩体中开挖地下工程，围岩岩体从三面受压状态转变为切向受压、径向受拉的状态；开挖瞬间使得洞壁切向应力突然增加达到并超过岩体强度时，围岩岩体处于超应力状态，其所能承受的应变不足以释放由于应力增加而积累的弹性能，从而发生破坏；破坏时伴随着声响，破裂后的岩块以板状、片状或块状的形式剥落或弹射的方式脱离母岩，形成岩爆。

在齐热隧洞大部分Ⅱ类以及Ⅲ类围岩开挖过程中，均遇到了不同程度的岩爆，埋深分别在114.8～1062.54m不等，此处围岩完整性好，岩性为片麻状花岗岩，以轻微、轻微—中等、中等岩爆为主；空间上具有明显的连续性，最大连续长度150m；时间上具有明显的滞后性和持续性，局部剥落时间长达2年之久；初次发生时间在半小时至几十天内均有发生。

轻微岩爆一般发生于右侧边墙、右侧起拱线或右侧顶拱部位，一般形成连续破坏，形成三角形剥落坑，多呈钝角形。有轻微声响或者无声，声响多呈劈裂声，似玻璃碎裂声音，多数无剥落或者片状剥落，持续时间短。

轻微—中等岩爆一般集中于右侧拱顶或起拱线部位，空间上具有明显的连续性，导致右侧起拱线部位连续形成三角形破坏面，多呈钝角形或V形爆坑。轻微声响，有时似闷雷声，岩块随声而落，局部有弹射，岩爆发生后岩爆区的剥落持续发生，局部最大剥落深度达到1.4m。

中等岩爆一般发生于顶拱范围内，从左侧起拱线至右侧起拱线和掌子面及侧墙均有发生，同时伴随弹射、爆落和爆坑，持续剥落后洞壁呈L形、V形或阶梯形。有似闷雷或雷管爆炸的声响，岩块随声而落，并同时伴有弹射和掌子面弹射现象。

岩爆防治的主要工程措施有：

（1）调整开挖方式，采用短进尺、多循环的开挖方式，每排孔深1.0～1.5m，降低一次爆破用药量，减小爆破对围岩的扰动。并采用光面爆破，以降低围岩应力集中。

（2）在高地应力洞段侧顶拱部位布置超前钻孔或排孔，进行超前应力解除，在围岩内部形成破碎带，使掌子面及洞壁岩石应力提前释放。隧洞径向应力释放孔孔径为50mm，深度为1.5～2m。

（3）在可能发生岩爆洞段，对干燥的岩壁面喷水湿润。

（4）轻微岩爆对施工基本不造成影响，不进行支护或者锚杆局部支护；轻微—中等岩爆采用径向锚杆+钢筋网片+喷射混凝土的联合支护形式，掌子面采用5cm后的喷射混凝土防护；中等岩爆的岩爆区会发生持续剥落，采取柔性防护网+喷射混凝土或者径向锚杆+钢筋网片+喷射混凝土，部分采用钢拱架支护，掌子面采用5～10cm的喷射混凝土进行防护。

岩爆一般在开挖后几小时内发生，有的延续时间较长，多数具有不同程度的声响，岩体随声而落。因此，

开挖完成后的巡视和检查对于岩爆的防治具有积极意义。

3.4 涌水与渗水

隧洞自开挖开始就出现不同程度的涌水和渗水，Y0+148～Y0+149右侧拱脚发现股状流水，Y0+171～Y0+173右侧拱脚发现股状流水，且随着开挖的深入，水量逐渐增大，为保证隧洞开挖处于干地施工，故进行排水规划并进行专项抽排水。

主洞开挖工作面采用掌子面设临时集水坑，水泵抽排至集水井，经主排水管路统一引排至污水处理系统净化。根据隧洞的结构型式，为不影响施工时交通，集水井采用结构边线外扩挖，排水工作完成后采用主洞衬砌同标号混凝土回填，便于排水设施的布置，集水井尺寸为2m×2m×2m（长×宽×深）；排水主管路采用4英寸钢管，法兰盘连接，布设隧洞腰线位置，与供水管路平行布置。

1#施工支洞开挖支护时，沿程布置排水管线并设集水井，水流经抽排至支洞口处理后排入河道。支洞开挖完成后，分上下游开始主洞开挖，上游主洞水流流至交叉口集水井处经支洞管路排出，下游在掌子面设临时集水坑，分段接力抽排至交叉口集水井，经支洞管路排出。

施工过程中根据实际涌水渗水情况在集水井中布置水泵并经常检查维修，防止出现堵塞等情况。

3.5 高地热施工

《水工建筑物地下开挖工程施工规范》（SL 378—2007）规定洞室平均温度不应超过28℃，超过时施工中就要采取适当的降温措施。引水隧洞在开挖至桩号Y7+010处时，气温逐渐升高，岩石完整性好且干燥无水。开挖至桩号Y8+068处时，掌子面实测最高环境温度70℃，岩石表面温度82～96℃，局部伴随147℃高温气体喷出。初步判断高地热发生的原因是由于喀喇昆仑山地质活动造成的地热所致。

洞内温度超过30℃时，对施工造成极大影响，主要有：人工施工难度大，机械施工效率低，爆破效果不理想且存在安全隐患，对测量精度有影响，影响后期施工质量。

为降低掌子面施工温度，利用综合降温处理措施：以通风为主，辅助隔热保冷、喷洒低温冷水、加强地质预报等。

布置隔热风筒，加强通风，增加空气对流，带出高温气体；通风口放置冰块，冷却空气；经常性洒水降温；进行地质预报提前了解前方岩体情况，做好相应施工准备；采用耐高温炸药进行爆破作业。

4　小结

齐热哈塔尔水电站工程引水隧洞为深埋长隧洞，开挖过程中遇到了许多问题，如通风散烟问题、塌方、岩爆、涌水与渗水、高地热施工等，但经过合理的通风散烟设计、塌方段处理、岩爆防治措施、抽排水设计以及高温施工措施等已经解决了上述问题，顺利完成了隧洞开挖任务。对于大多数隧洞的开挖来说，上述问题极有可能会遇到，因此，这些问题的成功解决对于其他类似工程具有一定的借鉴意义。

混凝土工程

浅析黄登水电站主厂房混凝土施工

李炳秀　周　维　刘振东/中国水利水电第十四工程局有限公司

【摘　要】　黄登水电站主厂房混凝土结构复杂，质量要求高，蜗壳混凝土密实度和温控要求高且主厂房混凝土施工工期紧。采用免装修混凝土施工工艺，并以温控及自密实混凝土浇筑布料机入仓为主要入仓手段，解决以上难题。本文对施工过程进行总结，为后续类似工程提供参考。

【关键词】　黄登水电站　主厂房　免装修　温控　混凝土

1　工程概况

黄登水电站地下主、副厂房按一字形布置，纵轴线方位为NW294°30′，从右至左依次布置右端副厂房（长25.15m）、安装间（长60m）、机组段（长141m）、左端副厂房（长21.15m）四个部分，总长247.3m，总高度80.5m。

主机间共布置4台机组，1#～3#机组长度均为35m，1#机组包括检修集水井，4#机组靠近主厂房安装间长度为36.0m，浇筑高度47m。机组段结构按6层布置，由上至下依次为：发电机层、中间层、水轮机层、蜗壳层、锥管层和肘管（尾水管扩散段）层，主厂房各层实际施工时间汇总见表1。

表1　主厂房各层实际施工时间汇总表

部位	机组段	开始时间	完成时间	工期/d
肘管层	1#	2015－09－09	2015－11－10	62
	2#	2015－07－27	2015－11－17	113
	3#	2015－08－15	2015－11－22	98
	4#	2015－10－15	2015－12－27	73
锥管层	1#	2016－04－05	2016－05－10	35
	2#	2016－01－08	2016－04－05	89
	3#	2016－04－29	2016－06－10	42
	4#	2016－05－23	2016－06－24	32

续表

部位	机组段	开始时间	完成时间	工期/d
蜗壳层	1#	2016－10－01	2016－11－20	50
	2#	2016－09－09	2016－10－23	44
	3#	2017－01－11	2017－03－20	69
	4#	2017－03－28	2017－05－16	48
水轮机层	1#	2016－11－20	2016－12－31	41
	2#	2016－10－23	2016－12－09	47
	3#	2017－03－20	2017－04－22	33
	4#	2017－05－16	2017－06－14	30
中间层	1#	2016－12－31	2017－1－14	15
	2#	2016－12－09	2016－12－29	20
	3#	2017－04－22	2017－05－22	30
	4#	2017－06－14	2017－07－01	15

各机组段混凝土净施工时间统计如下：1#机组浇筑时间：203d；2#机组浇筑时间：313d；3#机组浇筑时间：272d；4#机组浇筑时间：198d。

2　模板规划

根据厂房系统各部位结构特点以及免装修混凝土设计施工技术及规范要求，厂房系统永久外露面采用免装修混凝土面施工工艺，主要以维萨模板（循环一到两次）及定型钢模板为主，模板缝增加蝉缝和倒角等装饰线条，每个部位模板数量为两套，循环使用。维萨模板规格 2440mm×1220mm×18mm，模板拼装前做三维效果设计，不成模数的部分设置在不显眼的地方。钢模的面板厚度不得小于 6mm 且具有足够的刚度。

3 混凝土施工程序及分层分块

3.1 混凝土施工程序

主厂房开挖结束后，随即进行混凝土浇筑及机电埋件安装。根据合同文件，机组投产发电顺序为 1♯至 4♯，主厂房土建向机电安装首个提交工作面为 1♯机组，而根据现场实际情况，本标向各机组机电安装标提交工作面的顺序为 2♯→1♯→3♯→4♯。

3.2 分层分块

根据机组段的永久分缝的要求，主厂房机组段混凝土按一台机组为一个块段进行浇筑，其中蜗壳层为大体积混凝土，在层间再分 4 个象限对称同时浇筑。

机组段浇筑高度为 47m，各机组由下至上共分为 15 层，根据结构体型分层高度为 1.5～5.9m 不等。

主厂房机组段混凝土浇筑分层横剖图见图 1。

4 混凝土施工方法

厂房系统混凝土采用拌和系统生产的各种混凝土。其中，大体积混凝土（蜗壳层及尾水肘管一期混凝土）有温控要求，其余采用常温常态混凝土。

4.1 混凝土施工通道

根据主厂房各层的施工特点，主厂房施工材料、设备及混凝土运输通道平面布置见图 2。

（1）主要通道：主厂房运输洞→二层排水洞（长胶带运输系统）→疏散通道→各工作面，该条线路为主厂房大体积混凝土运输主要通道。

（2）次要通道：主厂房运输洞→安装间，该条通道作为安装间、右端副厂房混凝土施工的主要通道以及主厂房、左端副厂房部分采用吊罐入仓的混凝土水平运输通道。

（3）下层通道：7♯施工支洞→尾水支洞，进入主厂房的高程为 1440.00m，主要负责主机间尾水肘管基础混凝土的运输。

4.2 混凝土入仓方式

混凝土采用 8m³ 混凝土搅拌运输车或 20t 自卸车运输至施工现场，采用四种不同的入仓方式：以胶带机加 SHB22 混凝土布料机直接入仓为大体积混凝土的主要入仓方式；以管式布料机入仓为厂房框架结构混凝土的主要入仓方式；以厂房 32t 临时施工桥机配 6m³（或 3m³）卧罐入仓为主厂房段混凝土辅助入仓方式；以负压溜管（设缓降器）配溜筒入仓为局部布料机覆盖不到位置混凝土的辅助入仓方式。

（1）SHB22 混凝土布料机是主厂房机组段混凝土施工期间的主要浇筑手段，承担肘管一期、锥管、蜗壳外围及机墩、风罩混凝土浇筑任务。胶带机作为水平运输手段，由胶带机将混凝土输送至厂房的混凝土布料机，垂直运输采用负压溜管（设缓降器）入仓浇筑。

在二层排水洞底板适宜位置进行扩挖，形成一个卸料空间，布置一个 9m³ 卸料斗，长胶带系统沿二层排水廊道布置横向输送，疏散廊道内布置胶带机接料，纵向输送给布料机供料。因机组分两个梯段交面，需配置 2 台 SHB22 布料机，先布置在 1♯～2♯、2♯～3♯之间的岩墩上，进行 3♯、4♯机组段混凝土施工时，将 1♯～2♯间布料机移设至 3♯～4♯之间的岩墩上进行布料，并提前在岩墩上埋设好布料机立柱。4♯机组段靠近主厂房安装间侧可采用施工桥机配 6m³ 卧罐、搭设溜管等方式辅助浇筑。混凝土主要运输通道示意见图 3、图 4。

厂房进入蜗壳层及蜗壳以上混凝土施工阶段后，为解决施工人员到达工作面的交通问题，在厂房上游边墙，且在相邻机组之间，各设一人行爬梯进入机坑，既可作为人员上下、搬运小型材料和工具的通道，又可作为混凝土输送通道。

（2）管式布料机入仓是基础混凝土入仓的主要手段。

（3）在主厂房机组段混凝土施工期间，厂房 32t 临时施工桥机（拆除后利用永久桥机进行吊运）配 6m³（或 3m³）卧罐为厂房混凝土的辅助入仓手段，主要浇筑肘管一期、锥管层、蜗壳层和吊运混凝土施工材料及板梁柱混凝土。

4.3 混凝土施工方法

根据主厂房的施工特点，主厂房混凝土施工方法见表 2。

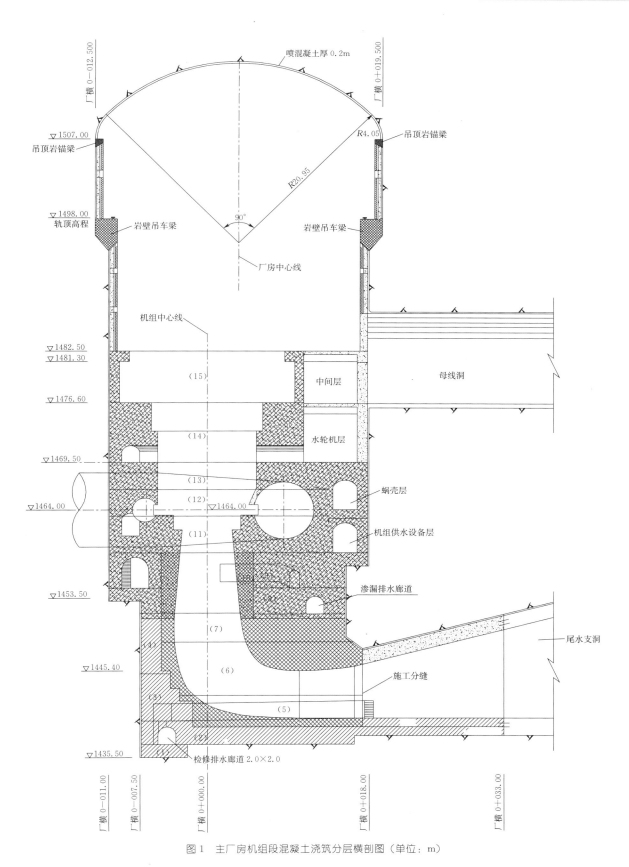

厂横 0−012.500
喷混凝土厚 0.2m
厂横 0+019.500

▽1507.00
吊顶岩锚梁

R4.05
吊顶岩锚梁

R20.95

90°

▽1498.00
轨顶高程

岩壁吊车梁

岩壁吊车梁

厂房中心线

机组中心线

▽1482.50
▽1481.30

(15)

中间层

母线洞

▽1476.60

(14)

水轮机层

▽1469.50

(13)

蜗壳层

▽1464.00

(12)

▽1464.00

机组供水设备层

(11)

渗漏排水廊道

▽1453.50

(7)

尾水支洞

▽1445.40

(6)

施工分缝

(3)

(5)

(2)

▽1435.50

检修排水廊道 2.0×2.0

厂横 0−011.00
厂横 0−007.50
厂横 0+000.00
厂横 0+018.00
厂横 0−033.00

图1　主厂房机组段混凝土浇筑分层横剖图（单位：m）

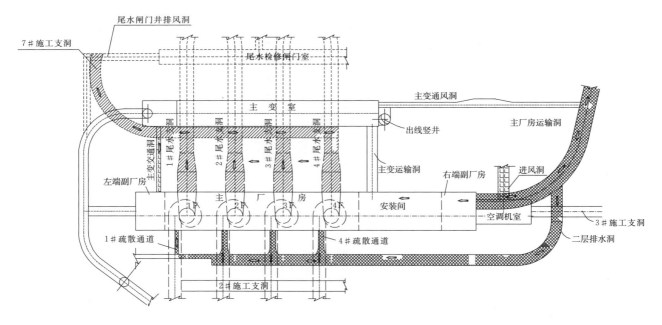

图2 主厂房施工材料、设备及混凝土运输通道平面布置图

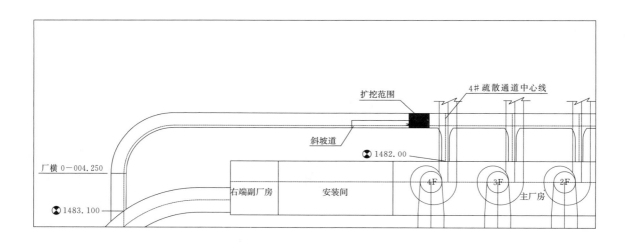

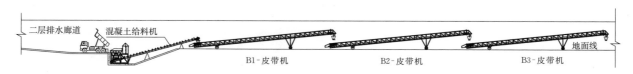

图3 混凝土主要运输通道示意图一

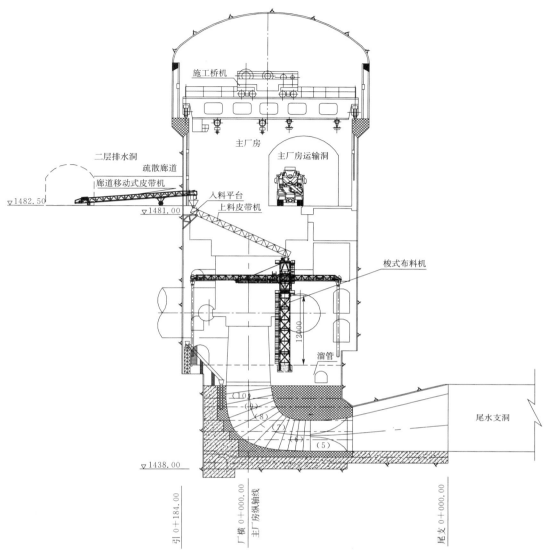

图4 混凝土主要运输通道示意图二（单位：m）

表2　　　　　　　　　　　　　　　　　　主厂房混凝土施工方法

项目	施工部位	起止高程/m	施工通道	材料运输方式	模板及支撑形式	混凝土运输设备及入仓方式
主厂房	尾水肘管基础混凝土	1438.00～1440.00	6♯施工支洞→7♯施工支洞→尾水支洞→尾水管	模板、支撑及钢筋等用8t汽车运至工作面附近，8t汽车吊装卸	采用组合钢模，钢管支撑	8.0m³混凝土搅拌车运输，泵车入仓为主；桥机吊6m³卧罐入仓为辅
	肘管混凝土	1439.00～1451.50	主厂房运输洞→二层排水洞→疏散廊道	模板、支撑及钢筋等用8t汽车运至安装间，桥机吊运到工作面	尾水肘管钢衬作为内模，尾水管部位采用组合钢模或木模板	20t自卸车运输，二层排水洞、疏散廊道设胶带机接布料机入仓为主，桥机吊6m³卧罐入仓为辅；蜗壳阴角部位采用泵送入仓
	锥管混凝土	1451.50～1459.00	主厂房运输洞→二层排水洞→疏散廊道	模板、支撑及钢筋等用8t汽车运至安装间，桥机吊运到工作面	混凝土以锥管为内模、支撑加固，端头模板采用组合钢模。一期、二期混凝土合并一起浇筑	

项目	施工部位	起止高程/m	施工通道	材料运输方式	模板及支撑形式	混凝土运输设备及入仓方式
主厂房	蜗壳混凝土	1459.00～1469.50	主厂房运输洞→二层排水洞→疏散廊道	模板、支撑及钢筋等用8t汽车运至安装间，桥机吊运到工作面	蜗壳作为内模，端头模板采用维萨模板加蝉缝条和倒角线条	20t自卸车运输，二层排水洞、疏散廊道设胶带机接布料机入仓为主，桥机吊6m³卧罐入仓为辅；蜗壳阴角部位采用泵送入仓
	机墩混凝土	1469.50～1476.60	主厂房运输洞→二层排水洞→疏散廊道	模板、支撑及钢筋等用8t汽车运至安装间，桥机吊运到工作面	钢衬作为部分内模、其余部分采用维萨模板加蝉缝条和倒角线条	
	风罩混凝土	1476.60～1481.30	主厂房运输洞→二层排水洞→疏散廊道	模板、支撑及钢筋等用8t汽车运至安装间，桥机吊运到工作面	维萨模板加蝉缝条和倒角线条，辐射钢架支撑，外模定型钢模板	泵送、局部6m³卧罐配合
	板梁柱混凝土	1476.60～1507.00	①主厂房运输洞→右副厂房→安装间；②主厂房运输洞→二层排水洞→疏散廊道→施工栈桥	模板、支撑及钢筋等用8t汽车运至安装间，桥机吊运到工作面	板梁：维萨模板，加蝉缝条和倒角线条；柱：维萨模板加蝉缝条和倒角线条；脚手架支撑	8.0m³混凝土搅拌车运输，管式布料机入仓为主，桥机吊3m³吊罐入仓为辅
	楼梯混凝土		同厂房相应各层混凝土施工通道	模板、支撑及钢筋等用8t汽车运至安装间，桥机吊运到工作面	酚醛模板，钢管脚手架支撑	管式布料机入仓
	廊道混凝土		同厂房相应各层混凝土施工通道	模板、支撑及钢筋等用8t汽车运至安装间，桥机吊运到工作面	边墙组合钢模，顶拱定型钢模板、脚手架支撑	随主厂房相应层混凝土一起进行浇筑

5 特殊部位混凝土施工方法

特殊部位混凝土主要指蜗壳外包混凝土施工。

弹性垫层：弹性垫层材料将弹性垫层材料由聚乙烯发泡板更改为30mm厚的聚氨酯软木。

蜗壳混凝土浇筑注意事项：

（1）浇筑蜗壳混凝土时，蜗壳内由机电安装标加强支撑，并在座环上装设千分表观察蜗壳位移情况，以便控制混凝土浇筑速度和顺序，支撑在蜗壳外包混凝土浇筑完成后28d才能拆除。

（2）在浇筑蜗壳混凝土以前，将一期混凝土中的插筋恢复原有的形状和长度，与蜗壳周围的钢筋进行绑扎连接。

（3）合理的分层分块：蜗壳层混凝土浇筑时，浇筑仓面大，入仓强度高，为了保证混凝土浇筑的连续性，减小蜗壳温度应力影响，外围混凝土分层按1.0～1.5m控制，且每层混凝土沿机组纵、横轴线分为4块，采用对角浇筑，浇筑顺序为Ⅰ、Ⅲ→Ⅱ、Ⅳ，分层分块浇筑。

（4）为了保证蜗壳底部和蜗壳阴角部位混凝土饱满，确保蜗壳与混凝土能够联合承载，避免应力集中，拟按四个象限设四个灌区进行灌浆，各灌区内在蜗壳底部和蜗壳阴角部位各埋设接触灌浆管路，待蜗壳混凝土浇筑结束后，利用座环上预留灌浆孔先进行回填灌浆，预埋管路进行接触灌浆。

（5）蜗壳腰线处平面尺寸最大，腰线以下受到蜗壳本身和安装支撑、支架等以及结构钢筋的遮挡，因此外侧主要通过布置在机坑内的SHB22布料机接溜管入仓的方式解决，桥机吊6m³卧罐辅助浇筑；内侧靠近座环/基础环的部位则需要利用混凝土泵进料；蜗壳腰线以上部位则主要通过SHB22布料机接溜管入仓为主，桥机吊6m³卧罐直接入仓为辅助手段进行浇筑。

浇筑时先浇筑蜗壳外侧混凝土，选用三级配混凝土，按通仓平铺法进行浇筑，层厚为30～50cm。浇筑顺序由蜗壳外围逐步向蜗壳底部延伸，距蜗壳2m范围内改用二级配混凝土，人工平仓，振捣器振捣，逐步将蜗壳底部浇筑密实。然后利用预埋在蜗壳内侧及座环底部布设的环向泵管和径向泵管，改用混凝土拖泵浇筑蜗壳内侧、座环底部以及蜗壳阴角部位混凝土，利用拖泵的压力将其填满。混凝土采用一级配（或自密实混凝土）泵送。

根据施工部位的不同，分别采用环向管和径向管进行浇筑。环向管采用退管法浇筑，当混凝土浇筑至无法进入操作后撤出泵管，封闭进入通道，然后改用预埋在混凝土内的径向泵管浇筑阴角部位剩余的混凝土，当混凝土浇筑至座环顶面，且环板上孔洞开始冒浆后，加大混凝土拖泵输送压力，改用自密实混凝土或同等级砂浆浇筑阴角部位。

（6）混凝土浇筑上升速度控制在 0.3～0.4m/h；混凝土浇筑完毕后，在分层施工缝埋设 C22 插筋，间排距均按 0.5m 布置。分层施工缝按要求进行凿毛或冲洗。每层混凝土浇筑间歇 5～7d；相邻块间歇不少于 3d。

（7）混凝土浇筑前，对浇筑区采取相应措施，根据施工季节和浇筑时段的不同，采用符合设计要求的水泥和温控混凝土。为避免混凝土内部早期温升过高，尽量多浇筑三级配混凝土，少使用胶凝材料多的泵送混凝土和高流态混凝土。

混凝土浇筑结束后，及时洒水或喷雾养护，混凝土连续养护时间不少于 28d。棱角和突出部位加强保护。

（8）蜗壳外围混凝土浇筑前精心组织，认真检查搅拌和楼，对混凝土运输车辆和泵车定期维修，并备用常用混凝土施工设备随时待命，保证浇筑过程中出现意外事故后能够及时进行处理，以确保混凝土施工质量。

（9）为防止浇筑引起蜗壳变形，需对混凝土布料及振捣加以控制，同时在蜗壳体上设置变形观测点，在浇筑过程中进行跟踪观测，发现问题及时处理。

6 免装修混凝土施工方法

主厂房采用免装修混凝土施工工艺，施工主要通过对模板合理选型、细化和优化施工工艺，严格控制工艺细节和管理要求，进行过程质量控制，全面消除了错台、挂帘、蜂窝、麻面、气泡等混凝土常见缺陷和顽症，装饰线条均匀分布，横平竖直，层次感分明，达到了饰面混凝土要求。

免装修混凝土控制要点：

（1）混凝土要求：要求骨料由同系统生产，料源稳定，胶凝材料及其他添加材料必须同一厂家供应，每仓同批号，混凝土同拌和系统拌和，确保成型后色泽均匀。胶凝材料控制在 350kg/m³ 以上，采用聚羧酸高效减水剂。

（2）模板控制重点：免装修混凝土对模板材质、刚度与表面光洁度要求较高，模板规格 2440mm×1220mm×18mm，覆膜模板最多循环一到两次，钢模面板厚度不低于 6mm，确保模板表面光洁如镜和足够的刚度，表面涂刷色拉油。模板缝和棱角位置设置装饰线条，采用 2cm 铁钉或铅丝间距 20cm 牢固固定在模板缝之间，拉筋孔整齐规律，起到点缀作用，拉筋孔提前钻好从内向外钻孔，防止毛刺伸入到混凝土中影响外观。

安装时精度要求较高，拼缝须十分严密，不漏浆、不错位。模板及装饰线条施工前进行三维效果设计。

（3）施工工艺：入仓方式合理，浇筑连续，采用低频 45s＋高频 20s 二次复振工艺（间歇 30min）振捣充分，混凝土外光内实，混凝土养护方案得当，成品保护到位。

（4）成品防护：在施工完成后，采取无机材料涂层保护，确保免装修混凝土外观的持久性。混凝土表面涂层应选材可靠，涂抹均匀、平整，抛光到位。

7 混凝土温控措施

根据设计要求，地下厂房系统有温控要求的混凝土主要为蜗壳、尾水肘管一期大体积混凝土。具体温控措施如下所述：

（1）肘管一期混凝土施工温控措施。主要温控措施有：① 充分利用低温季节进行混凝土浇筑，采用薄层、短间歇、均匀上升的浇筑方法，在混凝土拌制后出机口温度为 15℃左右。② 尽量缩短混凝土运输时间并尽量控制混凝土浇筑在夜间进行，以最大限度地降低混凝土温升。③ 安装冷却水管。间排距 0.5～1.0m，并埋设 2～4 个电阻式温度计。

（2）蜗壳混凝土施工温控措施。

1）冷却水管埋设通水降温措施。

a. 冷却水管埋设原则。冷却水管埋设不允许穿过横缝及各种孔洞，且埋设距上下游仓面、各种孔洞周边及横缝、施工缝和临时缝的距离为 0.5～1.0m。

b. 冷却水管埋设。冷却水管间距为 1.5m×3.0m（平行水管方向×沿水管方向）。

c. 冷却水管通水技术要求。冷却水管进水温度需控制在 12℃，混凝土浇筑至覆盖冷却水管即可连续通水冷却，每天改变一次水流流向，通水时间为 20d，前 10d 每天降温速度不超过 1℃，通水流量 1.5～2.0m³/h，后 10d 每天降温速度不超过 0.5℃，通水流量不超过 1.2m³/h，根据混凝土温度变化情况，可调整通水流量和时间。混凝土内部温度降至 30～32℃时，停止通水。

2）其他温控措施。

a. 原材料选用。水泥水化热是大体积混凝土发生温度变化而导致体积变化的主要根源，为减少水泥水化热温升，除满足混凝土强度等级、抗冻、抗渗等主要指标外，胶凝材料用量不大于 300kg/m³，适当提高混凝土中粉煤灰的掺量。

b. 混凝土配合比优化。根据相关要求，为控制蜗壳层温控混凝土绝热温升，要求主厂房蜗壳层混凝土尽量采用 6～8cm 低坍落度的三级配混凝土，经试验后最终选用坍落度为 8～10cm 的 C25W10F50（三级配）混凝土。

c.控制浇筑温度。①严格控制混凝土出机口温度不大于18℃；②高温天气期间，粗、细骨料堆场的上方布设遮阳棚或在料堆上覆盖遮阳布，降低其含水率和料堆温度；③高温季节拌和混凝土时，设置混凝土搅拌用水池（箱），拌和水内可以加冰屑或冷却骨料，降低出机口温度；④在混凝土运输车的罐体上喷洒冷水或裹覆湿麻袋片，减少运输过程中混凝土温升。

3）混凝土温度监控措施。蜗壳层混凝土的温度监测包括出机口温度监测、每个铺层浇筑温度监测、浇筑后的定时监测，在混凝土施工的整个过程需对以上数据做好详尽测量和记录。其中浇筑后的定时监测措施具体如下：

a.温度计的埋设。根据温控技术要求，对每仓混凝土均埋设电阻式温度计进行监测，及时掌握混凝土的温度历时曲线。在单机组段蜗壳混凝土浇筑时，每仓混凝土内埋设4支温度计，温度计埋设在两层冷却水管中间部位，以提高温控混凝土测温准确性。

b.温度监测。混凝土开仓前首先对仓内温度进行测量，待混凝土浇筑完成后，再对混凝土内部温度进行测量。在混凝土最高温升出现前，测量频率为：开始浇筑至浇筑完成7d内4h/次，之后为1d/次，温度出现高峰值期间要加密测量频次。根据混凝土温度，及时调整通水流量，保证混凝土温控满足设计技术要求。

（3）温控监测情况及分析。根据设计及规范要求，对2#机组蜗壳混凝土进行了温度监测（见图5）。

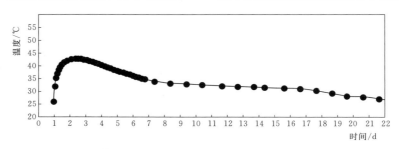

图5　2#机组蜗壳混凝土内部温度历时曲线

2#机组蜗壳混凝土内部温度历时曲线表明：混凝土各部位温度变化趋势呈抛物线分布，$T_{max}=43.1℃$。抛物线下降较为平缓，降温速率控制在3℃/d范围内；混凝土内表温差在22~18℃之间，小于25℃。上面的分析表明温控技术措施是有效的。

8 结语

黄登水电站地下厂房混凝土的体型共检测112条，检测2581点，最大值15mm，最小值0，平均值6mm，合格率92.9%；平整度检测720点，最大2.5mm，最小0mm，平均1mm，合格率95.6%。气泡分散稀少，最大直径深度均小于2mm，气泡最大面积小于$6cm^2/m^2$。混凝土质量达到优良标准。

黄登主厂房机组混凝土平均每台施工8.2个月，达到了国内先进水平，同时采用免装修混凝土施工工艺，混凝土外表平整光滑、轮廓分明，装饰线条横平竖直，色泽均匀，达到免装修混凝土的质量要求，蜗壳底部采用温控自密实混凝土浇筑，并进行接触灌浆，饱满密实度经检测无明显脱空。本工程施工方法优质、快速、安全、经济社会效益明显，施工方法值得推广。

黄登水电站免装修混凝土施工技术浅析

王　欢　黄金凤　赵智勇/中国水利水电第十四工程局有限公司

【摘　要】 黄登水电站引水发电系统大规模采用免装修清水混凝土施工，包括洞内主厂房机组发电机层以下，左、右端副厂房，主变室，以及洞外500kV出线楼和主厂房排风楼框架结构等，总面积达10万 m²。在混凝土施工过程中，采用了免装修混凝土配合比、维萨模板和定型钢模，模板缝明缝和棱角加倒角等装饰线条，表面采取保护和防护措施等技术手段，使混凝土表面达到了饰面混凝土效果。本文主要针对引水发电系统免装修混凝土施工技术进行分析总结，供类似工程施工借鉴和参考。

【关键词】 黄登水电站　免装修　混凝土　施工技术

1　概述

黄登水电站位于云南省兰坪县境内，采用堤坝式开发，是澜沧江上游古水至苗尾河段水电梯级开发方案的第五级水电站，以发电为主。上游与托巴水电站，下游与大华桥水电站相衔接，坝址位于营盘镇上游。电站装机容量1900MW，主机间内安装4台475MW混流式水轮发电机组。

采用免装修混凝土的优越性，是直接利用混凝土成型后的自然质感作为饰面效果，一次成型不做其他任何外装饰，混凝土表面平整光滑，色泽均匀，棱角方正、线条分明、无碰损和污染，表面涂刷透明的保护剂，显得天然庄重，不但使人放心，还给人一种欣赏艺术品的感觉，且具有很好的耐久性。因此，免装修混凝土对施工工艺和施工管理的水平要求较常规混凝土更高。

黄登水电站引水发电系统主厂房发电机层以下，防潮柱，左端副厂房，右端副厂房，主变室 GIS 层以下的板、梁、柱混凝土，以及500kV 出线楼和主厂房排风楼框架混凝土和母线洞均采用免装修混凝土施工，总面积10万 m²。我们通过对混凝土配合比试验、模板施工、振捣施工、混凝土微缺陷修饰、混凝土表面保护等方面优化施工工艺，加强细节管理，发扬工匠精神，有效地杜绝了混凝土的质量通病，保证了较好的混凝土外观质量。

2　配合比设计

免装修混凝土采用的水泥、外加剂必须是同一个厂家，砂石料由同个系统生产，骨料稳定。在进行免装修混凝土施工前，进行多组免装修混凝土配合比试验，分别对不同的浇筑入仓方式和不同外加剂等进行了配比试验工作。对比试验结果，选择外观效果最好的配合比进行混凝土的配置，得到了最优的配合比，具体见表1。

表 1　　　　　　　　　　　　　　　　免装修混凝土最优配合比

水胶比	砂率/%	级配	减水剂掺量/%	设计坍落度/cm	每方材料用量/(kg/m³)					
					水	水泥	砂	小石	中石	减水剂
0.41	43	二	0.8	14～16	150	370	843	670	447	2.96
0.41	44	一	0.8	14～16	155	378	830	1057	—	3.02

3　模板施工

3.1　模板选型

首先是模板类型的选择，在免装修混凝土浇筑施工前，分别选择了PP镜面复合模板、北新钢模和维萨木模三种不同的材质进行工艺试验，最终选取外观质量及刚度最好的维萨木模。

3.2　装饰线条设计及安装方案

为提高引水发电系统免装修混凝土整体外观效果，

使结构混凝土外形美观大方、增加平面立体感，满足混凝土美观的外观要求，在免装修结构混凝土柱、梁、预留孔洞转角部位安装 PVC 倒角线条，模板拼缝部位设置 PVC 明缝条。

（1）装饰线条设计。免装修混凝土模板采用维萨模板，该模板尺寸为 2440mm×1200mm×18mm，在进行混凝土模板安装前，先对模板安装进行三维效果设计，保证模板尽量成模数，不成模数的地方尽量安装在转角及不显眼地方。

混凝土柱、梁、预留孔洞转角部位设置 PVC 倒角线条，柱高度方向设置水平明缝条，设置间距为1.22m，可根据实际情况适当调整间距，以达到美观为原则。

大面积混凝土面模板拼缝处设置明缝条，模板拼缝应纵横向对应，PVC 明缝条安装应做到纵横向缝面平、直，布置间排距按 1.22m×2.44m 安排，局部根据模板和体型做适当调整。

（2）倒角线条安装方法。

1）首先，根据柱子、梁及孔洞转角部位的长度用切割机将 PVC 倒角线条切割成对应的长度。在主变室、主厂房板上均设置有吊物孔，主变室防爆墙上设置有防火卷帘门，体型多为矩形结构，由于该部位 PVC 倒角线条应沿着整个孔洞边角设置，因此，PVC 倒角线条设置成一个矩形框，在对该部位 PVC 倒角线条切割时，矩形框相接部位应切割成斜 45°角，并采用打磨机将切割部位打磨光滑，以便于与另一侧 PVC 倒角线条连接在一起，达到美观的视觉感受。

2）将 PVC 倒角线条背面的直段与木模板侧面用2cm 长的铁钉钉在一起，铁钉每隔 20cm 钉一根，确保PVC 倒角线条牢固固定在模板上。

3）将钉有 PVC 倒角线条的木模板安装完成后，将另外一侧模板紧贴 PVC 倒角线条安装，然后采用模板加固体系对模板进行加固。

为确保模板缝不漏浆，在模板缝中应先贴玻璃胶，然后再安装 PVC 倒角线条，保证两块模板间拼缝紧密。倒角线条及明缝条安装示意见图1。

（3）PVC 明缝条安装方法。PVC 明缝条型号为14mm×18mm 圆弧形。

1）根据衬砌体型所需模板的长度和宽度先用切割机将 PVC 明缝条切割成对应的长度。由于大体积混凝土、廊道混凝土及楼板混凝土模板纵横向均有缝面，在缝面处均需设置 PVC 明缝条，为了保证明缝条相交部位拼缝圆滑、美观，需将明缝条两端正面切割后打磨成正圆弧形，背面直线端切割成斜 45°角，以便于现场安装，具体切割打磨型式如图 2、图 3 所示。

2）将 PVC 明缝条背面的直段与模板用 2cm 长的铁钉钉在一起，铁钉每隔 20cm 钉一根，确保 PVC 明缝条牢固固定在模板上。

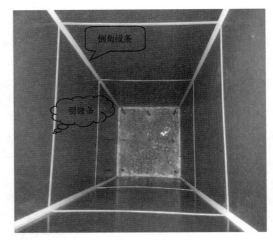

图 1　倒角线条及明缝条安装示意图

图 2　明缝条正面切割图

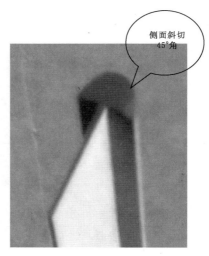

图 3　明缝条背面切割图

3）钉有 PVC 明缝条的木模板安装完成后，将另外一侧模板紧贴 PVC 明缝条安装，然后采用模板加固体系对模板进行加固。此外，为确保模板缝不漏浆，在模板缝中应先贴玻璃胶，再安装 PVC 倒角线条，保证两块模板间连续紧密。

对于主厂房大体积混凝土外露面及主变室楼板，主厂房楼板、廊道及母线洞等部位纵横向明缝条应对应，明缝条安装应做到平、直、齐。

（4）圆弧形明缝条安装方法。

方法1：采用工业加热毯将PVC明缝条包裹加热至有延展性后，按圆弧形顶拱的半径进行弯曲，冷却成型后运输至现场安装。

方法2：用专用斜角钳在PVC明缝条背后的翼板每间隔20cm切口，然后现场按从低到高的顺序加固成型。

（5）装饰线条在"十""T"字接头部位的处理。

在楼板及廊道安装过程中，明缝条安装经常存在纵横向交叉的情况，交叉部位的明缝条处理原则为：横向的蝉缝条通长设置，纵向的明缝条在与横向明缝条相交的部位断开，在横向蝉缝条的两侧设置，断开部位的明缝条应切割成圆弧形。

在柱、墙转角部位，PVC蝉缝条与倒角线条交叉形成"T"字接头，具体处理原则为：倒角线条通长设置，明缝条正面切割成圆弧形，翼板切割成斜45°，安装时，PVC明缝条端头顶住倒角线条。

3.3 模板安装方案

（1）模板制作。模板制作偏差严格按免装修混凝土模板制作允许偏差控制，经质检检查合格后才允许安装。现场切割平台必须平整，使用细齿锯刀，切割后在边缘稍稍打光，不得损坏表面覆膜。根据模板1220mm×2440mm尺寸，为确保拉筋孔平、直、齐、均匀布置，拉筋开孔在安装前完成。在模板中间位置开三个孔，间隔0.81m。根据浇筑分层高度模板统一沿长边竖向或横向布置，所有拉筋孔纵横对齐。

（2）模板运输。模板在运输至工作面的过程中，要确保模板不受损、无污染，堆存时采取切实有效的措施（如用麻袋覆盖模板面、用短木垫底等），对模板进行保护。

（3）模板安装。模板使用安装前对模板进行检查，优质双面覆膜模板最多循环2次，保证表面光滑如镜，定型钢模表面平整度、轮廓尺寸、光洁度满足要求才能投入使用。

模板拼装严格按施工规范进行，做到立模准确，支撑牢固可靠，模板与模板、模板与岩石面的缝隙部位采用三分板镶缝并保证严密，模板下口或与基岩接触面打泡沫胶防止漏浆，严禁出现漏浆及错台现象。模板安装完成后，现场管理人员提请测量人员及测量监理对模板进行校核、验收，校核过程中，及时对加固结构位置进行调整，保证混凝土体型满足设计要求。

模板安装完成后，现场管理人员提请测量人员及测量监理对模板进行校核、验收，校核过程中，及时对加固结构位置进行调整，保证混凝土体型满足设计要求。

（4）模板加固方案。以主变室为例进行说明，主变室防爆墙混凝土模板主要采用拉筋内拉加固，变压器防爆墙等独立墙体混凝土模板加固采用外拉内撑措施加固，外拉用拉筋对拉为主，内撑以混凝土预制条支撑。边墙双面模板加固拉筋采用为φ12对穿拉筋，间排距为80cm×80cm，为方便拉筋拆除，外套外径16mm内径14mm的硬质PVC管穿过模板。单面边墙拉筋采用内置拉筋锥套。

柱子浇筑时，根据柱子尺寸，其模板加固采用φ12拉筋加固，模板背枋为5cm×10cm方钢和φ48钢管，方钢间距为50cm，[10槽钢间距为60cm。为了保证免装修混凝土的外观质量，模板尽量采用外撑的方式加固，减少内拉加固。

（5）模板脱模剂。为保证混凝土外观色泽均一致，并充分体现混凝土的自然美和朴素美，所有的混凝土脱模剂均采用同一种高级精炼色拉油。

4 混凝土振捣施工

（1）混凝土浇筑过程中，须由培训合格的混凝土振捣工进行平仓和振捣，仓内若有粗骨料堆积时，应将骨料均匀地散布于砂浆较多处，但不得直接用水泥砂浆覆盖，以免造成内部蜂窝；柱与梁混凝土振捣采用φ50振捣棒完成，楼板混凝土振捣采用φ70振捣棒和平板式振捣器完成。每一位置的振捣时间，以混凝土不再显著下沉，不再有大量气泡出现，并开始泛浆时为准。按顺序依次振捣，以免漏振，振捣器前后两次插入混凝土中的间距，应不超过振捣器有效半径的1.5倍（一般为50～70cm），振捣器距模板的垂直距离，不应小于振捣器有效半径的1/2，并不得直接与模板接触。浇筑块的第一仓混凝土以及两罐混凝土卸料后的接触处，应加强平仓振捣，以防漏振。振捣遵循"快插慢拔"的原则进行。

（2）混凝土平仓振捣时，靠模板内侧的混凝土尽可能比中间部位堆放高一些，使泌水集中在仓面中部，以便及时清除，也防止泌水流入模板内侧而造成砂带、麻面等缺陷。

（3）根据维萨建筑模板整体性好、不漏水、不漏浆且吸水性好的特点，对混凝土采用二次复振法，即第一次采用低频（转速低于3000r/min）振捣器（实际转速2840r/min）振捣45s，待混凝土静置15～30min后，用高频（转速大于5000r/min）振捣器（实际转速12000r/min）再进行第二次振捣20s，有效减少混凝土内的气泡和水泡数量，保证混凝土均匀密实，减少混凝土表面气泡和麻面。

（4）混凝土收仓时，仓面高程线必须平直，边缘部位用木批和钢批抹平压实，如有料多的情况，铲至仓面中间堆放，形成规则的键槽，使混凝土接缝规则、平直，整体效果美观大方。

（5）混凝土浇筑过程中，及时用水冲洗模板外侧，减小上层混凝土漏浆形成挂帘和污染下层混凝土表面。

5　免装修混凝土表面缺陷处理方案

免装修原则上不进行修补，保持原来的本色，但为了保证外观协调一致，对混凝土表面出现的一些较小范围的如气泡、锈迹、砂带、麻面、小错台等小缺陷适当进行修饰。具体修饰实施方案如下：

（1）模板连接缝、气泡、蜂窝、漏浆修饰。用比饰面清水混凝土体表颜色稍稍浅些的免装修水泥砂浆（由普硅水泥、腻子粉和水配合而成，配合比为 1∶1∶0.5，具体进行调色试验）进行修补，修补面积尽量要小。然后，用手指触摸感觉不平的地方，用砂纸打磨平整，再用专用仿清水混凝土水泥浆进行颜色的调整，调整后的混凝土表面质感应看不出修补痕迹。

（2）混凝土的色差。有色差的不太明显或不易修理的部位原则上不修理；观感影响大的确需要修理处，先用手指触摸感觉凸出的地方应进行局部打磨、凹进去的地方要用专用水泥砂浆小面积修补后找平，然后用专用水泥浆或调清水免装修混凝土调色剂进行部分调整，调整后的混凝土表面质感应看不出修补痕迹。

（3）明缝处胀模、错台处理。用专用角磨机打磨平顺→用砂纸进一步磨平→用水泥砂浆修复平整。明缝处拉通线，切割超出部分；对明缝上下阳角损坏部位，先清理浮渣和松动混凝土，再用界面剂的稀释液调制同配比减石子水泥砂浆填补到处理部位，需将明缝条平直嵌入明缝内，用刮刀压实刮平，上下部分分次处理，注意避免污染未处理混凝土表面；待砂浆终凝后，取出明缝条，喷水养护。

6　免装修混凝土保护

在施工完成后，采取涂层保护确保免装修混凝土外观持久性。混凝土表面涂层应选材科学，涂抹均匀、平整，抛光到位。采用永凝液无机硅材料密封渗透剂喷涂至混凝土表面，可防尘、防潮、防油污、防碳化等，提高混凝土耐久性。

7　结语

黄登水电站地下厂房免装修混凝土的体型共检测112 条，检测 2581 点，合格 2398 点，最大值 15mm，最小值 0mm，平均值 6mm，合格率 92.9%；平整度检测 720 点，最大 2.5mm，最小 0mm，平均 1mm，合格率 95.6%。气泡分散稀少，最大直径及深度均小于2mm，气泡最大面积小于 6cm²/m²。采用免装修混凝土浇筑，需在施工过程中，对混凝土配合比优化（增加水泥用量尽量不加粉煤灰）、选择优质双面覆膜木模板周转 1~2 次、安装装饰线条、涂抹亲水脱模剂及混凝土二次振捣工艺等，增加了一定模板、水泥等材料以及人力的投入，但是大大减少了运行阶段的维护费用，长久来看是经济的。黄登水电站免装修混凝土按照上述施工方法，使免装修混凝土外观质量达到了精品工程要求，混凝土外表平整光滑、轮廓分明，装饰线条横平竖直，色泽均匀一致，杜绝了错台、蜂窝、麻面、漏浆、流淌、污迹等混凝土外观质量通病。施工质量得到了质量专家和社会人士的高度评价，为黄登工程赢得了较高的社会认可。

黄登水电站机组检修闸门井混凝土变径滑框翻模施工技术

杨育礼　张永岗/中国水利水电第十四工程局有限公司

【摘　要】 黄登水电站机组尾水检修闸门井采用变径滑框翻模施工技术进行混凝土衬砌施工，有效解决竖井滑模提升的技术难题，具有安全、快速、经济、先进的特点，且具有较高的推广应用价值。

【关键词】 闸门井　混凝土衬砌　变径滑框翻模　黄登水电站

1　概述

黄登水电站机组尾水检修闸门室采用"一机一闸"布置，共4个闸门室，岩台梁以下为4条闸门井，为全断面钢筋混凝土衬砌，闸门井衬砌高度为69.8m，下部21.8m与尾水支洞相贯通，上部48m为两个标准矩形断面，下段32m高度断面为3.6m×12m，上段16m高度为5.4m×17m。井壁混凝土衬砌厚度0.5~2.5m。

机组尾水检修闸门井常规采用搭设排架组合模板施工，模板缝及施工缝较多，且难以避免出现错台、气泡、麻面和漏浆等少量质量缺陷，为了打造"华能澜沧江窗口工程，高标准达标创优"以及"创国家优质工程金质奖"的目标要求，上部48m两个标准矩形断面采用变径滑框翻模技术。

2　变径滑框翻模结构及工作原理

变径滑框翻模结构由模板组、滑杆、围圈、主平台、抹面平台、提升架、提升装置、钢绞线、支承梁、拐臂式分料系统主要构件组成。滑模变径通过对称增加模板组，围圈，滑竿，移动提升系统位置实现。变径滑框翻模总体结构及细部示意图见图1、图2。

滑框翻模主要工作原理是：在滑框主平台上布置8个吊点，提升架上设置上、中、下三圈围圈与φ48滑杆（滑杆焊有三组挂钩）固定，围圈采用双[8槽钢焊接而成，上部围圈采用钢垫板与主梁焊接，中、下围圈利用弓子卡与提升架角钢进行固定，然后再利用φ48滑杆（滑杆间距75cm）支撑模板，使滑框、围圈、滑杆形成整体。爬升式千斤顶在液压泵站的作用下，滑框带动滑

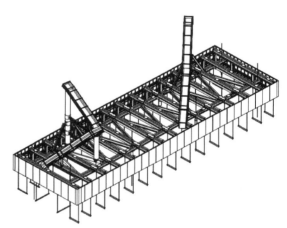

图1　变径滑框翻模总体结构示意图

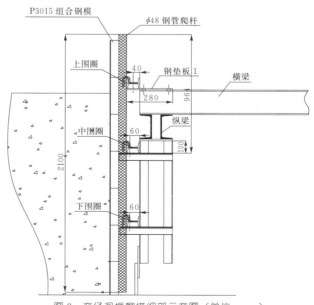

图2　变径滑框翻模细部示意图（单位：mm）

杆在 8 根 $\phi15.24$mm 的钢绞线牵引下进行移动，并逐步向上滑升，完成底圈模板的脱模，底部模板脱模完成后将模板拆除翻转至上部，循环进行。

变径滑框翻模结构设计强度、刚度、整体稳定性，提升力满足《水工建筑物滑动模板施工技术规范》（DL/T 5400—2007）要求。模板制作满足《组合钢模板技术规范》（GBJ 214—89）要求。

3　施工方法及施工要点

3.1　施工流程

单个闸门井变径滑框翻模施工程序为：施工准备→施工平台安装→基础清理→测量放线→钢筋绑扎→预埋件安装→模板安装→仓面验收→混凝土浇筑→滑框、翻模→混凝土养护。

3.2　施工工艺

3.2.1　材料吊运及混凝土入仓

钢筋、预埋件等材料在运输至现场之后，采用 10t 龙门吊将材料吊至滑模平台上（在滑模最上部横梁上满铺 5cm 模板形成平台），然后人工搬运至安装位置。

在井口岩台梁上设置 1 个下料斗，下料斗后交互衔接 $\phi250$mm 溜管、缓降器至浇筑面上方约 5m 位置，缓降器设置按照高差 12m 左右控制，然后在主平台上设置一套拐臂式旋转分料系统，如手臂一样可任意方位布料，混凝土从井壁溜管到达分料系统，保证混凝土的全方位均匀入仓下料。在 3.6m×12m 截面时安装使用一个分料系统，在 5.4m×17m（5.4m×19m）截面上使用 2 个分料系统。

溜管及缓降器利用 10t 龙门吊配合安装，在井壁打设插筋进行固定，插筋视情况打设，并采用 $\phi20$mm 钢丝绳对溜管进行反吊，钢丝绳上端在井口进行固定。

3.2.2　施工平台设置

机组尾水检修闸门井门楣（与尾水支洞相贯）以上滑模浇筑高程以下 0.5～1.0m 位置设置一个滑模安装平台。平台主梁采用 I20b 工字钢，次梁采用 [10 槽钢，间距为 1.5m。主梁和次梁之间牢固焊接，并用 $\phi25$ 拉筋将滑模安装平台底部的主梁反吊在上方的系统锚杆上，拉筋间距 2m，无系统锚杆部位需增设 $\phi25$，$L=3.0$m，外露 20cm 插筋。最后，在 [10 槽钢上部满铺一层 5cm 厚木板。

在下段滑完后滑模滑空再形成一个封闭平台，然后将滑模变径后继续往上滑升施工。

3.2.3　测量放线

由测量人员使用全站仪进行点线和高程的放样，并进行模板、钢筋、埋件位置的校验、复核。

闸门井混凝土浇筑前，需进行井内岩壁断面及中心线校准测量，滑框翻模浇筑过程中，每上升 5m 或浇筑 2d 须对井内中心线进行复测校准，发现中心线偏移应立即采取措施校正。

3.2.4　钢筋、预埋件制安

由工程师根据设计钢筋型式及实际现场施工条件开具体钢筋下料单，钢筋在钢筋加工厂统一加工制作，各种型号的钢筋制作好后堆放整齐，并挂牌明示，以免混乱。

预埋件包括锚板、插筋及止水、灌浆预埋管等，预先在场内加工完成，并将不同尺寸、不同型号的埋件分开放置，做好一定的保护措施，避免生锈。

钢筋加工完成后，利用 5t 载重汽车运输至工作面附近，然后用龙门吊将钢筋搬运至仓内，人工进行绑扎。预埋件焊接在结构钢筋上，焊接位置符合设计要求。

3.2.5　模板安装

机组尾水检修闸门井滑框翻模是以最小截面 12m×3.6m 主平台为基础，布置 8 个吊点，利用爬升式千斤顶在液压泵站的作用下，逐步向上爬升，完成混凝土的成型。滑框翻模依靠 8 根 $\phi15.24$ 的钢绞线进行牵引移动，钢绞线上部通过布置于闸门井井口的 4 根大梁采用锚具来固定。单根大梁由 2 根 I25a 工字钢焊接而成，随着闸门井滑模的改造，大梁布置位置进行相应的调整。

滑框翻模提升架用上、中、下三圈围圈将 $\phi48$ 滑杆（滑杆焊有三组挂钩）固定住，并通过 $\phi48$ 滑杆支撑模板，围圈采用双 [8 槽钢焊接而成，上部围圈采用钢垫板与主梁焊接，中、下围圈用弓子卡与提升架角钢进行固定，模板采用 P3015 钢模横向拼装，共设置 8 层，模板总高度 2.4m。滑模在一种断面滑升结束后在截面变化的地方临时设置变径改造平台，滑模变径通过对称增加围圈，模板组，滑杆，移动提升系统位置来实现。

模板安装完成后，现场管理人员提请测量人员及测量监理对模板进行校核、验收，校核过程中，及时加固结构位置进行调整，保证混凝土体型满足设计要求。此外，液压系统及爬杆安装完成后，需对千斤顶进行调试，并试滑 3～5 个行程。正常后，再次对模板进行加固，模板表面每次浇筑前均要涂刷脱模剂。

3.2.6　混凝土浇筑

（1）浇筑前的准备工作。仓内照明及动力用电线路、设备正常；混凝土振捣器就位；仓内外联络信号使用正常；溜槽、溜管安装牢固可靠；龙门吊运行正常；滑模空滑、试滑正常。

（2）下料和平仓。混凝土下料前先湿润溜槽、溜管。浇筑第一仓前，应在老混凝土面上铺一层 3～5cm 水泥砂浆，混凝土应均匀上升，高差不得超过 30cm，按一定方向、次序分层、对称平仓，分层高度 30cm，还有满足上层混凝土覆盖前下层不出现初凝，要求混凝土入仓下落高度不大于 2.0m，严禁混凝土直接冲击滑模或直接落在钢筋上，以防产生混凝土骨料分离现象。混凝土浇筑时，严禁在仓内加水，如发现混凝土和易性较差，必须采取加强振捣和改善和易性措施，以保证混凝土质量。

对混凝土的坍落度应严格控制，一般掌握在 10～14cm 之间，但也要根据气温等外部因素的变化而作调整。对坍落度过大或过小的混凝土应严禁下料，既要保证混凝土输送不堵塞，又不至于料太稀而延长起滑时间。

（3）混凝土振捣。混凝土采用软轴振捣器对称振捣，振捣时间以混凝土不再显著下沉，不出现气泡，并开始泛浆为准。混凝土振捣棒距模板 20cm，严禁触动钢筋、止水和滑模。

混凝土浇筑过程中，始终保证溜槽出口离已浇筑混凝土面距离不超过 2.0m，避免混凝土产生骨料分离。另外，由于每一浇筑仓位较长，旋转溜槽需及时调整浇筑位置，避免混凝土产生初凝。另外，必须由经过培训合格的混凝土振捣工进行平仓和振捣，平仓工序人工完成，仓内若有粗骨料堆积时，应将骨料均匀地散布于砂浆较多处，但不得直接用水泥砂浆覆盖，以免造成内部蜂窝；振捣采用 $\phi50$ 或 $\phi70$ 振捣棒完成。每一位置的振捣时间，以混凝土不再显著下沉，不再有大量气泡出现，并开始泛浆时为准。按顺序依次振捣，以免漏振，振捣器前后两次插入混凝土中的间距应不超过振捣器有效半径的 1.5 倍（一般为 50～70cm），振捣器距模板的垂直距离不应小于振捣器有效半径的 1/2，并不得直接与模板接触。振捣遵循"快插慢拔"的原则进行。

浇筑时，若发现混凝土和易性较差，应采取加强振捣或将混凝土料拉回拌和楼加砂浆的办法加以处理，禁止在混凝土料内加水，以保证混凝土质量，不合格的混凝土严禁入仓。混凝土浇筑期间，若仓内有泌水，必须及时排除，但不能在排水过程中带走灰浆。在浇筑过程中要加强巡视，发现支撑及模板有变形的趋势则应放慢入仓速度或暂停浇筑，及时汇报并进行妥善处理后方可继续浇筑。浇筑作业如因故间歇时间超过 1.5h，且振动时振动棒周围 10cm 内没有泛浆，混凝土不能重塑时，应停止浇筑，混凝土面按施工缝处理。

混凝土浇筑前进行精心组织，拌和楼认真检修，保证拌制强度和质量，备用的混凝土搅拌车及泵车随时待命。施工缝（若有）缝面采用电钻进行凿毛。

3.2.7 滑框、翻模

机组尾水检修闸门井滑框翻模模板高度为 2.4m，混凝土初次连续分层浇筑至 1.8m 高后停止下料，混凝土浇筑方量为 167m³，所需时间约 10h。根据现场实验初凝时间，在混凝土浇筑约 9h 后即可进行滑框翻模，滑框每次滑升 30cm。在滑框滑升至滑杆完全脱开底层模板后进行翻模。拆模时要求混凝土达到 0.5MPa 强度

以上，保证混凝土体型在拆模后不会变形，能够提浆抹面。模板采用人工拆除，拆除时要用安全绳拴牢靠后开始，拆除后将底层模板翻转至相应的顶层位置，每次翻模的时间需 0.5～1h，最底层模板翻转完成后即可进行下一次的滑框翻模施工，循环进行，但须保证混凝土浇筑高度需低于模板口 60cm。

滑框滑升前应检查的项目有：滑杆有无弯曲及倾斜，各千斤顶的油阀是否打开及油路有无漏油，总阀是否打开，控制柜是否正常，模板与围楞及滑杆有无牵连，有无障碍物（如锚杆等）影响滑升，平台定位支撑是否解除，限位卡是否调整到位。滑升时，为了保持整个提升架水平，每滑升两次左右就对平台进行水平调整。滑升后，检查每个千斤顶是否都已到位；因各千斤顶的加压及回油时间不一样，滑升不正常的千斤顶待调整好后再正常滑升。

滑框滑升后拆下来的模板必须及时清除表面混凝土及涂刷脱模剂，对变形损坏的进行修复，拆模后把底层各个部位的模板按顺序翻装到顶层相应的部位。

如停滑时间过长，则应将滑框滑升到滑杆只剩一层模板为止，拆除其余 7 层模板，避免因混凝土强度增加，拆模困难。

3.2.8 滑模纠偏措施

滑模发生偏移有两种原因造成：一是模板内混凝土的侧压力不均衡而使模板发生偏移；二是千斤顶不同步而造成模板产生倾斜，甚至发生扭转，如果不及时纠正，会随着倾斜模板的上升而发生偏移。为防止模板发生偏移，针对产生的不同原因采用不同的措施进行预防和纠偏，纠偏按渐变原则进行。

（1）测量控制。模板的初次滑升必须在设计的断面尺寸上，当模板组装好之后，要求精确地对中、整平，经验收合格后，方可进行下道工序。模板对中、调平后，在井口矩形断面四角各下放一条重垂线，重垂线经过模板上预留的 $\phi40$ 中线孔，下放到模板下（要求重锤不低于 30kg，并有油桶稳定保护）。垂线在井口固定好，并在井口设置测量保护点。在滑升过程中，时刻观察模板与垂线的相对位置。每滑升 5m，由测量队测量检查体型一次。

（2）初次滑升模板固定。在初次滑升时，为了防止混凝土下料不均匀而对模板产生不均衡侧压力使模板发生偏移，在模板对中、调平、固定重垂线后，对模板上下口进行加固，上口周圈用 $\phi40$ 丝杆顶住模板进行固定。在模板的下口内侧焊挡块进行限位，周圈共设六个挡块均匀布在模板下口外侧，为保证钢筋保护层的厚度，周圈预放混凝土预制块（厚度 5cm），固定在钢筋上，同时对模板进行限位。当准备滑升时，松开上口丝杆，即可进行滑升。在整体滑升过程中，应避免下料不均匀而对模板产生不均衡侧压力，因此要求混凝土下料对称均匀，必须遵守入仓、平仓、振捣、滑升的顺序，

每次下料厚度不超过 30cm，下一层振捣一层、提升一次，并保证模板内有一定厚度的混凝土，且控制好混凝土的下料速度和滑模的滑升速度，一般控制模板中混凝土高度在 180cm 左右，即滑空高度不超过 60cm。

（3）钢绞线的限位。由于钢绞线长度比较长且自由度比较大，在外力作用下有可能产生侧向位移（即摆动），为了防止此类现象发生，在施工中前，对模板每个直边上设置 2～3 根 φ48 的导向轨道，轨道与内层钢筋牢靠固定，内层钢筋又与井壁锚杆稳固连接，让整个模板体系在固定的轨迹上运行，保证中心不发生偏移。

（4）对千斤顶不同步进行限位。模板在滑升过程中发生偏移最主要原因就是由于千斤顶不同步而造成模板发生倾斜，即模板中心线与井身的中心线不重合。为了防止此类现象的产生，每个千斤顶在安装前必须进行调试，保证行程一致；每个千斤顶安装限位装置，即在爬升千斤顶上部每次滑升的距离 30cm 左右（根据水平仪测量结果确定）处钢绞线上安装限位器，安装限位器时用水准仪找平，保证模板在 30cm 行程中行一致，从而使整个模板水平上升而不发生偏移。

（5）千斤顶纠偏。在滑升过程中，通过重垂线发现模板有少量偏移（一般在 ±1cm 以内），利用千斤顶来纠偏，如发生向一侧偏移，关闭此侧的千斤顶，滑升另一侧，即可达到纠偏目的。在纠偏过程中，要缓慢进行，不可操之过急，以免混凝土表面出现裂缝。

在模板整个滑升过程中，由专人负责检查中线情况，发现偏移应及时进行纠正，防止出现大的偏移，并要求各道工序按部就班、按措施工。每班配备的值班队长和技术员准确掌握混凝土的脱模强度，确定模板的提升时间和速度并严格按规定实施每道工序，严格管理，防止因操作不当而引起模板偏移。

4 结语

黄登水电站机组尾水检修闸门井滑框翻模施工段混凝土，每条井滑升工期为 23d，滑模变径改造 7d，施工工期 30d，移设安装一次滑模平均 22d，采用一套滑模总工期为 208d；采用普通组合钢模分层浇筑按 3m 计算，标准段共分为 16 层，每层 10d，需要 160d，采用两套模板共需要 320d。采用变径滑框翻模较常规组合钢模施工可节约 35% 的工期，还大大减少了施工排架和模板安装工程量，以及每层缝面的处理工作量，减少了模板及施工缝，提高了施工质量，体型共检测 22 条断面 470 个点，平均值 10mm，最大 22mm，最小 8mm，合格率 90.5%，不平整度检测 102 点，最大 4mm，最小 0mm，平均 1mm，合格率 92.7%，达到优良标准，外表光滑平整。尾闸井采用滑模施工不仅安全、优质，而且高效、经济，该施工技术具有较高的应用推广价值。

浅谈黄登水电站引水竖井滑模混凝土施工技术

王　欢　周　维　黄金凤/中国水利水电第十四工程局有限公司

【摘　要】 黄登水电站共有4条引水竖井，其中三条引水竖井混凝土采用滑模施工，另外一条竖井采用定型钢模板进行浇筑。引水竖井滑模主要由模板系统、操作平台系统和液压滑升系统三部分组成。采用竖井滑模施工，施工质量较好、速度较快，施工具有较高的连续性。

【关键词】 引水竖井　竖井滑模

1　引言

黄登水电站引水发电系统采用单机单管引水方式，4台机组布置4条引水压力管道，4条压力管道分别通过50.7m长的竖井连接上下弯段，竖井包括35.7m（高程1540.00～1504.30m）竖井标准段和15m（高程1504.30～1489.30m）竖井渐变段两个部分，竖井标准段及渐变段开挖断面均为圆形断面。竖井衬砌混凝土标号为C25W8F100，标准段衬砌后净断面 ϕ10m，渐变段衬砌后净断面 ϕ10～9.2m。1#～4#竖井标准段衬砌厚度均为0.8m，1#～3#竖井渐变段衬砌厚度0.8m，4#竖井渐变段衬砌厚度为0.8～1.2m。竖井衬砌混凝土结构钢筋布置双层钢筋，环向主筋为 ϕ32，纵向分布筋为 ϕ20，箍筋为 ϕ10。

引水竖井混凝土结构单一，垂直高差较大，如采用组合小钢模分层进行浇筑，需要的脚手架管较多，浇筑速度较慢，且材料运输不便，安全问题突出，浇筑效果较差，引水竖井混凝土要求质量较高，采用竖井滑模施工，施工质量较好、速度较快，施工具有较高的连续性。

2　竖井滑模结构

引水竖井滑模由模板、围圈、爬杆、千斤顶、提升架、辐射梁、分料平台、悬吊抹面平台及液压系统等组成，共设置20根爬杆，模板上口较下口大6mm，模板高度1.2m。操作平台系统主要包括中间操作平台、分料保护平台及下部悬吊抹面平台，其中中间操作平台由筒心、辐射梁、环向支撑组成，是滑模的主骨架。液压滑升系统是滑模向上滑升的动力装置，由支撑杆（即爬杆）、液压千斤顶、限位器、液压控制台和油路组成。滑模结构见图1。

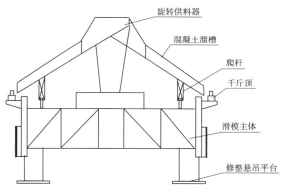

图1　滑模结构图

滑模结构设计强度、刚度、整体稳定性，提升力满足《水工建筑物滑动模板施工技术规范》（DL/T 5400—2007）要求。模板制作满足《组合钢模板技术规范》（GBJ 214—89）要求。竖井模板设计成锥口，上大下小，上口大6mm，模板高度1.2m，锥度0.5%。

3　竖井滑模安装

3.1　滑模安装平台

引水竖井滑模安装均在竖井段与渐变段处进行。需提前在此处安装滑模安装平台（见图2），渐变段浇筑最后一仓时，在距离渐变段起点高程（高程1504.30m）0.5m，两层环向主筋间预埋盒子，呈对称布置，间距1.5m，共14个孔。盒子端头紧贴岩面，混凝土达到一

定强度后，进行平台制作安装，平台底部采用 I20b 工字钢深入预留孔内，两端与混凝土搭接长度不小于

50cm，垂直于工字钢（顶面）采用 [10 槽钢焊接，间距 1m。再在外表面满铺 5 分板（见图 3）。

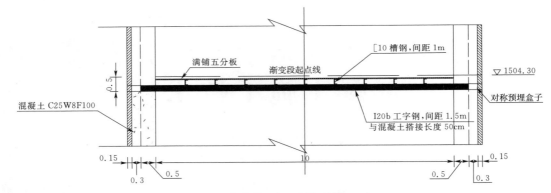

图 2　滑模安装平台剖面图（单位：m）

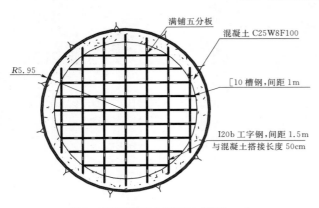

图 3　滑模安装平台平面图（单位：m）

3.2　竖井滑模施工顺序

滑模各结构件安装顺序如下：

测量放样标出结构物设计轴线→组装辐射梁和筒心→起吊辐射梁至钢平台上固定→安装提升架→安装平台梁→安装爬杆及套管→安装千斤顶→安装模板→安装液压系统并调试→安装分料平台→安装抹面平台。

3.3　滑模安装方法

（1）施工准备。

1）技术交底及构件清理。对滑模装置的各个部件，必须按有关制作标准检查其质量，进行除锈和刷漆等处理，核对好规格和数量并依次编号，然后妥善存放以备使用。

2）安装垂直运输设备和搭设临时组装平台；在基底上弹出结构各部位的轴线、边线等尺寸线，并标出提升架、承力杆、平台桁架等装置的位置线和标高。在结构基底及其附近，设置一定数量的可靠的观测垂直偏差的控制桩和标高控制点。

3）进行液压设备的试车、试压检查。

（2）组装方法。滑模安装时，在上平段先将滑模筒心与辐射梁组装成一体，由吊车配合卷扬机起吊，将滑

模筒心和辐射梁吊至钢平台上进行固定，再将模板组、提升架和液压控制台等相关构件吊至辐射梁上进行组装。待滑模组装完毕后将钢平台拆除。

1）在已搭设拼装平台上放出桁架的位置。

2）先将中心体与 6 榀辐射梁对称连接，将连接好的桁架吊放在拼装平台上，调整中心及水平至设计要求，然后桁架上下铺设木板。

3）依次吊装其他辐射梁及提升架，当各部件调整到位，并经测量检查无误后，开始安装围圈及模板。

4）由测量队复核桁架体型，确认无问题后，可安装千斤顶及爬杆。

5）铺设走道板、安装栏杆、摆放电焊机、变频机、液压操作台等。检查横桁的变形和端部纵桁的竖直度。然后加上施工中其他可能出现的荷载，再检查上述部位的变形。

6）整体检测滑模结构体型并验收。

7）安装液压系统：①安装千斤顶；②布置油管，与操作台连接。

8）安装纠偏检测系统：①安装吊线锤，布置观测点；②安装连通管。

9）安装电源：采用电缆，在滑模上设置转筒，随滑模上升及时将电缆下放。

10）当上述工作全部完成并验收合格后，安装支承杆，进行空滑试验，爬高 30cm（一个行程）后，停止空滑试验。空滑成功后采用散钢模或木模立模补缺，准备运行。为确保安全，支承杆在千斤顶下部用钢筋进行侧向支撑加固。

4　竖井滑模混凝土施工

4.1　施工准备

标准段衬砌待渐变段衬砌施工完成后进行，对井壁进行清理和冲洗，井壁清理干净后进行滑模安装平台的

施工，平台安装利用渐变段衬砌混凝土事先预留孔作为支撑点，平台制作结构全部为钢结构。用测量仪器测放好施工控制点，明显标识在井壁喷混凝土面上。

4.2 溜管布置

主溜槽沿竖井上弯段始端布置，保证溜槽水平夹角不小于24°。溜槽采用搭设 $\phi48$ 钢管架支撑，钢管底部打设锚杆（$\phi25$，$L=2.5\text{m}$，外露 0.2m）焊接加固。

溜槽末端设置集料斗，集料斗沿井壁一侧接 DN200 溜管至滑模施工平台，每条竖井布置一趟溜管，溜管上每隔12m设置一个 h 型缓降器。为了便于溜管的安拆，溜管的长度按3m一段制作，采用法兰盘连接。溜管利用岩壁外露的系统锚杆固定牢靠，局部无系统锚杆处，增设 $\phi25$ 插筋（$L=2.5\text{m}$，外露 0.5m），并用 $\phi18\text{mm}$ 钢丝绳将溜管串联固定在井壁的锚杆上。

在主溜管起点位置设置料斗（料斗上铺设 $\phi10@5\text{cm}\times5\text{cm}$ 网格钢筋形成过滤网），避免出现较大骨料堵塞溜管。混凝土经溜管输送至滑模的分料平台，再通过分料器直接入仓。当入仓下料垂直高度大于1.5m时，应加挂溜筒以防止混凝土骨料分离。

4.3 钢筋制作安装、预埋件安装

钢筋由钢筋厂加工制作，编号挂牌运至工作面，人工绑扎成型。

钢筋采用汽车运至压力管道上弯段，利用卷扬机垂直吊运至操作平台，平台堆放的钢筋不超过3t，当滑模安装完毕后即可开始钢筋绑扎工作，钢筋绑扎时，竖向分布筋可适当超前，但环向主筋位于爬杆内侧，应在混凝土滑升过程中，根据滑升高度及时跟进，竖向分布筋采用绑扎接头，环向主筋采用直螺纹接头连接。

预埋件安装施工方法同所述定型钢模施工方法一致。

4.4 仓面验收

仓面验收前要做好滑模系统检查以及施工人员、材料、机具的准备等。各施工工序在完成后，由质检员报监理工程师申请验收。各工序验收通过，仓面准备工作完成后，最后进行开仓验收和签发混凝土浇筑开仓证。

4.5 混凝土浇筑及模板滑升

4.5.1 混凝土浇筑

（1）浇筑前的准备工作。①仓内照明及动力用电线路、设备正常；②混凝土振捣器就位；③仓内外联络信号使用正常；④检查溜槽、溜管安装牢固可靠；⑤卷扬系统运行正常；⑥滑模空滑、试滑正常。

（2）下料和平仓。混凝土下料前先湿润溜槽、溜管。浇筑第一仓前，应在老混凝土面上铺一层3～5cm水泥砂浆，混凝土应均匀上升，高差不得超过30cm，

按一定方向、次序分层，对称平仓，分层高度30cm，还有满足上层混凝土覆盖前下层不出现初凝，要求混凝土入仓下落高度不大于2.0m，严禁混凝土直接冲击滑模或直接落在钢筋上，以防产生混凝土骨料分离现象。混凝土浇筑时，严禁在仓内加水，如发现混凝土和易性较差，必须采取加强振捣和改善和易性措施，以保证混凝土质量。

对混凝土的坍落度应严格控制，一般掌握在10～14cm之间，但也要根据气温等外部因素的变化而作调整。对坍落度过大或过小的混凝土应严禁下料，既要保证混凝土输送不堵塞，又不至于料太稀而延长起滑时间。

（3）混凝土振捣。混凝土采用软轴振捣器对称振捣，振捣时间以混凝土不再显著下沉，不出现气泡，并开始泛浆为准。混凝土振捣棒距模板20cm，严禁触动钢筋、止水和滑模。

4.5.2 模板滑升

（1）初始滑升。首批入模的混凝土分层连续浇筑至60～70cm高后，当混凝土强度达0.2～0.3MPa时，即用手按新浇混凝土面，能留有1mm左右的痕迹，便开始试滑升。试滑升是为了观察混凝土的实际凝结情况，以及底部混凝土是否达到出模强度。因全部荷载由爬杆承受，应特别注意爬杆有无弯曲，千斤顶、油管接头有无漏油现象，模板倾斜度是否正常等。

滑模初次滑升要缓慢进行，滑升过程中对液压装置、模板结构以及有关设施在负载条件下作全面的检查，发现问题及时处理，并严格按以下步骤进行：第一次浇筑3～5cm厚的水泥砂浆（新老混凝土面能较好的结合）；接着按分层厚度30cm浇筑2层，厚度达到65cm时，开始滑升5cm，检查脱模的混凝土凝固是否合适；第四层浇筑后滑升10cm，继续浇筑第五层又滑升15～20cm；第六层浇筑后滑升20～30cm，若无异常现象，便可进行正常滑升。

（2）正常滑升。滑模经初始滑升并检查调整后，即可正常滑升。正常滑升时应控制速度为10～20cm/h，每次滑升20～30cm，控制日滑升高度为2.0～2.5m。滑升时，若脱模混凝土有流淌、坍塌或表面呈波纹状，说明混凝土脱模强度低，应放慢滑升速度；若脱模混凝土表面不湿润，手按有硬感或伴有混凝土表面被拉裂现象，则说明脱模强度高，宜加快滑升速度。滑模浇筑至接近竖井顶时，应放慢滑升速度，准确找平混凝土，浇筑结束后，模板继续上滑，直至混凝土与模板完全脱开为止。

4.6 滑模纠偏措施

滑模产生偏移的原因主要有：混凝土下料高低不均；千斤顶不同步而造成模板产生倾斜、扭转。处理方法有5种：①测量控制；②初次滑升模板固定；③爬杆

的限位；④对千斤顶不同步限位；⑤千斤顶纠偏等。以上处理方法视情况选定一种或几种进行，以达到目的为原则。

滑模停滑包括正常停滑及特殊情况下的停滑。正常停滑指滑模滑升至预定桩号停滑。特殊情况下的停滑包括出现故障及其他因素引起的停滑。停滑后，在混凝土达到脱模强度时，将模板全部脱离混凝土面，防止模体与混凝土粘在一起，并清理好模板上的混凝土，涂刷脱模剂。因特殊情况造成的停滑，混凝土面按施工缝进行处理。

4.7 抹面

当混凝土强度达到 0.1～0.3MPa（手按有 1mm 深印痕）时滑模即可进行滑升（混凝土首次入仓经 5～6h 具体实验后定），这样利用原浆进行抹面，抹面采用"初抹、细抹、精抹、压光"四道工序法进行抹面，抹子重叠半个抹片。

4.8 养护

混凝土终凝后就开始洒水养护，滑模采用花管养护，养护时间不少于 14d。养护期内混凝土表面应始终保持热潮湿状态。但气温低于 5℃ 时，不得浇水养护。

5 竖井滑模拆除

当滑模滑升至设计高程，且混凝土终凝达到脱模强度后，对滑模进行拆除。因滑模拆除为高空危险作业，所以在滑模拆除时必须制定专项安全措施规定，严格遵循相应的安全措施要求及拆除顺序。滑模拆除与安装成"逆序"施工。

6 结语

黄登水电站引水竖井混凝土已顺利浇筑结束，根据 4 条引水竖井实际施工情况，使用滑模施工的 3 条引水竖井平均滑升时间为 12d，每天平均滑升高度 3.0～3.5m，采用定型钢模分层浇筑的 4# 引水竖井施工 115d，较滑模施工的引水竖井工期增加了 103d，并且采用滑模施工在施工进度及施工质量方面均优于定型钢模分层施工。滑模浇筑的 3 条井共测 21 条断面，测点 315 个点，最大 23mm，最小值 5mm，平均值 9mm，合格率 91.6%，达到优良标准，外观光洁。综合上述，在引水竖井施工中，滑模施工技术既能加快速度，又能省工期和提高施工质量，还可节约排架、立模及施工缝处理的人工成本，安全风险也有所降低，值得推广应用。

圆筒式调压室混凝土施工技术

史振军　张建峰/中国水利水电第十四工程局有限公司

【摘　要】 黄登水电站尾水调压室体型复杂多变、工期紧、安全风险高、施工难度大、技术要求高，模板采用组合钢模板、定型钢模、优质覆膜木胶板，利用拉筋及满堂架支撑体系加固进行施工，满足了进度要求。混凝土标准化、规范化施工，使调压室混凝土安全、优质、高效完成施工。本文对调压室混凝土施工技术进行总结并为以后提供参考。

【关键词】 圆筒式调压室　混凝土　施工技术　黄登水电站

1　工程概况

黄登水电站尾水调压室采用"二机一调一尾"的布置格局，为地下带连通上室圆筒阻抗式，由 2 个调压室组成，调压井开挖直径为 32.4～36m、底部开挖高程为 1437.00m，顶部开挖高程为 1514.56m，高 77.56m，中心距为 70m，调压井自 1505.15m 高程以上为球形穹顶，球形半径为 18.68m。调压室 1455.00m 高程以下与尾水隧洞、尾水支洞相交形成四岔口，1455.00～1458.50m 高程为阻抗板，高程 1458.50m 以上为圆筒式调压井。

2　施工方案

2.1　施工程序

尾水调压室混凝土按底板→墩墙→阻抗板→调压室井筒的顺序进行施工。墩墙及阻抗板共配置 1 套定型模和支撑体系，先施工 2♯调压室，再施工 1♯调压室，井筒配置 2 套定型模板。

2.2　模板方案

根据部位、体型及质量要求不同选择不同的模板配置方案，尾水调压室模板方案表见表 1。

2.3　分块、分层

（1）底板 1437.0～1440.0m，厚 3m，温控混凝土一次性进行浇筑。

（2）墩墙 1440.0～1455.0m，分为 4 块 3 层，高度分别为 5m、5m、4m。

表 1　尾水调压室模板方案表

部位	模板形式	加固及支撑体系
底板	堵头采用组合钢模和木模组合，表面直接抹面	背枋 φ48 钢管，采用拉筋加固，拉筋及背枋间距 0.75m×0.6m
墩墙	直线段用 P6015 组合钢模；圆弧段墩墙为弧形定型钢模板，模板孔位与组合钢模配套，长边竖向安装	背枋 φ48 钢管，弧段采用 A8 钢管制作定型弧形背担，拉筋加固，并搭设满堂脚手架对撑，拉筋及背担间排距为 1.2m×0.75m
阻抗板	底模为全新 18mm 厚优质双面覆膜木胶合板；阻抗孔采用全新 P3015 组合模拼装；顶部缓坡临时用木模覆盖抹面	采用满堂架支撑，采用 φ48×3.6mm 脚手架钢管搭设，排架搭设参数为 0.8m×0.8m×1.2m，每隔 4 跨设置一组剪刀撑，弧段做成定型圆弧形背担，采用拉筋加固内置拉筋及对撑加固，背担及拉筋间间排距为 0.9m×0.75m
井筒	井筒采用定型钢模，整圈一次立模	环向用 φ48 钢管做成定型圆弧形背担，竖向 φ48 钢管做背枋，内置拉筋加固，仓内设置内撑，拉筋间及背担间排距为 0.75m×0.75m

（3）阻抗板 1455.0～1458.5m，水平不分块，分两层进行浇筑。

（4）井筒：1♯尾调室井筒高程为 1458.50～1501.00m；2♯尾调室井筒高程为 1458.50～1489.00m 整圈一次浇筑不分块，竖方向按 4.5m 进行分层，2♯尾调分 11 层，1♯调压室 15 层。调压室，墩墙进行分块，其余部位不分。墩墙分块图见图 1，2♯尾水调压室分层图见图 2。

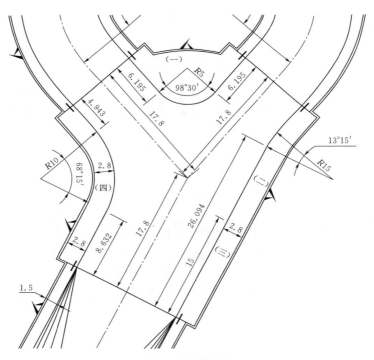

图 1 墩墙分块图

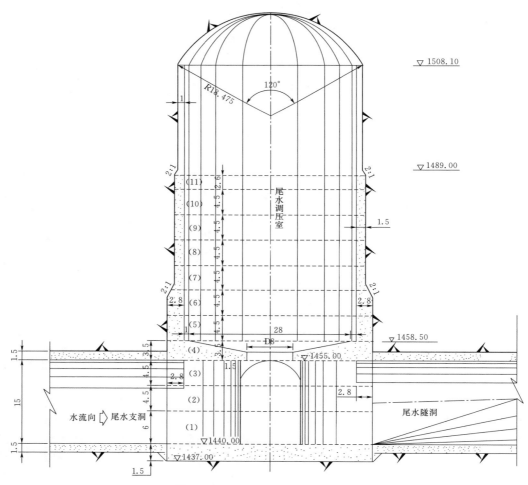

图 2 2#尾水调压室分层图（单位：m）

3　混凝土施工方法

3.1　施工通道布置

根据尾调室各层的施工特点，混凝土施工材料、设备及混凝土的运输通道平面布置如图3所示。

3.2　入仓方案

1#、2#尾水调压室底板混凝土以泵送为主要入仓手段，采用3台HBT60A拖泵泵送入仓。带缓降器负压溜管配溜槽入仓为辅。

墩墙混凝土施工主要采用溜管入仓，局部辅以泵送入仓。阻抗板及井筒采用溜管入仓。

前期，在尾水调压室底板浇筑时溜管已布设完成，尾水调压室墩墙及井筒混凝土浇筑沿用前期布设的溜管。

下料口设置：1#尾水调压室溜管下料口分别位于5#-3施工支洞、连通上室、尾调排风洞；2#尾水调压室溜管下料口分别位于5#-1施工支洞和连通上室，以及从连通上室延伸一个栈桥至与连通上室底板相平的井壁上，并通过在栈桥与连通上室之间设置一条21m长皮带机将混凝土输送至栈桥里端设置一个下料口。位于5#-3施工支洞、5#-1施工支洞部位的溜管安装至尾水隧洞顶部后采用负压溜管连接至底部，其余部位的溜管可直接安装至距底板约2m的位置。溜管长度约3m一节，缓降器12m左右布置一个，用$\phi25$钢筋与系统锚杆焊接固定。在溜管两侧焊接吊耳，用$\phi20$钢丝绳穿过吊耳并挂在上部布置的I20工字钢上，工字钢单根长3.0m，共布置两根，通过打设$\phi25$，$L=1.5m$插筋进行固定，下料系统通过卷扬机配合吊车安装。

在浇筑过程中，通过负压溜槽将溜管口的来料输送到仓内其他部位。调压室入仓系统布置见图4。

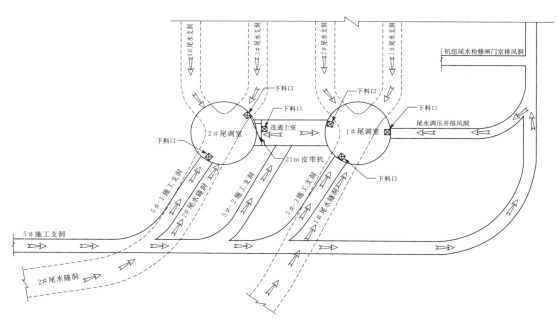

图3　调压室运输通道平面布置图

3.3　混凝土施工方法

根据尾调室的道路布置及入仓方式等施工特点，尾水调压室混凝土施工方法及措施见表2。

3.4　混凝土施工工艺

混凝土工艺流程为：施工准备→基础及缝面处理→水机埋管埋设→钢筋绑扎→预埋件安装→模板施工→混凝土浇筑→拆模与养护。

（1）施工准备。测量人员在现场放出设计高程和边线，测量点标记在基岩或架立钢筋上，架立筋焊接固定在基岩、结构钢筋和墩墙锚杆上。

（2）基础及缝面处理。底板基础岩面首先用反铲将底板大块石渣清走，然后人工配合反铲对岩面进行仔细清理，至无大块石渣及局部聚集碎渣及石粉为止。墩墙及以上缝面在混凝土终凝后，人工进行凿毛，以粗骨料微露为宜，基础缝面用高压水冲洗干净无积渣。

（3）水机埋管埋设。2#、4#尾支与尾水调压室相交部位墩墙要求埋设DN600检修排水总管；1#、3#尾支与尾水调压室相交部位墩墙要求埋设DN500渗漏排水总管和DN200集水井排污总管，埋设时严格按设计及规范要求进行，并进行充水打压验收接头的密闭性。

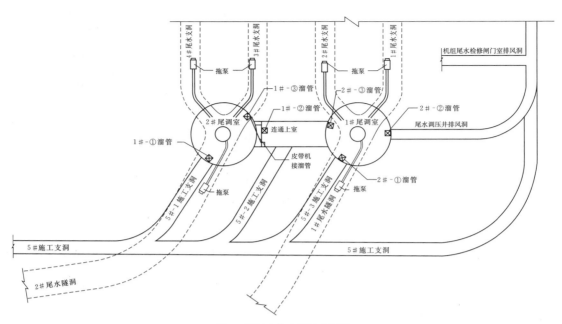

图 4　调压室入仓系统布置图

表 2　　　　　　　　　　　　　　　　　尾水调压室混凝土施工方法及措施表

项目	部位	分块分层	模板及支撑型式	施工通道	材料运输方式	混凝土运输设备及入仓方式
尾水调压室	底板高程 1437.00～1440.00m	一层 3m 一次浇筑	组合模板和木模板，拉筋加固	7#施工支洞→尾水支洞→工作面；8#施工支洞→尾水洞→工作面；5#-1、5#-3、5#-2 连通上室→井壁→工作面	模板、支撑及钢筋等用 8t 汽车运至尾水、尾支底板，8t 汽车吊装卸。人工搬运至工作面	混凝土由 8m³ 混凝土搅拌运输车运输至工作面，混凝土拖泵泵送入仓，带缓降器的溜管配溜槽入仓辅助
	墩墙高程 1440.00～1454.00m	分四块三层 5m、5m、4m	组合模板及定型模板，拉筋加固			
	阻抗板高程 1454.00～1458.00m	分二层 2～2.5m	底模 18mm 木胶合板模，阻抗孔普通钢模，满堂架支撑及拉筋加固			
	井筒高程 1458.00～1489.00m/1501.00m	分层高度 4.5m，2#尾调室分 7 层，1#尾调室分 11 层	定型钢模板组合，拉筋加固	5#-1、5#-3、5#-2 连通上室→井壁→工作面	模板、支撑及钢筋等用 8t 汽车运至连通上室底板，50t 汽车吊吊运。人工搬运至工作面	混凝土由 8m³ 混凝土搅拌运输车运输至工作面，带缓降器的溜管配溜槽入仓。泵送辅助。局部皮带机供料

（4）钢筋绑扎。调压室结构复杂，体型曲面多变，筋及预埋件种类繁多，部分相邻部位的钢筋存在交叉布置的关系，需要特别注意相邻部位钢筋的先后安装顺序。

钢筋在加工厂按设计图纸进行分批制作，由 8t 自卸汽车将已加工好的钢筋运至作业面，并且按钢筋编号有规律地堆放。

依据测量人员所放结构钢筋控制点拉线控制结构钢筋绑扎高程。钢筋保护层采用在钢筋网上设置强度不低于结构设计强度的混凝土垫块来保证。垫块埋设钢筋并

与钢筋焊接牢固。垫块互相错开，分散布置。在各排钢筋之间，用短钢筋支撑以保证位置准确。

钢筋的连接采用绑扎、焊接及直螺纹套筒连接三种方式结合使用。钢筋接头和错位应符合设计规范要求；接头错开距离 35d，最小不得小于 50cm。钢筋接头采用单面焊时，焊接长度为 10d，受力筋接头应错开，同一截面内接头面积不超过钢筋总截面面积的 50%，钢筋保护层厚度为 50mm。钢筋交叉点呈梅花形绑扎牢固，以保证在浇筑过程中不变位。

（5）预埋件安装。尾水调压室预埋件种类较多，包

括灌浆管、止水、接地、水位计套管、爬梯及栏杆埋板等，严格按照设计蓝图及规范要求进行安装，加固牢靠，接地要求连通，水位计套管垂直度满足 0.1%，埋管管口做好保护防止漏浆或掉杂物堵住。

（6）模板施工。底板采用组合模板拉筋加固施工，拉筋间排距 0.75m×0.75m，不大于 1 根/m²；墩墙直段采用 P6015 组合钢模板，圆弧段用定型钢模板；井筒采用定型钢模板，阻抗板底模采用 18mm 优质双面覆膜木模板施工，搭设满堂脚手架支撑；阻抗孔采用 P3015 组合模板，墩墙、阻抗孔及井筒立模时钢模板均按长边铅垂向布置。模板采用内撑拉的方式，外露面采用内置拉筋（φ25 圆钢内功丝），拉筋为 φ12 圆钢，拉筋间排距为 1.2/0.9m×0.75m，模板圆弧部位采用弧形背担，竖向采用 φ48 钢管做背管穿拉筋，靠尾水支洞和尾水隧洞 2.8m 范围为弧形顶拱，采用定型钢模施工与阻抗板第一层同步施工。墩墙及井筒搭设双排架铺设平台进行施工，排架间参数 1.5m×1.5m×1.5m，外侧设置一个剪刀撑，每 36m² 设置一个连墙件；阻抗板满堂架支撑参数为 0.8m×0.8m×1.2m，每隔三跨或三层竖向和水平向各设置一组剪刀撑。模板制作满足《组合钢模板技术规范》（GBJ 214—89）要求，安装满足《水电水利工程模板施工规范》（DL/T 5110—2013）要求。

（7）混凝土浇筑。混凝土采用 8m³ 混凝土搅拌运输车运送至工作面，通过溜管以及泵入仓。混凝土浇筑过程中，始终保证溜管出口离已浇筑混凝土面距离不超过 1.5m，避免混凝土产生骨料分离；溜管随混凝土浇筑高度的上升依次进行拆除。

混凝土浇筑速度控制在 1m/h 以下，下料分层厚度 30～50cm。混凝土浇筑过程中，必须由经过培训合格的混凝土振捣工进行平仓和振捣，平仓采用人工施工，严禁以振代平；振捣采用人工插入式振捣器振捣，振捣器规格 φ70 和 φ50（钢筋密集部位）。振捣时以混凝土粗骨料无显著下沉、开始泛浆和无气泡溢出为准。按顺序依次振捣，以免漏振，振捣器前后两次垂直插入混凝土中的间距，应不超过振捣器有效半径的 1.5 倍（一般为 40cm），振捣器距模板的距离，不应小于振捣器有效半径的 0.5 倍（20cm），并不得直接与模板和钢筋接触。每仓新混凝土与基面或老混凝土接触都需要均匀铺设 5～10cm 砂浆，第一层混凝土厚控制在 30cm，应加强平仓振捣，以防漏振。混凝土振捣遵循"快插慢拔"的原则。

浇筑时，若发现混凝土和易性差，应采取加强振捣，不合格的混凝土严禁入仓。模板工在浇筑过程中要加强巡视，发现支撑及模板有变形的趋势则应放慢入仓速度，浇筑作业如因故间歇时间超过 1.5h，且振动时振动棒周围 10cm 内没有泛浆，混凝土不能"重塑"时，应停止浇筑，混凝土面按施工缝处理。

（8）拆模与养护。当混凝土达到规范及设计要求后，一般边墙需 36h 拆模，阻抗板底模则需 7d。初凝 12h 后进行洒水养护，井筒采用花管养护，养护不低于 14d。

4 混凝土温控措施

（1）温控要求。根据设计施工技术要求，底板和阻抗板混凝土均有温控要求，容许最高温度为 39℃。混凝土胶凝材料用量不宜大于 300kg/m³。结合实际分层及施工需要，底板混凝土不分层，层厚为 3.0m，阻抗板分为两层每层 2m，在混凝土内布置冷却水管，采用 φ32（壁厚 2mm）的 HDPE 塑料管，导热系数不低于 1.0kJ/（m·h·℃）。

（2）冷却水管布置。布置原则：间距 1.0～1.5m，距离混凝土面、岩面临时缝、施工缝、结构缝不得低于 0.75m，冷却水管不得穿过孔洞和结构缝，布置方向垂直于水流向布置，单根冷却水管不超过 250m。

（3）通水冷却。混凝土初凝后开始通水，连续通水冷却时间不小于 20d，水流方向每 24h 变化一次；冷却进水口温度 15～18℃，且通水水温与混凝土最高温差不大于 25℃；通水前 10d 最大降温速率每天不大于 1.0℃，通水流量不大于 1.5～2.0m³；后 10d 最大降温速率每天不大于 0.50℃，通水流量不大于 1.2m³；混凝土内部温度降至 30～32℃时停止通水，温度采用闷水温度值作为判断标准，并与埋设的温度计观测结果对比分析。

（4）冷却水管封堵。冷却水管通水结束至封堵之前，对冷却水管进出口采取封堵保护措施，避免杂物进入造成堵管。确定冷却水管使用完毕后，经监理人批准，采用水泥砂浆对冷却水管进行回填灌浆，然后切除并处理至满足混凝土外观要求。

5 结语

尾水调压室体共检测 13 条断面 1139 个点，合格点数 1076 个点，开挖断面偏差最大值 21mm，最小值 5mm，平均 8mm，合格率 94.5%；不平整度共检测 1611 个点，合格点数 1547 点，最大值 5mm，最小值 0，平均值 2mm，合格率 96.0%，达到优良标准。

2# 尾水调压室 2016 年 7 月 1 日开始施工，2017 年 7 月 6 日施工结束，施工时间共 371d；1# 调压室 2016 年 8 月 1 日开始施工，2017 年 10 月 2 日施工结束，施工时间共 429d。

黄登水电站调压室混凝土体型复杂，特别是四岔口位置，阻抗板面积大，且与几个圆弧隧洞顶拱同步施工，满堂架支撑体系受力复杂。通过合理地计算、现场严格认真按设计方案实施、每个加固拉筋及脚手架扣件检查到位，在确保安全前提下顺利圆满完成了混凝土施工。施工技术先进、经济合理、安全适用、工艺精益求精，确保了工程质量。尾调室获得业主样板工程称号并得到质量专家和外界人士一致好评，其施工技术经验非常值得同类工程借鉴。

免装修混凝土现场质量管理与控制

倪明辉　晏和林/中国水利水电第十四工程局有限公司

【摘　要】 华能澜沧江水电开发有限公司努力将黄登水电站打造为澜沧江上游"窗口电站"，高水平通过达标投产，争创"国家优质工程金质奖"，在引水发电系统 500kV 开关楼、主厂房安装间、主厂房板梁柱墙、左右端副厂房板梁柱、主厂房机墩、风罩以及主变室板梁柱、主排风楼板梁柱、进水塔启闭机排架等部位采用免装修混凝土施工，在水电工程的推广应用起到一定的引领作用。

【关键词】 免装修混凝土　质量管理　控制

1　前言

免装修混凝土要求一次成型，不做任何外装饰，直接采用现浇混凝土的自然色作为饰面，混凝土表面平整光滑，色泽均匀，无碰损和污染，主要施工程序与传统混凝土相近，但内实外美，可达到免装修效果。中国水利水电第十四工程局有限公司（以下简称"水电十四局"）黄登项目部于 2014 年年底完成清水混凝土工艺试验，取得令参建各方均满意的效果，随着工程建设的进展，引水发电系统各部位外露面混凝土相继开展免装修混凝土的施工，在实践中摸索出免装修混凝土施工质量管理与工艺控制的技术重点。

2　工艺试验方案准备

2.1　方案准备

根据华能澜沧江水电开发有限公司策划，由水电十四局黄登项目部开展清水混凝土工艺试验。项目部高度重视，聘请了水电十四局混凝土施工专家全程策划和指导，并组织了考察小组，于 2014 年 6 月初赴广东清远抽水蓄能电站进行地下发电厂房清水混凝土施工现场考察，与清水混凝土施工人员和管理人员进行了经验交流，为清水混凝土工艺试验的顺利进行打下了良好的基础。

2.2　配合比选择

项目部经过室内配合比试配，分别对不同的浇筑入仓方式和不同外加剂等进行了配合比试验工作，最终得到了最优配合比。免装修混凝土配合比见表1。

2.3　模板选择

分别选择了 PP 镜面复合模板、北新钢模、维萨木模板三种不同刚度、强度、光洁度和平整度等材质较好的模板，经过浇筑试验，根据所选三种不同模板浇筑成型质量指标检测结果判断：维萨木模板各项指标均优于PP复合模板、北新钢模仅垂直度略优于维萨木模板和PP复合模板。总体评价维萨木模板较好，PP复合模板次之，北新钢模略逊。最终确定免装修混凝土模板选用维萨模板。

表1　　　　　　　　　　　　　　　　　　免装修混凝土配合比

序　号	水胶比	砂率/%	设计坍落度/cm	容重	水/kg	水泥/kg	粉煤灰/kg	砂/kg	小石/kg	中石/kg	减水剂/kg
配比1（柱）	0.53	40	8～12	2480	140	211	53	830	498	748	2.112
配比2（柱）	0.45	45	12～16	2420	155	275	69	864	1057	—	2.752
配比3（墙）	0.46	44	12～16	2480	150	261	65	882	449	673	2.608
配比4（梁）	0.43	38	8～12	2480	140	261	65	765	500	749	2.608

3 现场施工质量管理与控制

3.1 基础面和施工缝处理

基础面凿毛完成后，利用高压水对基础面部位冲洗，局部积渣积水采用棉纱蘸水、小铲清理，最后利用棉布将积水吸附干净，确保缝面无杂物、无积水。

（1）为保证接缝处严密，不留缝，在上仓混凝土收仓时，将模板上口划线，将仓收成一条直线。模板拆模时不拆除上口模板保证接缝严密提高外观质量。

（2）施工缝和模板缝都是在混凝土外观上无法完全消除的痕迹，但在工艺上以模板拼缝为基础，将施工缝留置在模板缝处，将两者合二为一，在外观上只留有规则的模板拼缝，而消除施工缝的影响，提高外观质量。收仓时要将混凝土顶面浇筑到模板顶边，并加强振捣，减少气泡；沿模板顶边用铁抹子抹平、压实。

（3）为提高施工缝处外观，拆模后根据实际情况处理，如质量较差可以将施工缝向下 3cm 左右放出一条标准的水平线，用无齿锯沿水平线规则地切割一条深 1cm 左右窄缝，将缝上部的混凝土边缘剔除掉，形成规则的施工缝。

3.2 模板安装

（1）为使免装修混凝土成型外形美观大方、增加立体感，满足免装修混凝土的外观要求。对模板和 PVC "装饰线条"进行专项三维设计，在免装修混凝土柱、梁、预留孔洞转角部位安装 PVC 倒角线条，模板拼缝部位设置 PVC 明缝条，消除模板缝位置的混凝土面观感效果差的缺点。模板拼缝应纵横向对应，PVC 明缝条安装应做到纵横向缝面平、直，布置间排距按 $1.0m \times 1.5m$，局部根据模板和体型做适当调整。

（2）在安装过程中，由于 PVC 蝉缝条及 PVC 倒角线条均需加固在模板上，在拆除过程中容易损坏；另外，使用过一次的 PVC 倒角线条及 PVC 明缝条光滑面容易吸附混凝土，重复使用易造成混凝土面粗糙，从而影响外观。PVC 明缝条及 PVC 倒角线条不周转使用，一次性投入使用。

（3）将 PVC 倒角线条背面的直段与模板侧面用 2cm 长的铁钉钉在一起，铁钉每隔 20cm 钉一根，确保 PVC 倒角线条牢固固定在模板上。

（4）将钉有 PVC 倒角线条的木模板安装完成后，将另外一侧模板紧贴 PVC 倒角线条安装，然后采用模板加固体系对模板进行加固。

（5）为确保模板缝不漏浆，在模板缝中应先贴玻璃胶，然后再安装 PVC 倒角线条，保证两块模板间拼缝紧密。柱倒角线条及明缝条安装见图 1。

图 1 柱倒角线条及明缝条安装图

（6）模板拼装做到立模准确，支撑牢固可靠，模板安装完成后，测量人员及测量监理对模板进行校核、验收，校核过程中，及时对加固结构位置进行调整，保证混凝土体型满足设计要求。

模板工程质量控制：

（1）在进行待浇仓模板安装时，与已浇混凝土面搭接宽度不允许超过 5cm，立前，首先对与模板搭接部位的混凝土表面用 2m 靠尺检查平整度，对凸出部位进行打磨处理，对凹进部位先做好标识。并将混凝土表面冲洗干净。

（2）防漏浆控制。直立模与混凝土平面之间的接触面，必须在模板侧面与混凝土平面之间粘贴 1cm 厚的保温卷材或其他柔性材料，已浇混凝土壁面与模板之间须打玻璃胶或粘贴双面胶垫堵缝。

（3）对木背方的控制。以胶合板为面板的模板应选用厚薄一致、色泽均匀的优质板材，模板的覆膜要求厚度均匀、平整光洁、耐磨性高。模板固定木枋需采用压刨机刨平，保证模板安装平整，提高模板面平整。

（4）模板支撑控制。已安装的模板必须进行内拉内撑，保证拉条绷直，在混凝土浇筑过程，模板不产生变形。模板内支撑可采用 C25 钢筋或其他材料，在仓内可按每 $3m \times 3m$ 布置内支撑；在浇筑仓收仓线上口设置一排内支撑，其间距按每 2m 置 1 根内支撑布置。

（5）模板开孔拉筋工艺控制。为合理规划墙体拉筋孔，模板开孔采用电钻定位开孔，拉筋开孔在安装前完成，所有拉筋孔纵横对齐，间距一致。

对于外露于混凝土面拉筋均采用隐性内置式拉筋，混凝土浇筑后可将拉筋杆拧出，只在混凝土面留下规律布置的拉筋孔眼。这样由于没有拉筋杆外露，既方便模板拆除，又可将拉筋孔用预缩砂浆封堵后表面基本不留痕迹。对于墙或大截面结构柱采用对穿拉筋时，则在柱内拉筋外加 PVC 套管，拆模时将拉筋杆抽出，对孔眼用砂浆封堵。为防止套管与模板结合部位漏浆造成孔眼处外露表面缺陷，还可以对套管两端加橡胶塞，通过拉筋紧固将结合处压紧，从而留下规则的孔眼，拆模后将拉筋从 PVC 套管抽出，保证墙面无拉筋头，提高整体外观质量。立柱加固效果见图 2。

图 2 立柱加固效果

混凝土浇筑过程中，设置专人负责模板看护和巡检，混凝土浇筑过程中检查模板状态面，紧固拉杆螺栓，防止跑模，监控承重支架稳定性。

模板根据不同部位拆除，在混凝土达到规定的强度后才能拆除，拆模时要采取适当措施，不损伤混凝土及模板。

3.3 钢筋工程

（1）钢筋的具体位置是根据混凝土设计体型减去保护层来确定，所以，在测量放样时，现场技术人员一定要清楚放样的点位具体是模板边线还是钢筋边线，避免引用错误。对于水平纵横向钢筋采用划线法控制钢筋安装位置的准确性，但对于墙或柱的竖向钢筋除控制钢筋根部的定位准确外，还需控制好预埋钢筋茬的垂直度和大面平整度。

（2）为减少方形垫块与直立模之间的接触面，经过改进与试验发现半球形混凝土垫块可以大大减少垫块与直立模之间的接触面积，在钢筋与模板之间设置了 C30 的半球形混凝土垫块，设置强度不低于结构设计强度的半球形混凝土垫块来保证厚度。垫块应埋设钢筋并与钢筋焊接牢固。垫块应规律布置。在各排钢筋之间，用短钢筋支撑以保证位置准确，安装过程中，钢筋的安装位置、间距、保护层均严格按照设计图纸进行施工。

3.4 预埋件制安

（1）铁件预埋。各类预埋铁件，应按图加工、分类堆放，埋设前应将表面的锈皮、油污等清除干净；各种埋件的规格、数量、高程、方位、埋入深度及外露长度等均应符合设计要求。各高程的埋块经测量放线后统一找平，钢筋固定，紧贴模板布置，用短钢筋与结构钢筋焊接牢固，埋块拆模后及时找出。

（2）闭孔泡沫板安装。闭孔泡沫板安装采用水泥钉固定在已经浇筑完成的混凝土结构缝面上。在闭孔泡沫板安装前，必须对混凝土结构缝进行清理，干净无杂物后可进行闭孔泡沫板安装施工。安装时，闭孔泡沫板边线应与结构轮廓线重合，并且闭孔泡沫板在垂直缝的方向和顺缝的方向位置都符合设计要求，闭孔泡沫板是分块安装的，接缝处必须严丝合缝，并且保证接缝平整。

3.5 清仓验收

钢筋及模板安装完成后，再次对仓面进行清理，清除焊渣、焊条头以及垃圾等，组织现场管理人员及监理进行仓面验收，同时，做好混凝土浇筑前的各项准备工作，如拖泵、振捣器摆放到位，下料口布置完成。

分料点布置时，要保证分料点的均匀布置，混凝土平仓距离不超过 1.5m，下料口距混凝土面高度不超过 1.5m。

仓面验收前，首先由作业班组自检，要先进行模板堵缝、加固系统检查、模板平整度检查、测量及分缝堵头模检查，然后提交测量资料。各施工工序在完成后，施工技术人员二次检查，合格后再由技术员配合质检人员进行三检，并按照监理工程师批准的有关表格内容（基础、模板、钢筋、埋件）如实填写，经由质检员报监理工程师申请验收。各工序验收通过，仓面准备完成后，最后进行开仓验收和签混凝土浇筑开仓证。

3.6 混凝土入仓浇筑

免装修混凝土主要配合比见表 2。

表2　　　　　　　　　　　　　　　　　　免装修混凝土主要配合比表

强度等级	入仓方式	级配	水胶比	粉煤灰掺量/%	砂率/%	减水剂厂家及掺量/%	坍落度/cm	每方材料用量/kg						
								水	水泥	粉煤灰	砂	小石	中石	减水剂
C25W 10F50	泵送	二	0.40	15	43	PCA-I 0.9	12～18	145	308	54	814	593	485	3.26
	泵送	一	0.42	15	45	PCA-I 0.9	12～18	160	324	57	828	1011	0	3.43
材料说明	水泥采用云南三江水泥有限公司生产的P·O42.5；粉煤灰采用贵州黔桂发电有限责任公司生产的Ⅱ级灰和宣威发电粉煤灰开发有限责任公司生产的Ⅱ级粉煤灰（可等量代换）；减水剂：PCA-I为江苏苏博特新材料股份有限公司生产的聚羧酸高性能减水剂；粗骨料采用大格拉石灰岩骨料；细骨料采用大格拉石灰岩骨料													

（1）混凝土拌和与运输：①混凝土从180m³/h拌和系统拌制，混凝土要保证同一配合比，保证原材料不变；②搅拌运输车每次清洗后应排净料筒内积水，避免影响水胶比；③混凝土拌和物从搅拌结束到施工现场浇筑不宜超过1.5h，在浇筑过程中，严禁添加配合比以外的水。

（2）混凝土胶凝材料不少于340kg/m³，免装修混凝土应连续浇筑，各层间隔时间控制在60min以内，分层厚度控制在30cm左右，混凝土应采用二次振捣法，减少表面气泡，具体为：采用低频振捣45s后，静置0.5h左右后再振捣，二次振捣采用高频振捣，以混凝土翻浆不再下沉和表面无气泡泛起为标准。每层振捣时，振捣棒须插入至下层混凝土5cm，并严格控制振捣时间和振捣棒插入下一层混凝土的深度，防止出现明显的分层界面。振捣棒不得触及模板，且距模板的水平距离不宜小于振捣器有效半径的1/2。对大体积及墙体混凝土，采用自然流淌，按"一个坡度、薄层浇筑，顺序推进、一次到顶"的原则进行。

混凝土浇筑过程中，须由培训合格的振捣工进行振捣，仓内若有粗骨料堆积时，应将骨料均匀地散布于砂浆较多处，但不得直接用水泥砂浆覆盖，以免造成内部蜂窝。按顺序依次振捣，以免漏振，振捣器前后两次插入混凝土中的间距，应不超过振捣器有效半径的1.5倍（一般为50～70cm）。浇筑块的第一仓混凝土以及后续混凝土卸料后的接触处，应加强平仓振捣，以防漏振。

3.7　拆模、成品保护、养护

（1）拆模：结构柱模板、楼板底模、主梁底模、框架梁底模需在混凝土强度达到设计强度的75％时方可拆除。

（2）成品保护：采用表面透明涂装的方式对免装修混凝土表面进行处理，以保证永久的装饰效果。黄登电站免装修混凝土在表面涂刷BT-2020型混凝土永凝液，拆模后立即涂刷。

（3）墙体混凝土在拆除模板后用塑料薄膜封闭混凝土表面，免装修墙体底部2m范围采用三合板保护，柱子采用保温被保护，柱边角和墙转角采用角钢保护。

（4）混凝土养护：①混凝土浇筑完成后6～18h内开始进行洒水养护，其养护时间不少于28d；②洒水养护完成后，将永凝液喷洒在混凝土表面，永凝液与混凝土表面结合成一层薄膜，使混凝土表面与空气隔绝，封闭混凝土中水分不再被蒸发，完成水化作用。

4　主要采取的管理方法

项目部成立免装修混凝土浇筑质量控制小组，由质量管理部门牵头，由试验室、拌和楼、总调室等相关部门组成，从原材料、工艺标准化、首建制会议、仓面清单检查验收、施工过程等各方面严格管控混凝土浇筑质量。

4.1　严格执行技术质量交底制度

混凝土施工前，必须由项目部质量、技术、安全等相关部门对混凝土仓面特点，施工资源配置，技术质量要求、控制重点，施工方法、工艺，质量安全保护措施，特殊情况处理等相关细节对现场施工人员进行交底。

4.2　配合比审批制度

混凝土施工前根据板梁柱及外露墙面的施工特点及性能要求进行混凝土配合比设计试验，确定最优配合比报监理审批后执行。

4.3　原材料进场验收制度

对使用的所有原材料，及时按照本标技术规范以及相应的规程规定进行取样试验，经检验合格方可使用。免装修混凝土要求同一部位采用同一厂家、同一批次原材料。

4.4　模板预验收、钢筋、预埋件出厂验收制

为确保混凝土施工质量，板梁柱及墙面混凝土所用

模板统一使用维萨建筑模板，钢筋及预埋件均由钢筋厂统一按照图纸规格尺寸进行加工，所有钢筋及预埋件均需经三检及监理验收合格后，方可出厂。

4.5 推行工艺标准化施工

结合现场施工情况及技术要求编写各道工序施工工艺标准化手册，明确各工序施工标准，做到统一、规范，确保工序施工质量。以工艺质量控制为核心，在混凝土工序推行工艺标准化，规范各作业队工艺施工细节，抓好施工工艺过程各环节管理，做到持续改进与提高，从而达到"以工艺保质量"的质量管理目的。制定了《止水安装Ω围枠》《混凝土收仓面平整》《预埋件埋设》《模板安装》《混凝土浇筑》等工艺标准化手册，手册图文并茂，简单易懂，从细节入手，将工艺标准化制作成小册，在作业层培训，通过工艺标准化推广，有效规范作业人员不良作业习惯，提升工程质量。

4.6 混凝土出楼许可制

每盘混凝土拌和物均由试验人员、拌和楼质检员对其外观质量、拌和物均匀性进行检查，并按照检测要求，对混凝土出机口温度、坍落度、含气量、力学性能进行取样检测。混凝土拌制过程中出现异常，及时通知相关人员和监理工程师进行处理，杜绝不合格拌和产品。

4.7 严格执行"三检制"及"工序验收制度"

现场三级质量管理人员严格按照技术及措施要求对模板、钢筋、基础面等各道工序施工质量进行管控，上道工序未经验收合格，严禁进入下道工序施工。逐级逐项对工序施工质量进行验收，层层把关，及时发现解决问题。

4.8 落实岗位责任制

混凝土施工前做好仓面设计，确立管理人员名单，落实资源配置及部门岗位职责，确保各部门管理人员分工明确且协同合作，对现场施工人员进行责任分区、并根据实际浇筑效果对相关人员进行考核，奖优惩劣实行淘汰制，从人员素质上确保混凝土施工质量。

4.9 及时总结、不断提高

浇筑完成后及时召开总结会、归纳总结浇筑过程中出现的问题，做到"一仓一总结、三仓定标准"的原则，避免问题的二次出现，吸取教训，积累经验，不断优化浇筑工艺，提升混凝土浇筑质量。

5 主要实物工程质量指标

经自检，厂房水轮机层至发电机层混凝土体型整体控制较好，外观整洁美观，各质量指标均达到清水混凝土应用技术要求 JGJ 169—2009，具体数据统计如表3所列。

表3　　　　　　　　　　　混凝土质量检测数据统计表

检查项目	检查断面/条	测点数/个	偏差值				合格点数	合格率/%
			最大偏差值	最小偏差值	平均偏差值	设计允许偏差		
体型偏差	—	429	2.8	4.1	0.9	2cm	395	92.1

检查项目	检测仪器	检测点数/个	最大值	最小值	平均值	设计标准	合格点数	合格率/%
不平整度	2m靠尺	369	5	0	1	3mm	346	93.7

6 结语

通过以上措施使黄登水电站免装修混凝土外观成型美观、平整、光滑，色泽均匀，蝉缝、明缝平直，倒角圆滑，达到了免装修效果，达到公司同建项目的先进水平，得到了参建各方好评。

黄登水电站聚丙烯粗纤维喷射混凝土试验及应用

杨子强/中国水利水电第十四工程局有限公司

【摘　要】　钢纤维是目前水电站地下工程广泛使用的喷纤维混凝土掺料，具有成熟的经验，随着科技发展，一种可代替钢纤维的聚丙烯粗纤维材料被研发、采用，并在国内广东清远抽水蓄能电站、四川锦屏一级电站及在建的乌东德电站等多处工程使用，为了确认聚丙烯粗纤维在实际过程中的使用效果，本文重点阐述了黄登水电站聚丙烯粗纤维（以下统称粗纤维）与钢纤维喷射混凝土的试验对比，并通过粗纤维在各洞室的现场使用情况，对比出粗纤维喷射混凝土的优势，也对涉及的其他水电工程起到了推广作用。

【关键词】　黄登水电站　粗纤维　试验　应用

1　工程简介

黄登水电站位于云南省兰坪县境内，采用堤坝式开发，是云南澜沧江上游古水至苗尾河段水电梯级开发方案的第五级水电站，引水发电系统布置在左岸地下，由引水系统、地下厂房洞室群、尾水系统及500kV地面GIS开关站等组成，引水发电系统各地下洞室在前期开挖支护过程中主要采取钢纤维喷混凝土喷射支护的方式，一种可代替钢纤维的粗纤维材料不断被研发、采用。结合黄登电站自身的实际情况，根据粗纤维、钢纤维喷射混凝土试验大纲，通过对两种材料喷射混凝土的室内及现场试验，在满足设计技术指标的要求下，确定出粗纤维喷射混凝土在施工过程中较钢纤维喷射混凝土的优势，并将粗纤维喷射混凝土的相关配合比及施工方案应用于黄登水电站各大洞室的开挖支护中，通过各大洞室支护过程中的现场应用，得出粗纤维喷射混凝土在施工过程、经济性能、支护效果等方面的优势，也为后续喷射混凝土支护类型的选择提供了参考及推广作用。

2　粗纤维运用

粗纤维以聚丙烯为材质，是兴起于20世纪末的新型增强、增韧材料，在欧美国家已广泛应用三十多年，是我国近年来发展迅速、应用量较大的复合新型材料，根据国家建设部《建设事业"十一五"推广应用和限制禁止使用技术公告（第一批）》文件，聚丙烯纤维混凝土技术是建设部"十一五"重点应用推广的技术，其正以优良的性价比和优良的施工性能逐步代替钢钎维而在全世界广泛地推广及应用。粗纤维形状设计独特（鱼骨形）、质轻、耐腐蚀、易均匀分散、握裹力强，显著提高混凝土的韧性、抗冲击、抗疲劳、抗渗、抗冲磨、抗震防爆性能，有效提高混凝土的抗裂性能，在喷射混凝土中具有显著的优势，在水泥混凝土中代替钢筋网、钢钎维，进行增强防裂，是一种具有广泛应用前景的混凝土增强新型材料。

二十多年来，我国的聚丙烯纤维混凝土学术研究和工程应用技术取得了巨大的发展，聚丙烯纤维混凝土的优秀作用越来越受到人们的重视，也得到工程界的更广泛应用。

3　室内及现场对比试验

结合黄登水电站地下工程实际情况，根据粗纤维、钢纤维喷射混凝土试验大纲，通过对粗纤维、钢纤维喷射混凝土两种材料的不同掺量的室内及室外试验，确定出两种材料对喷射混凝土的抗压强度、抗拉强度、抗渗等级检测、抗冻等级检测、极限拉伸值检测、与围岩的黏结力、弹性模量、喷射回弹量指标的影响。

其中，粗纤维原材料的质量指标规定为由高分子化合物制成的化学纤维，外观色泽均匀，表面无污染，粗纤维直径为 0.1～0.5mm，长度 30～40mm，断裂强度不小于 450MPa，断裂伸长率不大于 30％，耐碱性能不小于 95％；钢纤维原材料的质量指标规定为采用冷拉钢丝型钢纤维，两端弯钩，钢纤维抗拉强度不小于 1.0MPa，钢纤维直径为 0.4～0.7mm，长度 20～40mm（不得大于 40mm），长径比不小于 50，且拌制过程中钢纤维分散均匀，无结团弯折现象出现，室内及室外试验使用的两种原材料的性状均符合上述规范要求。

3.1 室内试验

按照相关规范及推荐配合比拌制喷射混凝土，在室内喷射钢纤维混凝土、粗纤维混凝土各取 1 组试块进行试验，测定试块抗拉、抗渗、抗冻、极限拉伸、弹性模量指标，检测结果见表 1。

表 1　　　钢纤维、粗纤维混凝土室内
试验检测结果表

试验项目 项目名称	抗拉 /MPa	抗渗	抗冻	极限拉伸	弹性模量 /MPa
粗纤维喷射混凝土	2.6	合格	合格	151×10⁻⁶	2.35
钢纤维喷射混凝土	2.3	合格	合格	158×10⁻⁶	2.41
技术要求（第 A 版）	≥1.0	W10	F50		≥2.1×10⁴

3.2 现场试验

施工场地试验选在尾闸交通洞 0+0～0+48 桩号段（断面周长为：23.8m），两种材料分别选取 5m 段长度的边顶拱进行喷射试验，两种材料试验配合比为通过室内试验确定的唯一配合比，喷射混凝土厚 20cm，共计 10m 长，需喷混凝土 60m³。现场喷射后做混凝土与围岩的黏结力检测、并进行不同部位（顶拱、边墙）的喷射回弹量的测试。具体试验步骤如下：

（1）试验前在预定进行黏结强度试验的隧洞区段选择厚约 50mm、长宽尺寸略小于模板尺寸的岩块。

（2）将选择好的岩块置于模板内，在与实际结构相同的条件下喷射混凝土，喷射前，先用水冲洗岩块表面。

（3）喷成后，在与实际结构物相同的条件下养护至 7d 龄期，用切割法去掉周边，加工成边长为 100mm 的立方体试块（其中岩石和混凝土的厚度各为 50mm 左右），养护至 28d 龄期，在岩块与混凝土结合面处，用劈裂法求得混凝土与岩块的黏结强度值。

现场取样检测结果见表 2～表 4。

喷混凝土回弹试验及喷混凝土现场试验照片见图 1、图 2。

表 2　　现场喷射钢纤维和粗纤维检测结果表

试验项目 项目名称	混凝土与围岩 的黏结力 /MPa	顶拱 回弹量 /％	边墙 回弹量 /％	纤维混凝 土掺量的 分散性 /％
粗纤维喷射混凝土	1.0	18.0	12.5	133.8
钢纤维喷射混凝土	1.7	21.0	13.8	82.6
技术要求（第 A 版）	≥0.8			

注　纤维混凝土掺量的分散性，各取 10kg 拌和物，水洗做对比试验，看分散的含量大小。

表 3　　　　　　　　　　　　钢纤维、粗纤维现场喷射混凝土大板配合比及抗压强度表

强度等级	W/C	坍落度 /cm	W /kg	C /kg	S /kg	G /kg	YYSⅣ 速凝剂/(kg/m³)	FDN-MTG 减水剂/(kg/m³)	纤维掺量 /(kg/m³)	7d 抗压 强度/MPa	28d 抗压 强度/MPa
钢纤维 C30W10F50	0.41	14～18	210	512	959	639	40.96	4.096	40	27.3	37.8
粗纤维 C30W10F50	0.40	14～18	210	525	951	634	42	4.2	7	27.8	38.7
备　注	水泥采用云南祥云县水泥有限公司的生产 P·O42.5 型水泥；减水剂采用昆明泥康建筑材料有限公司生产的 FDN-MTG 缓凝高效减水剂，掺量为 0.8％；速凝剂采用巩义市豫源建筑工程材料有限责任公司生产的 YYSⅣ型无碱液体速凝剂，掺量为 8％										

表 4　　　　　　　　　　　　喷射混凝土取样耐久性试验检测表

试验项目 项目名称	抗拉 /MPa	抗渗	抗冻	极限拉伸	弹性模量 /MPa
粗纤维喷射混凝土	2.8	合格	合格	153×10⁻⁶	2.33
钢纤维喷射混凝土	2.5	合格	合格	163×10⁻⁶	2.46
技术要求（第 A 版）	≥1.0	W10	F50		≥2.1×10⁴

图1 喷混凝土回弹试验

图2 喷混凝土现场试验

4 试验对比及配合比确定

上述材料性能指标对比和试验成果表明：粗纤维和钢纤维推荐的施工配合比均能满足设计和施工要求，但粗纤维材料喷射混凝土在各项性能方面要强于钢纤维，

并得到业主、设计、监理的一致肯定，明确黄登水电站引水发电系统开挖支护工程中挂网钢筋加素混凝土、钢纤维混凝土调整为粗纤维混凝土。

根据现场喷射混凝土大板的强度，对推荐粗纤维配合比进行了微调，最终确定黄登水电站粗纤维喷射混凝土施工配合比（见表5）。

表5　　　　　　　　　　　黄登水电站粗纤维喷射混凝土施工配合比

强度等级	水胶比	坍落度/cm	W/kg	C/kg	S/kg	G/kg	YYSⅣ速凝剂/(kg/m³)	FDN-MTG减水剂/(kg/m³)	粗纤维/(kg/m³)
粗纤维C30W10F50	0.40	14~18	210	520	951	634	42	4.2	7
备注	生产使用的外加剂需与试验相同，若要更换须进行相关的试验，根据沙子含水率适当调整用水量								

5 现场应用效果

根据深圳市维特耐新材料有限公司研究表明：粗纤维对混凝土的早期抗裂性能与素混凝土相比有显著提高，且粗纤维的存在，有效地提高了混凝土的抗拉强度、抗折强度、有效地控制了混凝土的早期收缩裂缝，阻碍了裂缝的发展和延伸，提高混凝土的耐久性。粗纤维混凝土的抗冲击性不亚于钢纤维混凝土，在隧道喷射混凝土中能提高混凝土的抗弯强度和弯曲韧性，提高一次喷射厚度，减少回弹量，堵管、投料和搅拌都非常方便，且不损坏施工设备，提高效率，节省成本。

通过试验成果对比，在黄登水电站三大洞室顶拱（主厂房、主变室、尾水调压室）的开挖支护过程中，开始用粗纤维取代钢纤维进行喷锚支护，根据粗纤维喷射混凝土的现场应用情况以及与前期钢纤维喷射混凝土的对比，在满足设计技术指标的要求下，黄登水电站粗纤维在施工过程中比钢纤维的优势主要如下：

（1）粗纤维很轻，每方混凝土中的掺量小，投料方便，减少了拌和与材料运输的工作量。

（2）粗纤维混凝土现场拌和物没有结团、泌水现象，分散性、和易性好，对搅拌设备、泵送设备、软管、喷嘴的磨损小。喷射流畅，无堵管现象，喷射均匀、表面平整度高。

（3）粗纤维混凝土回弹量少，材料可有效利用，浪费少，污染小、效率高。

（4）粗纤维混凝土的运用有效替代了挂网钢筋，施工方便、安全、省时。

（5）粗纤维对提高混凝土的早期抗压强度、弯拉强度有显著作用，减少混凝土早期表面裂缝。

（6）粗纤维混凝土火灾后，纤维具有阻止混凝土膨胀爆裂的效用，且当它燃烧时，不会产生氮气、氧化硫、氯气等有害气体（粗纤维提高混凝土抗高温爆裂的机理是高温融化了纤维，形成气体散失的通道，混凝土内部的温度及气体压力明显减小，使混凝土抵抗膨胀爆裂的能力和耐火性增强）。但是，纤维为高分子化合物，在运输、储存、施工过程中要注意防火。

（7）粗纤维的经济性能远比钢纤维好。

6 结语

根据黄登水电站粗纤维喷射混凝土的实际应用,得出粗纤维喷射混凝土无论在施工过程还是在经济性能、支护效果等方面相较于钢纤维混凝土都有着明显的优势,在优化施工方法、节约施工成本的同时,也提升了工程本身的施工进度。粗纤维喷射混凝土正以优良的性价比和施工性能代替钢纤维得到工程界广泛的推广及应用。

高温季节蜗壳层混凝土施工裂缝控制

高丰仕/中国水利水电第十四工程局有限公司

【摘　要】 为了确保高温季节蜗壳层混凝土的施工质量，防止出现表面和贯穿性裂缝，从原材料、拌制、运输、浇筑和养护等各个环节采取有效的方法进行控制，减小混凝土内部和表面的拉应力，从而保证结构物的安全。

【关键词】 裂缝成因　温控计算　裂缝控制技术措施

1　工程概况

黄登水电站位于云南省怒江州兰坪县境内，是澜沧江上游古水至苗尾河段水电梯级开发方案的第二级水电站，以发电为主。夏季（5—9月）平均地温30.9℃左右，极端气温达到42.7℃，蒸发量大。电站地下厂房蜗壳层混凝土浇筑高峰期正处于夏季高温时段，地下厂房虽没有阳光直射，但厂房内空气流通较快，水分极易损失，若不采取有效措施，极有可能产生温度裂缝。针对这种对混凝土施工不利的自然因素，在施工过程中反复研讨整合混凝土施工方面的前沿技术，优化施工方案，采取了综合性的蜗壳层混凝土温控技术专项措施，从而有效防止了表面性和贯穿性的裂缝出现，保证了混凝土的施工质量，并积累了预防表面性和贯穿性裂缝的技术参数及施工经验，为后续蜗壳层混凝土浇筑施工工程奠定了坚实的基础。

2　混凝土的温度裂缝成因浅析

2.1　表面裂缝——产生在混凝土升温阶段

混凝土在硬化期间会释放大量的水化热聚集在蜗壳层混凝土的中心部位，使中心部位的温度急剧上升，而表面和边界受气温的影响较低，这就会使混凝土产生温度裂缝。此电站厂房蜗壳外围属于大体积混凝土，这样就形成了内外温差很大使混凝土内部产生压应力，表面产生拉应力，当温度超过一定限值（内部温度不得大于43.0℃），混凝土龄期未到，表面拉应力超过混凝土自身的抗拉强度时，极易在新浇筑混凝土表面产生温度裂缝。

2.2　收缩裂缝——产生在混凝土降温阶段

混凝土硬化降温过程中内部拌和水的水化逐渐散热产生收缩以及胶质体的胶凝作用，促进了混凝土的收缩。这两种收缩在进行过程中，由于受到基底及结构本身的约束，会产生收缩应力（拉应力），当这种收缩应力超过一定的限度，所产生的温度应力就足以在新浇筑的混凝土中产生收缩裂缝甚至是贯穿性裂缝。贯穿性裂缝会对混凝土结构的安全造成相当大的危害。

3　混凝土温控计算分析

黄登水电站蜗壳外围混凝土施工，根据招投标文件中技术要求，蜗壳层混凝土全部采用温控混凝土，结合《引水发电系统混凝土原材料及温度控制施工技术要求》（以下简称《规范要求》），蜗壳混凝土容许最高温度按照浇筑块长边长度控制，蜗壳层混凝土浇筑块长边长度为35m，混凝土容许最高温度为43℃，而混凝土最高温度主要由混凝土浇筑温度加上混凝土绝热温升最高温度得到，因此需对蜗壳混凝土浇筑温度及绝热温升最高温度进行计算。同时，由于主厂房蜗壳混凝土采用一级配及二级配混凝土量较小，主要浇筑坍落度为8～10cm的C25W10F50（三级配）混凝土，因此仅对C25W10F50（三级配）混凝土进行温控计算分析。

3.1　混凝土温控计算

相关温控计算中同一浇筑厚度不同龄期情况下的降温系数如表1所示。

表1 浇筑厚度为 4.00m 时不同龄期

降温系数 $\xi_{(t)}$

龄期 t/d	3	6	9	12	15	18	21	24	27	30
降温 系数 $\xi_{(t)}$	0.74	0.73	0.72	0.65	0.55	0.46	0.37	0.3	0.25	0.24

根据表1的降温系数最终测算得到各龄期混凝土中

心温度 $T_1(t)$ 值和各龄期混凝土表面温度 $T_2(t)$ 值，见表2、表3。

表2 各龄期混凝土中心温度 $T_1(t)$ 值   单位：℃

$T_1(3)$	$T_1(6)$	$T_1(12)$	$T_1(15)$	$T_1(18)$	$T_1(21)$	$T_1(24)$	$T_1(27)$	$T_1(30)$
41.35	41.08	38.88	36.13	33.65	31.18	29.25	27.88	27.60

表3 各龄期混凝土表面温度 $T_2(t)$ 值   单位：℃

$T_2(3)$	$T_2(6)$	$T_2(9)$	$T_2(12)$	$T_2(15)$	$T_2(18)$	$T_2(21)$	$T_2(24)$	$T_2(27)$	$T_2(30)$
33.91	33.72	35.54	34.26	32.42	30.77	29.12	27.84	26.92	26.73

由上可得混凝土中心温度 $T_1(t)$ 值与其混凝土表面温度 $T_2(t)$ 值之差 = 41.35−33.91 = 7.44℃ < 25℃，因此本工程蜗壳混凝土施工需采取浇水养护及保温，即可保证施工质量。

3.2 混凝土温控分析

混凝土最高温度主要由混凝土浇筑温度加上混凝土绝热温升最高温度得到，根据上述对 C25W10F50（三级配）混凝土进行的绝热温升最高温度及浇筑温度计算结果，主厂房蜗壳层主要采用的坍落度为 8～10cm 的 C25W10F50（三级配）混凝土最高温度约为 48.5℃（27.5℃ + 21℃），大于《规范要求》中规定的混凝土容许最高温度 43℃。

4 混凝土温度裂缝的控制技术措施

根据上述蜗壳层混凝土温控计算成果，主厂房蜗壳层混凝土最高温度约为 48.5℃，大于《规范要求》中规定的混凝土容许最高温度 43℃。为保证蜗壳层混凝土最高温度不超过设计技术规定的容许最高温度，主要采取埋设冷却水管通水进行混凝土降温，并还从选用合适的原料和外加剂、控制浇筑温度、采取表面浇水降温等方面进行混凝土降温，以满足施工要求。

4.1 冷却水管埋设通水降温措施

为保证蜗壳层混凝土最高温度不超过本工程施工技术要求中规定的混凝土容许最高温度，主厂房蜗壳层混凝土第Ⅰ～Ⅲ层均需采取埋设冷却水管进行通水降温处理。具体通水方案如下：

（1）冷却水管管材要求。根据设计要求在混凝土内部埋设 A32HDPE 镀锌钢冷却水管，并控制进水温度在 12℃以下，其内径为 28mm。

（2）冷却水管埋设原则。

1）冷却水管埋设不允许穿过横缝及各种孔洞，且埋设距上下游仓面、各种孔洞周边及横缝、施工缝和临

时缝的距离为 0.5～1.0m。

2）冷却水管布置在每个浇筑层的底部或浇筑坯层中，冷却水管的铺设，应保证不影响混凝土覆盖时间。无论水管铺设在任何部位，均应保证水管在施工过程中不破损。

3）混凝土开仓即进行通水冷却，通水过程中根据监测水温和浇筑混凝土的温升情况及时调整通水流量和通水水温。

4）冷却水管进、出口间距不小于 50cm，管口外露不小于 20cm，且进出口挂牌标示以免混淆，通水冷却安排专人负责，并及时按设计要求进行温控数据的采集工作。

5）冷却水管单根长度不超过 250m，间距、层距按温控分区要求执行，冷却水管铺设过程中严格控制间距。

6）每根冷却水管必须与供水主管单独连接，保证最大冷却水流量，并在冷却水管布设完成后，进行冷却水管通水监测，确保冷却水管路完好、通畅。

（3）冷却水管埋设。厂房蜗壳层混凝土共分3层进行施工，第Ⅰ层分层高度为 4.0～2.4m；第Ⅱ层施工分层高度为 3.95m；第Ⅲ层分层高度为 3.0m。根据蜗壳层混凝土施工分层情况，结合蜗壳层基础面混凝土按顺时针方向依次分为三个不同高程平台的情况，拟对蜗壳第Ⅰ层混凝土冷却水管采取分区预埋，混凝土开仓前，将预埋的冷却水管进行通水测试，检查水管和接头有无漏水。

（4）冷却水管通水技术要求。根据相关要求，冷却水管进水温度需控制在 12℃以下，混凝土浇筑至覆盖冷却水管即可连续通水冷却，每天改变一次水流流向，通水时间为 20d，前 10d 每天降温速度不超过 1℃，通水流量 1.5～2.0m³/h，后 10d 每天降温速度不超过 0.5℃，通水流量不超过 1.2m³/h，根据混凝土温度变化情况，可适当调整通水流量和时间。混凝土内部温度降至 30～32℃时，停止通水。

4.2 其他温控措施

在蜗壳层混凝土施工过程中，为了满足蜗壳混凝土温控设计要求，除了采取埋设冷却水管进行通水降温措施外，还将从选用合适的原材料，优化混凝土配合比，降低水化热温升，控制出机口温度，选择合理的施工工艺，采取相应的养护措施等方法消减混凝土最高温度，以保证混凝土结构的施工质量。

（1）原材料选用。水泥水化热是蜗壳层混凝土发生温度变化而导致体积变化的主要根源，为减少水泥水化热温升，电站采用了云南祥云水泥有限公司生产的P·O42.5中热硅酸盐水泥配制混凝土。根据试验每减少10kg水泥，其水化热将使混凝土的温度相应下降1.6℃，且粉煤灰的水化热远小于水泥水化热。因此，在进行混凝土配合比设计时，除满足混凝土强度等级、抗冻、抗渗等主要指标外，还需优化混凝土配合比设计，胶凝材料用量不大于300kg/m³，适当提高混凝土中粉煤灰的掺量，尽量减少水泥用量以降低水化热温升。

（2）混凝土配合比优化。为保证主厂房蜗壳层混凝土的温控防裂效果，对蜗壳层混凝土配合比进行了优化，根据相关设计技术要求。为控制蜗壳层温控混凝土绝热温升，要求主厂房蜗壳层混凝土尽量采用6～8cm低坍落度的三级配混凝土，因此蜗壳混凝土主要选用优化后的、坍落度为8～10cm的C25W10F50（三级配）混凝土。

（3）控制浇筑温度。浇筑温度的高低将严重影响混凝土最高温度是否满足设计要求，浇筑温度的控制需从出机口温度、运输过程中的温升、施工工艺等方面进行。

1）严格控制混凝土出机口温度不大于18℃若混凝土出机口温度超过标准，需对拌和楼骨料进行加冰或预冷。

2）高温天气期间，粗、细骨料堆场的上方布设遮阳棚或在料堆上覆盖遮阳布，降低其含水率和料堆温度。同时，提高骨料堆料高度，当堆料高度大于6m时，骨料的温度接近月平均气温。

3）高温季节拌和混凝土时，设置混凝土搅拌用水池（箱），拌和水内可以加冰屑或冷却骨料，降低出机口温度。

4）夏季浇筑时间尽量安排在低温时段（阴天或夜晚或早晨）。

5）加强管理和沟通协调，管理人员必须根据现场的入仓情况安排罐车在拌和楼的装料时间，防止混凝土在罐车内待料入仓时间过长。

6）在混凝土运输车的罐体上喷洒冷水或裹覆湿麻袋片，减少运输过程中混凝土温升。

7）混凝土入仓过程中的温升主要受入仓时间影响，尽量减小入仓时间，投入足够的人力资源和设备，在满足模板等安全的情况下迅速入仓，将每个铺料层间完全覆盖时间控制在3～4h之内，控制混凝土入模前的温度。

8）混凝土浇筑过程中采用薄层铺料方式，加快混凝土层面的覆盖速度和平仓振捣速度，做到不堆料、压料，提高混凝土浇筑入仓强度，缩短混凝土层覆盖时间（控制坯层覆盖时间在4h以内）。

（4）表面流水养护降温。

1）在蜗壳的内支撑上采用 φ25 花管对钢管内壁通常流水喷洒养护，以起到降温作用。花管数量及其位置根据现场实际情况确定，但要保证钢管内壁能被水全部湿润，或设专用水管指定专人定时在钢管内壁冲水降温。

2）混凝土浇筑完成后及时对混凝土表面及模板外侧进行洒水养护，保持混凝土表面湿润，以达到表面散热降温的效果。

5 混凝土温度监控措施

蜗壳层混凝土的温度监测包括出机口温度监测、每个铺层浇筑温度监测、浇筑后的定时监测，在混凝土施工的整个过程对数据做了详尽测量和记录。其中浇筑后的定时监测措施具体为：埋设、监测、分析。

5.1 温度计的埋设

根据温控技术要求，对每仓混凝土均埋设电阻式温度计进行监测，及时掌握混凝土的温度历时曲线。在单机组段蜗壳混凝土浇筑时，每仓混凝土内埋设4支温度计，温度计埋设在两层冷却水管中间部位，以提高温控混凝土测温准确性。

5.2 温度监测

混凝土开仓前首先对仓内温度进行测量，待混凝土浇筑完成后，再对混凝土内部温度进行测量。在混凝土最高温升出现前，测量频率为：开始浇筑至浇筑完成7天为2h/次，之后为1d/次，温度出现高峰值期间要加密测量频次。根据混凝土温度，及时调整通水流量，保证混凝土温控满足设计技术要求。

5.3 单台机组蜗壳层外围混凝土测温结果与分析

根据施工技术要求与设计规范对2#机组蜗壳层第一层进行了温度检测跟踪，形成了鲜明的温度曲线（见图1）。

混凝土温度历时曲线表明：

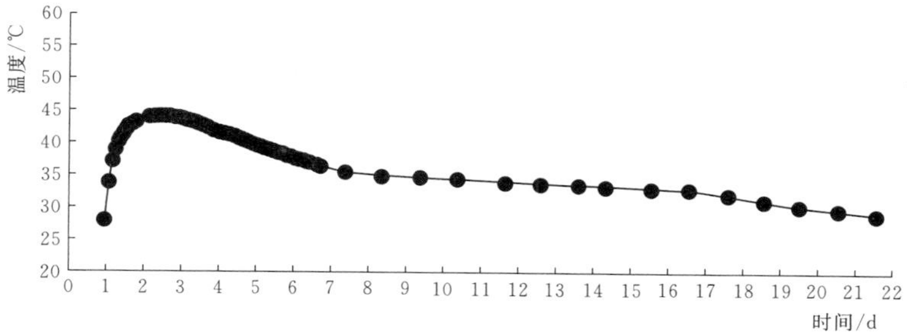

图1 2♯机组蜗壳混凝土内部温度历时曲线

混凝土各部位温度变化趋势呈抛物线分布，$T_{max}=43.1℃$。

抛物线下降较为平缓降温速率控制在 3℃/d 范围内，混凝土内表温差在 22～18℃ 之间，小于 25℃，从上面分析表面温控技术措施是有效的。

本水电站地下厂房蜗壳外围混凝土工程由于在施工中认真采取了以上各项保温保湿措施，养护阶段结束后经检查认真排查未发现任何裂缝。

6 对高温季节蜗壳层混凝土施工的初步认识

此水电站地下厂房机组机墩混凝土工程施工，没有出现任何影响混凝土质量的问题。其主要做法是：优化混凝土配方比。选用了合理中热硅酸盐水泥、掺合减水剂与粉煤灰同粗骨料碎石优化配方使每方混凝土中水泥用量和用水量减少；提高混凝土的搅拌、运输、振捣、平仓等操作质量，合理规划浇筑时间，完善了浇筑全过程工艺，从而增强了混凝土的抗拉强度，混凝土浇筑完成后及时对混凝土表面及模板外侧进行洒水养护，保持混凝土表面湿润，以达到表面散热降温的效果。综上所述，在高温季节对蜗壳层混凝土施工中只要采取行之有效的措施，混凝土表面甚至是贯穿性的裂缝是完全可以控制的。

7 结语

总而言之在蜗壳层混凝土的施工中，针对质量通病的防治，需在材料、设计、施工、养护等四方面加以管理，在减小约束应力、减小混凝土内外温差、优化配合比设计、控制好原材料质量、改善施工工艺、提高施工质量、做好温度监测工作及加强养护等，坚持严谨的施工组织管理。最大限度预防和减少蜗壳层混凝土裂缝的产生，消除和减少质量通病，将工程裂缝损害控制到最小限度，使蜗壳层混凝土的质量得到有效保证。

鲁地拉水电站蜗壳层混凝土施工质量控制

曾玉林/中国水利水电第十四工程局有限公司

【摘　要】　介绍鲁地拉水电站蜗壳层混凝土分层及混凝土浇筑施工工艺、工序质量控制、温度控制，工序施工质量满足设计和规程或规范要求。蜗壳混凝土内部密实，表面光洁，阴角部位饱满，质量控制达到优良标准。

【关键词】　蜗壳　混凝土　施工质量控制

1　概述

鲁地拉水电站工程是金沙江中游河段梯级开发的第七级水电站，上接龙开口水电站，下接观音岩水电站。电站是以发电为主，兼有水土保持、库区航运、旅游等综合效益的水利水电枢纽工程。电站属大（Ⅰ）型一等工程，主要建筑物为1级，次要建筑物为3级。枢纽主要建筑物由碾压混凝土重力坝、右岸地下厂房、泄洪表、底孔等建筑物组成。水库正常蓄水位为1223m，总库容为17.8亿m³，右岸地下厂房安装6台360MW水轮发电机组，总装机容量为2160MW。

右岸地下厂房工程处于右岸山体中，水平埋深达190～460m，垂直埋深达140～356m。主要地下建筑物包括6条引水隧洞下平段、地下主副厂房、主变室、6条母线洞、3个长廊式调压室、6条尾水管、3条尾水隧洞、其他辅助洞室及进厂交通洞等。其中主厂房包括安装间、主机间和副厂房，呈"一"字形布置，安装间布置在主机间右侧，副厂房布置在主机间左侧，主厂房最大开挖尺寸为269m×29.2m×75.6m（长×宽×高）；1#～6#机组蜗壳层混凝土浇筑高程为1118.00～1130.50m，主要由基础环、蜗壳、楼梯间、吊物孔、蜗壳进人廊道、进水车室廊道、冷却器坑、调速管路廊道及接力器坑等组成。

2　施工程序和方法

2.1　施工程序

蜗壳层主要施工项目包括混凝土浇筑、钢筋制安、预埋件安装、止水安装、插筋施工、弹性垫层施工及灌浆等。其中蜗壳阴角区、三期混凝土部位采用C25W6F100（一级配）浇筑；钢筋密集区采用C25W6F100（二级配）浇筑；其他部位采用C25W6F100（三级配）混凝土浇筑。蜗壳层混凝土共分4层浇筑，蜗壳第Ⅰ层位于蜗壳底部，钢筋密集，空间狭窄，各种埋件及蜗壳支墩的阻挡对混凝土施工造成较大困难，大部分混凝土均需泵送入仓，为确保蜗壳变形量在设计及规范允许范围内，将该部位蜗壳第Ⅰ层混凝土分4个象限，采取两个象限对称浇筑方式进行施工。第一象限（Ⅰ-1）浇筑层高为2.9m（高程1118.00～1120.90m）、第二、三象限浇筑层高均为2.2m（高程1118.70～1120.90m）、第四象限浇筑高程为2.5～1.5m（高程1119.40～1122.90m）；蜗壳第Ⅱ（高程1120.90～1124.10m）、Ⅲ（高程1124.10～1127.30m）、Ⅳ（高程1127.30～1130.50m）层混凝土在平面内不再分象限，采取整层通仓浇筑方式进行施工，层高均为3.2m。根据主厂房蜗壳混凝土的结构布置特点，结合蜗壳混凝土施工要求，6台机组蜗壳层混凝土总体浇筑程序依次进行，单台机组蜗壳混凝土由下至上顺序分层浇筑，相邻机组间呈"台阶式"浇筑上升，且各台机组间的交面时间间隔在1～2个月不等。

单台机组蜗壳混凝土施工程序：蜗壳钢筋安装→蜗壳Ⅰ层一、三象限混凝土→蜗壳Ⅰ层二、四象限混凝土→蜗壳阴角区混凝土→蜗壳Ⅱ层混凝土→蜗壳Ⅲ层混凝土→蜗壳Ⅳ层混凝土。楼梯混凝土与对应的蜗壳各层混凝土同时进行浇筑。蜗壳阴角部位的回填灌浆待该部位混凝土浇筑完成28d后进行灌浆。蜗壳底部接触灌浆在该部位混凝土浇筑完成3个月后进行灌浆。蜗壳灌浆施工全部完成且检查合格后方可拆除蜗壳内支撑。

2.2　施工方法

（1）基面清理：混凝土浇筑水平缝主要采用冲毛处

理，冲毛水压力控制在 20～30MPa；垂直缝采用人工凿毛处理。施工缝处理达到去掉乳皮，微露粗骨料，表面粗糙标准即可。

（2）基面处理合格后，用全站仪进行测量放线检查规格，将建筑物体型的控制点线放在明显地方，并在方便度量的地方标注高程点，确定钢筋绑扎和立模边线，并做好标记，焊接架立筋。

（3）主厂房蜗壳弹性垫层采用聚氨酯软木垫层，其分布范围严格按照设计图纸要求进行敷设，聚氨酯软木的厚度、外观质量和力学性能须满足相关设计要求。

（4）土建预埋件按照设计图纸中指定位置与结构钢筋一同进行安装，机电预埋件根据立模及钢筋安装进度及时通知机电安装单位埋设，混凝土中的各种监测仪器在混凝土浇筑前按照设计图纸要求进行安装，仪器安装后应妥善保护，并及时量测记录，混凝土浇筑过程中，注意对各种埋件进行观察、保护，混凝土下料和振捣时，应避开仪器埋件，防止碰撞埋件变形。

（5）主厂房蜗壳混凝土模板安装前应进行测量放线，准确放出仓位及模板安装的控制点位，要求组装紧密，拼缝之间不允许有错台，模板组装后要求整个板面平整光滑。

（6）主厂房蜗壳混凝土具有结构复杂、混凝土浇筑仓面大、浇筑强度高及蜗壳位移和变形要求高等特点。结合现场实际情况确定蜗壳混凝土入仓方式。主要蜗壳混凝土施工入仓只能采用 1 台 SHB2 布料皮带机＋1 台 80t 桥机配 6m³ 吊罐联合入仓，局部采用泵送入仓。

3 蜗壳层混凝土施工质量控制

在蜗壳层混凝土施工期间，为保证施工质量，主要从混凝土的原材料质量控制、工序质量控制和温控措施等几个方面来控制，对各工序全过程现场进行质量把控，重点对混凝土入仓温度控制、振捣、养护等环节进行监控，保证蜗壳层混凝土施工质量满足规范要求。

3.1 混凝土原材料的质量控制

（1）水泥：选择离工区较近且规模大、质量稳定的红塔水泥厂生产的 P·O42.5 级及以上的硅酸盐水泥和普通硅酸盐水泥。水泥出厂应有出厂合格证和品质试验报告。

（2）粗骨料：选用连续粒级，颜色均匀一致，表面洁净，

（3）细骨料：选用级配良好，细度模数大于 2.6 的中砂，质地坚硬、清洁、颜色均匀一致，含泥量不大于 1.5%。

（4）掺合料：选用Ⅰ级粉煤灰，本工程选用的粉煤灰必须来自同一厂家、且为同一规格型号。

（5）外加剂：所选用的外加剂应符合 GB 8076—

2008《混凝土外加剂》规定。

（6）钢筋：所用钢筋应有出厂合格证和材质检验证明。

（7）混凝土拌制过程中根据沙子含水率的变化及时调整配合比，并按规范要求进行现场取样检验，确保对砂浆拌和质量的有效控制。

3.2 工序质量控制

（1）施工缝采用水平缝冲毛处理和垂直缝人工凿毛处理结合的方式，处理达到去掉乳皮、微露粗骨料、表面粗糙标准即可。

（2）钢筋严格按层次由内往外分层安装，内外层钢筋对齐，钢筋层间净距离符合设计要求。由于蜗壳阴角部位体型复杂，施工工作面狭小，钢筋密集，加上蜗壳支墩和座环支墩的影响，钢筋在下料时每根钢筋的长度不宜大于 4.5m，接头无法错开的地方不再进行补强。钢筋与模板间设置与结构混凝土相同强度等级的混凝土垫块以保证钢筋的保护层厚度。

（3）检查模板安装质量。模板的安装质量要求组装紧密，拼缝之间不允许有错台，模板组装后要求整个板面平整光滑。模板与基岩面接触处若有空隙，应采用木模拼补，并用双飞粉或水泥披灰补缝，为了拆模方便，模板安装前应涂刷脱模剂。

（4）模板的支撑体系采用满堂脚手架对撑，支撑体系具有足够的强度和刚度。

（5）土建预埋件按照设计图纸中指定位置与结构钢筋一同进行安装，机电预埋件根据立模及钢筋安装进度及时通知机电安装单位埋设，各类埋件需固定牢固，严禁错埋和漏埋，在混凝土浇筑过程中和浇筑完成后对预埋件进行保护。

（6）定期对拌和系统的称量和计量设备进行校验，严格按照经监理工程师审核批复的混凝土配料单进行配料拌制，根据当天砂石料含水率细微的调整拌和用水量和用冰量，按照温控要求对拌制用的砂石料进行降温处理，拌和时间满足规范要求。出机口温度不大于 18℃。

（7）主厂房蜗壳混凝土具有结构复杂、混凝土浇筑仓面大、浇筑强度高及蜗壳位移和变形要求高等特点，结合现场实际情况，蜗壳混凝土入仓方式主要为 SHB2 布料皮带机和 80t 桥机配 6m³ 吊罐联合入仓，局部采用溜管＋溜槽和拖式混凝土泵入仓。在混凝土浇筑前检查设备是否运行正常，对存在问题的设备进行更换。

（8）蜗壳层混凝土级配分区：根据右岸主厂房蜗壳混凝土入仓方式和蜗壳结构布置的特点，结合其他工程蜗壳混凝土施工经验，为满足蜗壳底部和阴角部位混凝土浇筑的饱满性和密实性的要求，保证蜗壳混凝土浇筑质量，因此对主厂房蜗壳各层混凝土级配进行分区，具体蜗壳混凝土级配分区如下：

1）蜗壳第Ⅰ层底部正中钢管壁外 35cm 以下混凝土

采用二级配泵送混凝土，其平面范围为蜗壳中心往外200cm范围，入仓方式为泵送。

2）蜗壳底部120°范围正中钢管壁外35cm厚混凝土采用一级配自密实混凝土，入仓方式为泵送。

3）蜗壳阴角区混凝土采用一级配自密实混凝土，入仓方式为泵送。

4）蜗壳第Ⅰ层除上述部位以外采用二级配常态混凝土，局部可采用三级配常态混凝土，入仓方式为布料机、溜管或桥机配吊罐。

5）蜗壳第Ⅱ~Ⅳ层除上述部位以外混凝土采用三级配常态混凝土，另外蜗壳第Ⅱ层靠蜗壳部位钢筋密集区可浇筑二级配常态混凝土，入仓方式为布料机、溜管或桥机配吊罐。

（9）蜗壳层混凝土浇筑采用平铺法进行施工，铺料层厚度一般为30~50cm。蜗壳混凝土层间间隔时间按7d进行控制，其参数须满足设计图纸要求。

1）蜗壳第Ⅰ层混凝土浇筑。蜗壳第Ⅰ层混凝土浇筑范围为高程1118.00m、1118.70（1119.40）~1120.90（1122.90）m，分4个象限施工。采取两对角象限同时浇筑的方式施工，首先浇筑一、三象限混凝土，再浇筑二、四象限混凝土。混凝土浇筑时保持两对称象限混凝土均匀同步上升，并控制混凝土上升速度不大于0.3m/h。第Ⅰ层混凝土施工时由于蜗壳底部区域仓面狭窄，振捣、平仓均困难，故采用坍落度为14~16cm的二级配混凝土浇筑，泵送入仓，沿座环向退管法浇筑，局部也可采用布料机或吊罐浇筑三级配常态混凝土，混凝土振捣采用φ100高频振捣器振捣，仓面狭窄部位采用φ50软轴插入振捣器振捣。

2）阴角区混凝土浇筑。座环底部以及座环与蜗壳相接处形成一个阴角，蜗壳第Ⅰ层混凝土浇筑完成后阴角区域与蜗壳外围混凝土形成了相对独立的两个区域，蜗壳第Ⅱ层混凝土浇筑前先进行阴角区域混凝土浇筑。

阴角区混凝土主要采用泵送一级配自密实混凝土入仓进行浇筑。混凝土泵管在蜗壳第Ⅰ层混凝土浇筑前，沿蜗壳径环向预埋（预埋管采用φ168钢管作为泵管入仓，埋至座环与蜗壳相接处这一个阴角的最高处，距离蜗壳30cm），泵管口环向间距6m左右。由于阴角部位仓面狭窄且钢筋、埋管密集，因此阴角区混凝土主要考虑一级配自密实泵送混凝土，以便尽量保证阴角混凝土密实，但受座环隔板阻隔阴角处无法泵送而结束浇筑时，座环底部阴角尚未浇满，此时可人工利用小皮桶配合自制漏斗从座环上预留下料孔进行入仓，以便尽量保证阴角混凝土振捣密实。座环底部预留孔可兼做阴角区振捣和排气孔。

3）蜗壳第Ⅱ~Ⅳ层混凝土浇筑。蜗壳第Ⅱ~Ⅳ层混凝土浇筑范围为高程1120.90（1122.90）~1130.5m，蜗壳第Ⅱ~Ⅳ层混凝土不分象限浇筑，采用布料机从蜗壳四周对称、均匀下料，辅助以80t桥机和溜管+溜槽入仓，通仓浇筑。浇筑时注意控制混凝土的

上升速度为0.3~0.5m/h，加强蜗壳观测力度，及时调整下料方位及浇筑速度。施工时应重点控制混凝土对称浇筑，均匀上升，廊道两侧混凝土浇筑时同样需对称、均匀上升。

（10）混凝土浇筑平仓及振捣：混凝土平仓采用人工平仓，混凝土振捣用φ100插入式高频振捣器，阴角部位、廊道顶拱及蜗壳外围50cm范围采用φ50软轴插入式振捣器。振捣器不能直接碰撞模板、钢筋和预埋件，以防模板走样和预埋件移位，在预埋件特别是止水片周围应细心振捣，必要时辅以人工捣固密实。振捣时间以混凝土粗骨料不再显著下沉，不出现气泡、开始泛浆为准，插入式振捣器一般为20~30s，高频振捣器不应小于10s。振捣器移动的距离以不超过其有效半径，并插入下层5~10cm，振捣顺序依次进行，方向一致，振动棒快插慢拉，以保证混凝土上下层结合，避免漏振、欠振。

（11）拆模养护：非承重模板当混凝土强度达到3.5MPa时拆除模板，楼梯间混凝土强度达到设计强度的75%时可拆除顶板模板，廊道混凝土强度达到设计强度的50%方可拆除顶模。混凝土浇筑完成后12~18h即可洒水养护以保持混凝土表面经常湿润，并由专人负责对混凝土进行洒水养护14d。

3.3 温控混凝土技术措施

（1）合理分层、分块：在满足设计结构要求及施工技术要求的前提下，根据机电设备安装要求，尽量减小混凝土的分层厚度，以便混凝土散热。因此，主厂房蜗壳层混凝土最大分层厚度按最大厚度不超过3.2m进行控制；混凝土上、下层浇筑间歇时间不少于7~10d，以使混凝土充分散热，避免水化热积蓄。

（2）降低水化热温升：在适应入仓方式的前提下，尽量采用低坍落度常态混凝土浇筑，适当提高混凝土中粉煤灰的掺量，尽量减少水泥用量以降低水化热温升。

（3）控制出机口温度：严格控制混凝土出机口温度不大于18℃，若混凝土出机口温度超过上述标准，拌和楼应对骨料进行加冰或预冷。

（4）薄层铺料：混凝土浇筑过程中采用薄层铺料方式，加快混凝土层面的覆盖速度和平仓振捣速度，做到不堆料、压料，提高混凝土浇筑入仓强度，缩短混凝土层覆盖时间（控制坯层覆盖时间在4h以内）。

（5）控制混凝土运输过程中的温升：缩短高温环境下混凝土运输时间，并对混凝土运输车辆做好降温等措施。具体为：

1）夏季浇筑时间尽量安排在低温时段（阴天、夜晚或早晨）。

2）加强管理和沟通协调，要料员必须根据现场的入仓情况安排罐车在拌和楼的装料时间，防止混凝土在罐车内待料入仓时间过长。

3）控制混凝土入仓过程中的温升。混凝土入仓过程

中的温升主要受入仓时间影响，尽量减小入仓时间。投入足够的人力资源和设备，在满足模板等安全的情况下迅速入仓，将每个铺料层间完全覆盖时间控制在3~4h之内。

4）在蜗壳的内支撑上采用ϕ25花管对钢管内壁通常流水喷洒养护，以起到降温作用。花管数量及其位置根据现场实际情况确定，但要保证钢管内壁能被水全部湿润。可设专用水管指定专人定时在钢管内壁冲水降温。

5）混凝土浇筑完成后及时对混凝土表面及模板外侧进行洒水养护，保持混凝土表面湿润，从而降低混凝土表面温度。

3.4 蜗壳变形监测技术措施

蜗壳混凝土浇筑前在座环平面四个坐标轴方位架设4个垂直百分表和4个水平百分表，以监视蜗壳层混凝土浇筑过程中座环的浮动量及位移量的变化情况。蜗壳混凝土浇筑前应检查所有拉筋、拉紧器是否拉紧、焊接牢靠，检查座环、蜗壳楔子板或千斤顶应与相配合的座环、蜗壳焊接牢固；仔细检查座环上设置的百分表，并调整百分表表针压缩3~5mm，对零。每班安排4个检测人员专门对蜗壳结构模板、承重排架和蜗壳内支撑进行观测和检查，发现异常及时报告处理。

在蜗壳混凝土浇筑过程中，经常用水准仪测量座环水平变化，做好观测数据记录，及时进行数据分析整理（见表1），并根据实际浮动量以及位移情况，随时调整混凝土下料方位及浇筑速度，从而使得蜗壳的变形量在设计、规范允许范围之内。

表1　鲁地拉地下厂房6台机蜗壳监测数据表

机组号	设计值	实测值	结果
1#机		径向测量：0.033mm/m， 周向测量：0.15mm	优良
2#机		径向测量：0.024mm/m， 周向测量：0.13mm	优良
3#机	水平波浪小于0.28mm（径向：0.05mm/m，周向：最大不超过0.40mm）	径向测量：0.036mm/m， 周向测量：0.18mm	优良
4#机		径向测量：0.021mm/m， 周向测量：0.17mm	优良
5#机		径向测量：0.029mm/m， 周向测量：0.19mm	优良
6#机		径向测量：0.032mm/m， 周向测量：0.18mm	优良

3.5 质量保证措施

（1）严格按国家和行业的现行施工规程、规范以及相应的施工技术措施组织施工。严格按《水电水利基本建设工程单元工程质量等级评定标准 第7部分：碾压式土石坝工程》（DL/T 5113.7—2015）的要求，对各工序的单元工程质量进行检查、验收、评定。

（2）过程严把"四关"：一是严把图纸关，组织技术人员对图纸进行认真复核，了解设计意图，层层组织技术交底。二是严把测量关，施工测量放线由专业测量工实施，校模资料要求报监理工程师审批。三是严把材料质量及试验关，对每批进入施工现场的商品混凝土及钢材等按规范要求进行质量检验，杜绝不合格材料及半成品使用到工程中。四是严把工序质量关，实行工序验收制度，原则上上道工序没有通过验收不得进行下道工序施工，使各工序施工质量始终处于受控状态。

（3）必须对单个浇筑仓号进行仓位设计，并在开仓前报送监理工程师批准，将责任分区落实到人，浇筑过程中执行三检人员旁站制度。预埋件及监测仪器在混凝土浇筑时应特别注意保护，确保其不变形、不移位及损坏。

（4）混凝土拌和应严格按试验配合比进行，未经试验人员同意，不得随意改动混凝土配合比。浇筑过程中，因含砂率和含水率等原材料原因使拌制的混凝土入仓性能差不利于施工时，必须由试验人员进行调整。

（5）模板制安、拼装满足结构外形，制作允许偏差不超过规定，保证牢固可靠、不变形，模板表面刷脱模剂以保证混凝土表面光洁平整。钢筋、模板的施工必须按有关程序进行，特别是钢筋的规格尺寸、钢筋表面处理、钢筋安装位置数量、模板的稳定、刚度等应严格控制并进行质量跟踪。基岩面清除杂物、冲洗干净，经监理工程师检查验收合格后，才能开仓进行混凝土浇筑。

（6）混凝土浇筑保持连续性，如因故中断，超过允许间歇时间时，则按施工缝进行处理。钢筋密集区必须安排专人指挥做好混凝土振捣工作，保证混凝土浇筑质量。

（7）正确处理进度与质量的关系，"进度必须服从质量"，坚持好中求快，好中求省，严格按标准、规范和设计要求组织、指导施工，绝不能因为抢工期而忽视质量。

4 结语

金沙江鲁地拉水电站地下厂房工程6台蜗壳层混凝土施工过程中质量受控，各工序质量均满足设计和规范要求，蜗壳层混凝土内部密实、阴角部位相对饱满。各项工作严格按科学化、标准化、程序化作业，施工质量评定达到优良标准。

黄登水电站主厂房蜗壳 FUKO 管接触灌浆施工工艺

何玉虎　史振军/中国水利水电第十四工程局有限公司

【摘　要】　在现有技术条件下，黄登水电站机组蜗壳底部混凝土难以浇筑饱满，且混凝土会产生收缩，导致蜗壳下部与混凝土接触部位出现脱空，需进行接触灌浆处理。FUKO 管作为一种新型灌浆系统，具备可重复灌浆的条件，作业过程中，系统的安装、固定、维护及灌浆前的清洗等，均需严格控制工艺，以满足蜗壳接触灌浆高标准要求。

【关键词】　蜗壳　FUKO 管　接触灌浆　施工工艺

1　概述

1.1　工程概况

黄登水电站主厂房共布置 4 台机组，蜗壳下半部及蜗壳座环底部需进行接触灌浆。接触灌浆采用预埋管路的方式进行，并按设计蓝图进行 FUKO 灌浆管、进出浆管、排气管及止浆片的安装和埋设。接触灌浆分 2 个部位：一是蜗壳座环底部的接触灌浆，采用预埋环向 FUKO 管进行灌浆，两端引接 ϕ32 PVC 管作为进、回浆管至蜗壳层廊道，排气管沿座环环向安装 ϕ40 半圆形 PVC 管，并根据蜗壳座环上预留的灌浆孔间隔安装 ϕ40 排气支管进行排气；二是蜗壳外壁与混凝土接触部位的接触灌浆，沿蜗壳外壁在每个管节布置一套 FUKO 管进行灌浆，两端引接 ϕ32 PVC 管作为进、回浆管至蜗壳层廊道，沿蜗壳外侧设置的排水槽钢下部安装 ϕ40 半圆形 PVC 排气管，两端引至蜗壳层廊道进行排气。

蜗壳阴角部位在混凝土经过二次浇筑后未浇筑饱满，有部分脱空。经与设计方讨论，该部位不再进行回填灌浆，利用接触灌浆将脱空部位充填密实即可。

1.2　FUKO 管工作原理简介

FUKO 管是一种可重复灌浆的新型灌浆系统埋管，是以内径 22mm 柔性固体管芯上四周设出浆孔作为输浆管道（见图 1），外部分别包裹纵向发泡氯丁橡胶压条和塑料编织网形成逆止阀，端头设有与 PVC 导管连接接头的灌浆管，外径 38mm。未灌浆时灌浆管受外部混凝土挤压，发泡氯丁橡胶压条紧紧包裹输浆管道，防止外部砂浆堵塞出浆孔和输浆管道；混凝土充分冷却收缩后，外部压力减小，发泡氯丁条反弹；灌浆时灌浆压力使发泡氯丁条向外扩张，逆止阀张开，浆液进入混凝土的脱空区域（见图 2）。

图 1　FUKO 管结构示意图

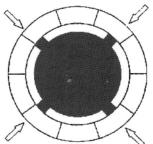

A 灌浆时　　　　　B 未灌浆时

图 2　FUKO 管工作原理图

1.3 主要工程量及材料用量

蜗壳部位灌浆工程量为：接触灌浆 2243m²。材料用量：紫铜止浆片 300m，预埋 FUKO 管 2708m，固定 FUKO 管镀锌铁皮 230m²，粘贴镀锌铁皮及止浆片用氯丁胶 230kg，预埋 ϕ32 PVC 进回浆管 3112m，预埋 ϕ40 排气管 744m，进回浆管及排气管架立钢筋 20t。

2 灌浆材料及制浆

2.1 灌浆材料

每批运到现场的水泥、外加剂、掺和料等灌浆材料均符合相应的质量标准，并附有生产厂家的质量证明书。每批材料入库前按规定进行检验验收，并及时将检验成果报送监理工程师。

（1）水泥：水泥为 P·O42.5 级普通硅酸盐水泥，由业主统一供应。出厂超过三个月的水泥不得使用，不得使用受潮结块的水泥，水泥符合规范的质量标准。现场备有足够的水泥，以免供应不足而中断灌浆。

（2）水：灌浆用水符合《水工混凝土施工规范》（DL/T 5144—2015）的规定，搅拌浆液的水温不得高于 40℃。

（3）外加剂：为保证浆液的流动性，接触灌浆浆液配制过程中添加减水剂和高效缓凝剂。减水剂和高效缓凝剂的掺量通过室内试验确定，以满足浆液马什漏斗黏度不超过 40s 和浆液初凝时间不小于 4h 为控制指标。外加剂的质量符合《水工建筑物水泥灌浆施工技术规范》（DL/T 5148—2012）和《水工混凝土外加剂技术规程》（DL/T 5100—2014）的规定。

2.2 制浆

在制浆站配制浆液，配制好的 0.5∶1 水灰比浆液向灌浆机房供浆。为了增加可灌性适量添加高效减水剂。制浆中的注意事项如下：

（1）制浆材料必须称量，称量误差小于 5%。水泥按照标准袋装水泥重量计算，其他固相材料采用重量称量。

（2）各类浆液必须搅拌均匀，并测定浆液的比重。

（3）纯水泥浆液搅拌时间，使用普通搅拌机时，大于 3min，使用高速搅拌机（转速大于 1200r/min）时，不小于 30s。浆液在使用前用筛过滤。从制备至用完的时间小于 4h。

（4）浆液的温度保持在 5～40℃ 之间，超出此范围的浆液作废。

3 施工程序及施工方法

3.1 施工程序

蜗壳接触灌浆总体施工程序为：蜗壳安装完成并经验收合格（机电标）→机电标向土建标移交工作面→施工作业平台搭设→蜗壳下部灌浆管路（含 FUKO 管、进回浆管、排气管、止浆片）安装→蜗壳上部弹性垫层安装（可和下部灌浆管路同步错距施工）→蜗壳外围钢筋安装→混凝土浇筑→混凝土等强及降温→蜗壳灌浆。

3.2 施工方法

3.2.1 预埋灌浆管路及止浆片安装

预埋灌浆管路及止浆片是蜗壳灌浆最关键的环节，其埋设质量直接关系到最终灌浆的质量和效果。止浆片为 1.2mm 厚展宽 45cm 的紫铜片。蜗壳灌浆管路主要包括 FUKO 管、ϕ32 进回浆 PVC 管、ϕ40 半圆形 PVC 排气管、ϕ40 PVC 排气支管。

（1）止浆片安装：止浆片在工作面移交并搭设完施工平台后、钢筋安装前开始安装。止浆片沿蜗壳外侧环向布置，安装难度大，需提前在加工厂按加工大样图分段加工成型，每一段加工长度为 3m。

止浆片采用分段安装的方式进行，现场根据单段止浆片加工长度从蜗壳一端向另一端顺序推进。止浆片焊接时，对焊接位置附近灌浆管路采用木板或薄铁皮加以保护，防止焊渣烫伤灌浆管路。

（2）FUKO 管安装及固定：FUKO 管在每个蜗壳管节独立布置一套。蜗壳座环底部阴角处混凝土无法浇筑饱满，故 FUKO 管预埋至阴角最高位置。FUKO 管连接时，采用厂家配套专用接头连接。FUKO 管两端与 ϕ32 PVC 管连接牢固。座环底部环向 FUKO 灌浆管沿座环内侧布置，采用金属夹片粘贴在座环底部。

FUKO 管的固定采用金属夹片粘贴在蜗壳表面。金属夹片采用镀锌铁皮统一在加工厂制作成宽 5cm，长 30cm 铁片，现场安装时人工加工成"Ω"形以便固定 FUKO 管。铁片两端涂刷氯丁胶粘贴在蜗壳表面，两铁片间距以保证 FUKO 管能与蜗壳表面有效紧密接触并固定牢固为原则，一般按 20cm 左右控制，最大间距不超过 30cm，在 FUKO 管预埋最高位置和转弯位置必须固定。局部氯丁胶粘贴不牢固的地方采用 ϕ6 短钢筋支撑镀锌铁片并绑扎固定在结构钢筋上。

（3）进回浆管安装及加固：进回浆管为 ϕ32 PVC 管，由于管路较多且长，为防止在钢筋安装和混凝土浇筑过程中损坏，需对进回浆管进行加固。加固时，每套进回浆管单独设置管线架立钢筋，沿进回浆管线在锥管层混凝土顶部钻 ϕ50 插筋孔并插入 C28mm 站立钢筋。立筋顶部高程 1463.5m，间距 2.5～3.0m，立筋的顶部采用◔28钢筋水平连接，进回浆管牢固绑扎在钢筋上，绑扎间距不超过1.5m。

（4）排气管和排气支管安装：排气管布置2套，一套沿蜗壳外围沿紫铜止浆片下部环向布置，此套分2段安装，从蜗壳起始端到蜗壳下游侧中心位置布置一段，蜗壳下游中心到蜗壳末端并转至蜗壳起始端布置另一段。该套排气管两端直接引接到高程1463.95m廊道底部。另一套沿蜗壳座环底部环向布置，排气支管从座环上预留的灌浆排气孔（共24个φ150孔）引出排气。

（5）预埋管路的检查维护：所有管路引至廊道底部或楼板顶部后，进行系统编号标识，用透明胶将标注有管路编号的纸条缠裹在管路末端。同时末端管口采用彩条布包扎，防止杂物进入管路。

由于预埋管路先于蜗壳外围钢筋安装和混凝土浇筑，自预埋管路安装完成后至混凝土完全覆盖管路时间段较长，且钢筋安装、混凝土施工过程中很容易对预埋管路造成损伤，故在灌浆管路安装完成后至混凝土全部覆盖管路前，需每班安排专人对管路进行检查维护，发现管路被损坏要及时修复，在混凝土浇筑过程中也全程跟踪检查维护。

钢筋安装需要焊接时，要用木板或铁板对附件预埋灌浆管路加以保护，严禁焊渣损伤管路。混凝土浇筑过程中，振捣棒不能直接触碰止浆片、预埋进回浆管和排气管。混凝土下料也要尽量避开预埋管路，防止冲击损坏管路。蜗壳FUKO管安装效果见图3。

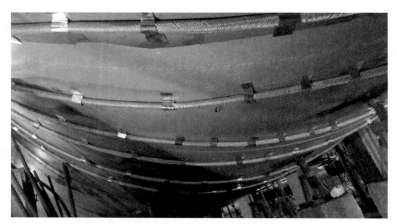

图3　蜗壳FUKO管安装效果图

3.2.2　接触灌浆施工

（1）蜗壳灌浆具备的条件：蜗壳接触灌浆在蜗壳混凝土浇筑至1469.95m高程，且蜗壳混凝土浇筑完成28d后进行。

（2）蜗壳及座环变形监测：具备灌浆条件时，在灌浆前安装蜗壳及座环变形监测装置，灌浆过程需全程进行蜗壳及座环变形监测，如变形值接近允许变形值，立即通知灌浆人员降低灌浆压力或暂停灌浆。

（3）灌浆前管路检查：灌浆前对管路进行通风检查，吹出管内的积水和污物，通风压力0.07MPa，最大不超过0.1MPa。单台机组所有管路全部通风检查完成后才能进行灌浆，必要时反复通风，直至管路内排除积水和污物为止。

（4）灌浆顺序：自蜗壳起始端向蜗壳末端顺序推进，蜗壳各管节灌浆完成后再进行座环底部环向灌浆管的灌浆。

（5）灌浆方式：由于进回浆管是一套连通的回路，且灌浆压力较小，灌浆时，将灌浆管连接在回路的一端，另一端连接回浆管。通过安装在回浆管上的闸阀辅助控制灌浆压力，灌浆压力主要通过控制机身压力和安装在进浆管上的回浆闸阀控制。

（6）灌浆水灰比和灌浆压力：浆液配合比采用0.5:1单一比级水灰比，灌浆压力为0.1～0.3MPa。

（7）灌浆结束标准：由于本工程蜗壳灌浆一根排气管兼做多套进回浆管的排气管，且灌浆结束后需将进回浆管冲洗干净以便后期复灌，故其灌浆结束标准不能按照规范执行。排气管排浆浓度达0.5:1时结束本套管路灌浆，立即将灌浆管路移至下一套管路进行灌浆作业；如排气管不排浆，则按照0.5:1浆液灌注至规定压力下灌浆流量小于1L/min后继续灌注5min后结束。

（8）灌浆管路的清洗：每一套进回浆管灌浆结束后，立即采用负压泵将进回浆管中浆液清洗干净，以便后期重复灌浆。清洗时，将进回浆管的一端放入清水池中，另一端连接一台管道泵，将管道泵的另一端接入沉淀池，启动管道泵，使管路内形成负压，清水沿进回浆管排挤浆液达到冲洗管路的目的。管路的清洗直至排入沉淀池的水清洁干净为止。最后为防止FUKO管外层泡沫条缝隙处被水泥浆凝固堵住，再从进浆管方向冲洗2min，确保其通畅。

（9）为防止管路中浆液凝固，单台机组蜗壳灌浆作业连续进行，交接班现场不停机。

（10）灌浆记录：蜗壳灌浆压力较小、管路连接复杂、灌浆过程中需频繁更换管路，不便于自动记录仪的使用，灌浆过程采用人工记录。

（11）灌浆质量检查：灌浆结束7d后，业主委托物探中心对蜗壳下部脱空范围进行检查，并现场进行标识，绘制脱空范围示意图，提交监理工程师。监理工程师根据示意图，确定是否需要重复灌浆，一般单个脱空区域面积不超过0.5m²即为合格。

（12）灌浆管路封堵回填：灌浆管路在蜗壳灌浆全部结束后统一进行封堵回填灌浆，回填0.5：1的纯水泥浆进行封堵，灌浆压力0.1～0.3MPa。

4 实施效果

黄登水电站4台机组蜗壳接触灌浆采用FUKO管灌浆系统，蜗壳接触灌浆平均消耗水泥10.74kg/m²，灌浆完成28d后，通过物探检测检查接触灌浆效果，总监测面积1208m²，明显脱空面积仅0.4m²，占总监测面积的0.03％，轻微脱空面积70.9m²，占总监测面积的5.87％。从检测成果看，采用FUKO管接触灌浆工艺，蜗壳下部脱空面积较小，均为轻微脱空。其原因是灌浆前底部脱空较大，灌后水泥浆液收缩，产生轻微脱空。接触灌浆质量满足设计要求。

5 结语

从黄登水电站4台机组蜗壳接触灌浆实施后的效果检查看，通过FUKO管接触灌浆达到了有关质量标准设计要求。但由于整个蜗壳下部作为一个灌区施工，存在多套管路相互串浆的情况，不利于清洗管路进行重复灌浆，施工质量还有一定的提升空间。在今后蜗壳FUKO管灌浆时，建议对接触灌浆范围进行分区，各区之间设置止浆装置，防止灌浆时浆液串得太远，有利于接触灌浆质量的进一步提升。

CRTS I 型板式无砟轨道 CA 砂浆施工工艺试验

王　凯/中国水利水电第十四工程局有限公司

【摘　要】　在 CRTS I 型板式轨道结构中采用水泥乳化沥青砂浆（简称 CA 砂浆），可提供轨道弹性，且有支撑、调整作用，还能在下部结构变形至某一限度时进行修补，以保证轨道结构的平顺性。本文结合东北高寒地区高速铁路 CRTS I 型板式无砟轨道水泥乳化沥青砂浆结构的特点和实际情况，通过试验对比研究和设计以及工艺流程优化，使工程在应用中取得了良好效益，为类似工程提供借鉴参考。

【关键词】　CA 砂浆　无砟轨道　高寒地区

1　概述

随着高速铁路网的发展，一些特殊环境下高速铁路施工面临不断地挑战。我国东北高寒地区的高速铁路，无砟轨道在设计方面还没有统一的技术标准。高铁快速地增长，需要工程技术人员在无砟轨道施工中不断探索，积累经验，扭转技术储备不足的局面，为设计提供更多的依据。

板式无砟轨道是一种比较成熟的轨道结构，由钢轨、扣件系统、预制轨道板、CA 砂浆层、混凝土底座等组成。无砟轨道施工主要包括底座板及凸台的钢筋绑扎与混凝土浇筑、伸缩缝安装、轨道板铺设与精调、CA 砂浆填充层施工、凸形挡台填充树脂施工。无砟轨道设计标准高，其施工组织和工艺与传统有砟轨道结构有本质区别，施工一次成型，轨道状态一次达标，施工精度控制技术是无砟轨道施工技术的关键。

2　CA 砂浆施工工艺性试验及施工工艺

2.1　CA 砂浆工艺性试验工作流程

CA 砂浆工艺性试验工作流程见图 1。

2.2　原材料及设备前期准备

2.2.1　配置砂浆搅拌车

CA 砂浆搅拌车：目前国内主要有三一重工、通联重工、南方路机、邯郸机械及自行研制的 CA 砂浆搅拌

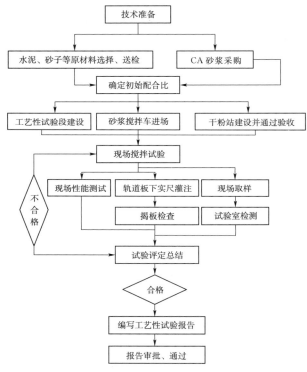

图 1　CA 砂浆工艺性试验工作流程图

车，本工程根据实际情况选择南方路机 CA 砂浆专用搅拌车。

CA 砂浆车称量系统的确认：①检查厂家的出厂合格证；②请国家计量局对砂浆车的称量系统进行标定；③施工单位对设备进行称量复核，干料称用标准砝码复核，液体用流量复核，使称量误差满足 CA 砂浆施工的

要求范围，即乳化沥青、聚合物乳液 ±1%，干料 ±1%，引气剂 ±0.5%；拌和用水 ±1%，消泡剂 ±0.5%。

2.2.2 CA 砂浆原材料

CA 砂浆原材料包括乳化沥青、聚合物乳液、消泡剂、水泥、膨胀剂、砂、铝粉、引气剂、CA 砂浆灌注袋。其中乳化沥青、水泥、砂、水是 CA 砂浆层的基本构成材料；膨胀剂用来保持结构形态稳定；引气剂的作用是向砂浆中引入微小气泡，以提高砂浆的抗冻性和耐久性；消泡剂是为满足施工性能而消除搅拌时在 CA 砂浆中形成的大气泡。将水泥乳化沥青中所需的水泥、砂、铝粉、膨胀剂，采用干粉混合的工艺与设备，工厂化生产为干料。

拌和采用"先液后干"依次加料工艺，即先在搅拌机中加入沥青乳液和水搅拌成混合液体，再依次加入水泥、砂、膨胀剂、发泡剂等组成的干粉，拌和成浆体。施工方法采用灌注法。

轨道结构对砂浆性能的要求极高：很好的施工性能，满足灌注施工、充填饱满的要求；良好的弹韧性和高延展性，满足轨道动力学要求；足够的耐久性，满足使用环境要求；干粉料储存要求储存罐设防离析、保温隔热等装置，防潮防雨，控制温度在 5～30℃ 范围内，袋装干料储存采取相应的防水、防潮措施，储存期不超过 2 个月。

2.2.3 配套设备机具

铺板门吊 1 套，双向运板车 1 辆，25t 吊车 2 辆，精调设备 1 套（全站仪、精调框、棱镜等），精调器 1200 套，轨道板限位器 800 套，灌注料斗 1 套。

2.2.4 劳动力组织及人员组成、分工

劳动力组织及人员组成、分工如表 1 所列。

表 1　人员组成及分工表

工作人员	数量	分　工
总调度	1	全面负责 CA 砂浆试验施工现场调度协调，生产进度和质量、安全文明施工
技术主管	2	全面负责 CA 砂室内试验及现场轨道板铺设施工技术工作
施工队长	2	全面负责施工现场工人安排、工艺流程操作、工序衔接，指挥现场工人按技术及规范要求施工
测量员	12	负责轨道板的粗调、粗铺、精铺测量工作，轨道板线形、标高控制等
试验员	4	负责轨道板充填层 CA 砂浆的搅拌质量控制，现场检测 CA 砂浆各项验收指标，根据实际情况对 CA 砂浆配合比进行微调，使其满足施工需要

续表

工作人员	数量	分　工
特种设备操作手	4	负责 CA 砂浆搅拌车的操作与保养、悬臂式铺板门吊的操作与保养
机修工	2	负责电力线路的安装与维护，机械设备的维修与保养
普通工人	12	负责轨道板的安装、CA 砂浆的灌注与养护

2.3 CA 砂浆性能的现场检测与质量控制要点

2.3.1 CA 砂浆性能指标

CA 砂浆性能指标要求见表 2。

表 2　CA 砂浆性能指标要求

项　目		指标要求
砂浆温度/℃		5～40
流动度/s		18～26
可作业时间/min		≥30
含气量/%		8～12
单位容积质量/(kg/L)		>1.3
抗压强度/MPa	1d	>0.10
	2d	>0.70
	3d	>1.80
28d 弹性模量/MPa		100～300
材料分离度/%		<1.0
膨胀率/%		1.0～3.0
泛浆率/%		0
抗冻性		300 次冻融循环试验后，相对动弹模量不得小于 60%，质量损失率不得大于 5%
耐候性		无剥落，无开裂，相对抗压强度不低于 70%

试验方法依据《客运专线铁路 CRTS I 型板式无砟轨道水泥乳化沥青砂浆暂行技术条件》。

2.3.2 CA 砂浆室内试验及初始配合比的确定

（1）CA 砂浆各原材料经检验合格后，根据设计的理论配合比进行室内试验。测试结果：流动度 20s，可作业时间大于 30min，泛浆率 0，1d 抗压强度 0.15MPa，但含气量 7% 超标。经分析是搅拌机搅拌速度达不到要求，改用轻型高速旋转搅拌设备再次试验，其含气量可满足要求。这说明含气量的微调可由搅拌机的转速和搅拌时间来调整。当将理论配合比中水与引气剂用量进行微调后，室内试验的流动度为 24s，含气量为 8.5%，可

作业时间大于 30min，泛浆率为 0。在其他材料用量不变的情况下，用水量由 30kg/m³ 分别增加为 33kg/m³ 和 36kg/m³，其流动度、含气量、可作业时间、泛浆率均符合要求，1d 抗压强度为 0.13～0.18MPa，试验结果符合 CA 砂浆性能指标要求，故确定了初始施工配合比，即在其他材料用量不变的情况下，用水量可在 30～36kg/m³ 范围内调整。

（2）在室内试验基础上进行模拟现场铺设轨道板工艺试验。在 CA 砂浆专用搅拌车运行稳定后，将搅拌速度调至 30r/min，依次或同时加入乳化沥青、聚合物乳液、水、消泡剂等。待液料搅拌均匀后搅拌速度调至 80rpm，再依次加入干料及引气剂。加料结束后搅拌速度调至 110r/min，搅拌 4min。试验结果流动度为 24s，含气量 8%，可作业时间大于 30min，泛浆率 0，1d 抗压强度为 0.18MPa，7d 抗压强度 1.3MPa。1d 揭板检查，充填层砂浆无分层现象，致密均匀，上表面局部位置存在气泡积聚。

专家现场分析认为：施工工艺操作和施工工具有待进一步改进，灌注速度应控制在 8min 左右，灌注过程尽量减少空气流入；搅拌车运行稳定后将搅拌速度调至 50r/min，依次加入乳化沥青、聚合物乳液、水、消泡剂等，待液料搅拌均匀后搅拌速度调至 70r/min，再依次加入干料以及引气剂，加料结束后搅拌速度调至 115r/min，搅拌 5min。再试验的结果流动度为 26s，含气量 9.2%，可作业时间大于 30min，泛浆率 0；随后在其他材料用量不变情况下，用水量由 31kg/m³ 降低为 27.5kg/m³，其流动度、含气量、可工作时间、泛浆率均符合要求，1d 抗压强度为 0.65～0.69MPa。试验结果符合 CA 砂浆性能指标要求，确定了基本配合比，在其他材料用量不变的情况下，用水量在 27.5～31kg/m³ 范围内调整。1d 揭板检查，充填层砂浆无分层现象，砂浆均匀、饱满、密实，整体效果比较好，均质性比较好，基本达到工艺试验的目的。

（3）通过多次模拟现场试验，总结出了 CA 砂浆流动度与时间的关系曲线，如图 2 所示。

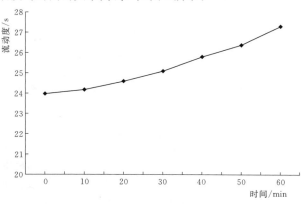

图 2　CA 砂浆流动度与时间的关系曲线

2.3.3　现场灌注揭板试验

选取哈大高铁 TJ－3 标段八颗树特大桥进行现场铺设轨道板施工的 10 块板进行试验。搅拌车运行稳定后调节搅拌速度至 30r/min，依次或同时加入乳化沥青、聚合物乳液、水、消泡剂等，待液料搅拌均匀后搅拌速度调至 70r/min，再依次加入干料以及引气剂，加料结束后提高搅拌速度至 120r/min，搅拌 4min，低速 30r/min 搅拌 1min 后取样试验。试验结果流动度为 22.7s，含气量为 7.8%，含气量不满足要求，再高速搅拌 60s，测得含气量为 8.4%，砂浆均匀，并做其他指标试验；第二次搅拌在初次拌合基础上其他材料用量和搅拌参数不变的情况下，调整高速搅拌时间为 5min。其流动度为 25.0s、含气量 8.3%，满足要求；第三至第八次搅拌维持第二次搅拌参数，CA 砂浆各项指标满足要求。第九次拌和在上次其他搅拌参数不变的情况下对水进行适当调整由 27.5～31.0kg/m³ 区间降低为 18.0kg/m³，试验结果流动度为 20.1s，含气量 9.1%，满足要求；第十次搅拌保持上次各搅拌参数不变，试验结果流动度为 21.5s，含气量为 8.0%，1d 抗压强度 0.15～0.20MPa，符合性能指标要求。2d 揭板检查砂浆表面整体效果比较好，无起皮、无气泡、无褶皱、饱满、均质性比较好。查看砂浆进出口断面，砂浆断面无分层现象，进口处微量气泡、材料饱满、密实、匀质性较好，出口位置无分层现象、无大气泡、材料均匀基本达到工艺试验的目的。

3　CA 砂浆工艺试验施工技术成果

3.1　基本配合比及调整范围

通过工艺性试验，分析砂浆性能指标试验结果并结合揭板检查得到 CA 砂浆基本配合比。在现场施工中根据施工时的环境温、湿度和施工实际情况，除主要材料乳化沥青，聚合物乳液，水泥，膨胀剂等材料掺量不变外，水、引气剂、消泡剂、铝粉等材料可根据施工需要进行调整，使其满足设计的要求。在初始配合比的基础上，结合现场实际情况，确定了基本配合比（见表 3）及调整范围。

表 3	CA 砂浆基本配合比
原材料	每方材料用量/(kg/m³)
乳化沥青	457.400
干粉料	1097.800
聚合物乳液	54.900
引气剂	1.752
消泡剂	0.146
水	17.000

CA 砂浆灌注时，要根据检测结果对部分原材料进行调整。调整范围为：用水量的调整范围为 8～35kg/m³，操作时根据流动度作相应调整；引气剂用量的调整范围为 1.43～2.14kg/m³，消泡剂用量范围 0.107～0.256kg/m³，根据含气量进行相应调整。若含气量低于标准值小于 1%，可通过增加搅拌时间和转速来调整含气量。乳化沥青、干料、聚合物乳液三者比例不能改变。

3.2 CA 砂浆拌制工艺参数

CA 砂浆搅拌车计量系统精度要求为乳化沥青、聚合物乳液 ±1%；水泥、细骨料、膨胀剂或干料 ±1%；引气剂 ±0.5%；拌和用水 ±1%，消泡剂 ±0.5%，铝粉 ±0.5%。每盘拌合量不少于一块轨道板充填层 CA 砂浆用量，即 0.50～0.70m³，实际拌和量可按施工时的轨道板规格及充填层厚度确定。拌和速度及拌和时间规定：搅拌车运行稳定后搅拌速度调至（30±5）r/min，依次加入乳化沥青、聚合物乳液、水、消泡剂等，待液料搅拌均匀后搅拌速度调至（70±5）r/min，再依次加入干料及引气剂，加料结束后搅拌速度调至（120±5）r/min，搅拌（300±20）s，再将搅速度调至（30±5）r/min 搅拌 60s 后取样进行砂浆温度、流动度、含气量等测试，并与技术条件比对。测试过程中搅拌机保持慢速搅拌。

3.3 CA 砂浆灌注工艺

（1）灌注袋铺设前，认真清除混凝土底座板上表面的杂物、积水。选择尺寸合适的灌注袋，平整地将其铺在混凝土底座板上，无扭曲、褶纹，灌注袋 U 形边切线与轨道板边缘齐平，误差不大于 8～10mm。灌注袋可用木楔子沿板周边固定，确保其牢固性，特别是凸台两侧一定要固定。采取防护措施防止轨道板表面在灌注过程中污损，精调后的轨道板用压板装置固定，防止灌注时轨道板上浮。靠近凸形挡台的上部及轨道板两侧各安装 1 只百分表，灌注过程中认真检查轨道板上浮或平移状态。

（2）CA 砂浆现场检测合格后进行灌注施工。灌注时将 CA 砂浆成品料斗通过灌注漏斗、软管流入灌注袋。灌注漏斗安装可调节流量的阀门，灌注过程中，砂浆一次连续流入灌注袋，不得夹入气泡。开始灌注时要缓慢地让砂浆流入灌注袋，达到板的 1/4 位置处加快灌注速率，最后在超过 3/4 时再减缓速率，整个灌注过程的速率是"由缓而快再慢"。

灌注过程中砂浆流到相应位置后才能抽掉木楔子，同时人工轻拉拽灌注袋使砂浆液充满，避免出现褶皱而不饱满。观察轨道板，不得出现拱起与上浮。当灌注袋各边包括四角的砂浆充满灌注袋，即轨道板边缘与灌注袋边缘基本无缝隙，确认灌注袋充填饱满，且灌注袋口预留量满足挤浆要求，一般高于轨道板 10cm，也就是灌注袋口的砂浆预留量要在 30cm 以上后方可停止灌注。将灌注袋灌注口绑扎牢固，并用特制的三角形铁垫架支撑灌注口，支撑角度约 45°，整个灌注过程在 6～10min 内完成。施工时注意保持灌注料斗内液面始终保持一定高度，保证整个灌注过程中 CA 砂浆压力均匀。

（3）灌注结束后 20～45min 内，将灌注口内的砂浆挤入灌注袋，当板的四周特别是四角饱满，即板与灌注袋之间无缝隙时确定灌注饱满，相反则为不饱满。当灌注口内的砂浆不够时，补充挤入。挤入结束后，用 U 型夹具封住灌注口的根部。

（4）砂浆层强度达到 0.1MPa 后，撤除轨道板的支撑螺杆，并切断灌注口，切口应整齐并将灌注口封闭。灌注完成后 7d 以上，或抗压强度达到 0.7MPa 以上后，方可在轨道板上承重。

4 结语

板式无砟轨道技术是我国高速铁路建设中采用的主要施工技术，结构的耐久性，动车行进的平稳性、可靠性、安全性和运行的经济效益等，在很大程度上取决于无砟轨道结构层中 CA 砂浆垫层的耐久性。砂浆垫层的耐久性不仅取决于砂浆的构成材料与配合比，更是取决于砂浆垫层的施工条件，如现场施工配合比、拌制工艺流程、环境温度和湿度等。现场施工必须严格按照制定的施工操作规程进行施工，依据确定的工艺试验参数，严控施工各环节的质量，确保高速铁路工程建设质量。

黄登水电站引水隧洞上弯段压力钢管吊装

吴 涛/长江设计公司黄登水电站工程监理部

【摘 要】 黄登水电站4#机组引水洞上弯段采用钢衬布置形式，运输就位过程中要经过90°转弯，钢管直径及重量较大，现场空间狭小，施工条件受限，钢管运输就位难度大。施工中采用卷扬系统与各吊点配合，最终圆满完成吊装就位，确保了引水工程施工进度。

【关键词】 压力钢管 90°弯段 吊装

1 概述

黄登水电站4#引水洞压力钢管由渐变管、直管、竖井上弯管（90°）组成，渐变段钢管为天方地圆，进口为11.5m×7m，长度15m，逐渐变到直径为10m的圆形钢管。上弯管内径10m，主管材质为Q345R，板厚δ＝30mm，由19个单节弯管组成，单节重量10.93～19.03t（含加劲环），4#引水洞上弯管总重348.49t，布置形式如图1所示。

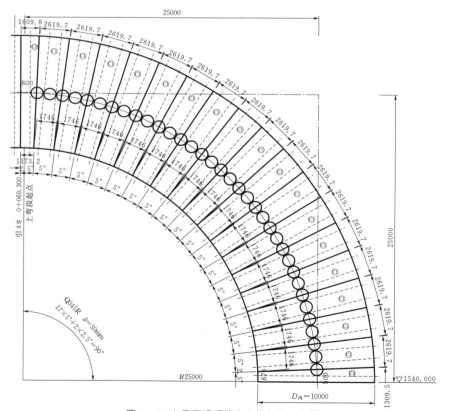

图1 4#上弯管沿钢管中心线剖面示意图

在4#引水洞上弯段钢管安装过程中，由于运输就位需经过90°转弯，而钢管直径及重量较大，现场空间狭小，施工条件受限，从钢管吊装运输至安装位置就位难度较大。

2 解决方案

2.1 施工措施

（1）采用弧形运输钢台车。参数依据钢管直径尺寸设定，通过弧形支撑钢管，保证大直径钢管不因自身重量导致运输过程变形，及运输中钢管自身稳定，以此确保钢管安装质量及运输安全。

（2）沿引水洞开挖岩石基面铺设弧形轨道，延伸至弯管安装位置，浇筑轨道支撑混凝土，使钢台车能顺利运输钢管至安装位置，并在转弯段内弧设置托轮装置，防止钢丝绳因阻力摩擦而损坏。

（3）选用多台卷扬机、滑轮组，按吊装需要布置吊点、导向点组成吊装运输卷扬系统，以便牵引钢台车按照既定需要运行。

（4）根据现场条件布置多套卷扬系统联动，对每台卷扬机的速度控制，铺设轨道，使用钢台车进行弯段钢管吊装运输就位。

2.2 施工流程

洞室内锚点布设→锚点拉拔试验→卷扬系统安装及负荷试验→拖运轨道安装→竖井顶部孔口全封闭平台搭设→弯管两侧人行爬梯安装→安装控制点测放和标识→施工设备和照明设施布设→上弯管定位节（最下游一节）钢支架搭设→定位节运输、卸车和拖运→定位节就位、安装、调整、验收和加固→采用同样方法安装第二节弯管。

3 施工方法

3.1 卷扬系统安装

（1）选择卷扬机和滑轮组。单节弯管最重为19.03t，根据现场情况和拖运方案，布置2台卷扬机，其中10t卷扬机1台、16t卷扬机1台，10t卷扬机用于

洞内平段运输及弯管下放时牵引钢管底部，16t卷扬机用于下放弯管。

根据现场设备情况，同时考虑竖井施工的安全因素，选用2门32t滑轮组，导向滑轮选择单门10t滑轮。

（2）钢丝绳。16t卷扬机钢丝绳的选用计算：选用6×37钢丝绳，换算系数为0.82，按矿井提升标准安全载重系数取6，单节钢管最重19.03t，2门32滑轮组为4倍率，则单根钢丝绳承载力约为5t，即50kN。

$$钢丝绳破断拉力＝钢丝绳安全载重力×安全载重系数$$
$$＝50000N×6$$
$$＝300000N$$

$$钢丝破断拉力总和＝钢丝破断拉力÷换算系数$$
$$＝300000N÷0.82$$
$$＝365853.65N$$

根据钢丝总断面积查表得：采用绳径为26mm钢丝绳，丝径1.2mm，满足起吊要求。

（3）载荷试验。各套卷扬系统使用前，需完成1.25倍静载荷及1.1倍动载荷试验，确保吊装安全。

3.2 轨道和托轮安装

根据设计图纸，弯段轨道转弯半径为19.5m，弧长为31m，轨道用40mm×60mm方钢制作，用卷板机按20m转弯半径卷制成形，底部用直径20mm螺纹钢打入岩层内固定，螺纹钢间距0.8～1m。引水洞清底后进行轨道安装，轨距3600mm，在两条轨道间用型钢进行连接，轨道安装位置超挖部分浇筑二期混凝土，混凝土标号与压力钢管回填混凝土的标号相同，轨道使用后不再拆除。

为防止钢丝绳和岩层碰刷，在转弯段洞室底部需安装托轮装置。根据弧长共安装5个托轮，从弯管起始点开始安装，沿运输轨道中心线在岩壁上打直径20mm的插筋，然后将托轮和插筋焊接在一起。每15°安装一个托轮。

3.3 运输台车与全封闭平台

弯段钢管运输台车采用型钢和钢板制作，台车中部为弧形。钢管运输时加劲环落在弧形位置，以降低台车高度，还可防止钢管移动，确保钢管运输安全。运输台车结构如图2所示。

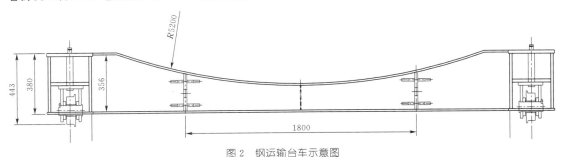

图2 钢运输台车示意图

竖井顶部全封闭平台为土建灌浆及钢管二期混凝土浇筑平台，也作为弯管安装时的施工平台。

3.4　弯管段管节运输

压力钢管场内公路运输将使用40t拖板车运输，钢管以轴线垂直地面方式装车运输。为防止钢管运输时钢管装车不平衡和运输中滑移的危险及产生超限变形，利用托架和手拉葫芦等进行加固、支托和固定钢管。沿线公路和路基两侧2m之内清除障碍物；沿线公路用鲜明油漆画出中心线，拖车头中心线对准公路中心线缓慢行驶。

当拖板车将钢管运输至左岸缆机平台时，利用缆机进行卸车并完成翻身，翻身前将用于下放的吊绳和链子葫芦依次安放在钢管上，同时要注意上下游位置是否正确。使钢管成竖立状态，然后用缆机将钢管吊运至4♯引水洞口，并放置在准备好的运输台车上。由于钢管的短端在台车上，长端在空中，为保证倒运安全，需用钢丝绳和2个5t手拉葫芦将钢管和台车固定在一起，让台车和钢管形成一个整体，将卷扬机和弯管起点处设置的导向滑轮组成的牵引系统拴在台车的下游侧。

3.5　弯段就位及加固

当运输台车和卷扬机将钢管拖运到弯管起点时，前一台卷扬机暂停，后一台卷扬机组成的牵引系统挂在上游侧运输台车上并让钢丝绳处于受力状态。前一台卷扬机改到牵引钢管上游侧，用两个手拉葫芦配合往下游牵引，同时两台卷扬机处于受力状态且逐步放出钢丝绳。待台车及钢管进入弯段时，拆除手拉葫芦，卷扬机慢慢放出钢丝绳，让台车及钢管顺着台车轨道缓慢下移，如图3所示。

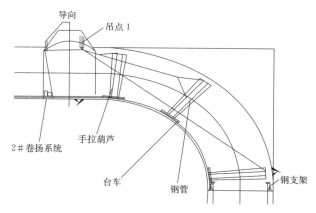

图3　弯管段压力钢管运输就位示意图

竖井一期混凝土施工时已经预留了约1.3m高的安装空间，整个台车长度为4m，台车有1.3m的活动空间。当钢管拖运到距离第一节钢管安装位置钢支架平台

约300mm时卷扬机暂停，利用设置在距离安装位置地锚上的2组5t手拉葫芦挂在钢管上，用链子葫芦将钢管和台车整体水平往下游移。松开固定台车和钢管上的钢丝绳，待台车和钢管分离后用前一台卷扬机将台车拉出钢管的安装位置，并拉至平段洞口，后一台卷扬机继续放出钢丝绳，手拉葫芦逐步松开并根据安装位置调整钢管的水平移动方向，直至钢管完全落在钢支架平台上。用千斤顶和链子葫芦精确调整管安装尺寸，满足要求后，用型钢在钢管外壁进行支撑加固，加固材料应尽可能地和岩壁系统锚杆进行焊接。安装尺寸合格后收回后一台卷扬机钢丝绳，报请监理及第三方对定位节进行验收。

采用相同方法完成其余18节钢管运输吊装工作。

4　危险源及控制措施

压力钢管运输、安装施工危险源及其控制措施如表1所列。

表1　运输、安装施工危险源及其控制措施一览表

序号	环节	危险源及其风险	控制措施
1		工作环境潮湿，发生触电事故	所有电气设备的开关必须按要求配备漏电保护开关且外壳接地良好；电气作业持证上岗并严格按电工安全操作规程执行，两人同时进行，一人操作一人监护，确保施工安全
2	轨道安装	轨道运输过程中因指挥信号不明确或操作错误发生轨道坠落，造成人员伤亡或设备损坏	起重作业人员和卷扬机工必须持证上岗，起重作业由专人统一指挥，操作人员必须在听清信号后方可动作，发现安全隐患及时反映；严禁酒后作业
3		轨道安装施工时因人员不慎发生坠落事故	加强安全教育，提高员工安全意识，作业过程中正确佩戴和使用安全防护用品，按要求必须佩戴安全带且定期检查安全带的牢固性；现场施工人员相互提醒监督，安全员不定期巡查
4	钢管拖运	轨道平整度较差，台车在行走过程中跳轨发生钢管倾倒事故	轨道安装完成必须经验收合格方可浇筑混凝土，浇筑过程中安排专人监督；钢管运输过程中由专人指挥，并安排专人在台车前后侧观察台车轮子与轨道的接触情况，有问题及时反映，避免因跳轨而发生倾翻事故

续表

序号	环节	危险源及其风险	控 制 措 施
5	钢管拖运	轨道卡阻致使台车行走不稳或滑轮质量问题产生钢丝绳冲击造成钢管倾翻	运输轨道上及两侧台车行走安全范围内不能摆放任何材料和设备，定期对轨道的牢固性进行检查；导向滑车和滑轮组在使用前应进行润滑保养，定期进行检查并进行保养
6	钢管运输台车撤除	台车撤除过程中因支撑压力受力不均，钢管发生倾斜，施工人员被挤压或设备损坏	加强安全教育，提高员工安全意识，使用千斤顶在起升钢管的过程中，千斤顶不得小于16t且不少于4台，在专人的指挥下同时起升钢管，避免因不同步而发生钢管倾翻
7	钢管调整、焊接	钢管调整、验收时，因人员在钢管上方检查时没系安全带，不慎发生坠落事故造成人员伤害	加强安全教育，提高人员安全意识，施工过程中按要求搭设施工平台和脚手架，脚手架及平台的脚踏板必须按要求将两头固定；高处作业按要求佩戴安全带
8		钢管对接使用千斤顶压缝时，千斤顶崩弹或坠落发生人员伤害	加强安全教育，提高员工安全意识，认真组织班组成员开展班前安全会议，分析危险源和排除安全隐患；操作时，人员不得站在千斤顶下方，并随时注意其动向

续表

序号	环节	危险源及其风险	控 制 措 施
9	钢管调整、焊接	焊接加温时加热块滑落掉到施工人员身上造成烫伤或触电事故	加强安全教育，提高员工安全意识，加热块布置应有专门的支架并固定牢固；加温控制开关必须安装漏电保护器并定期检查，漏电开关失灵或故障应及时更换，焊机、温控箱及开关箱外壳接地良好
10		钢管焊接时通风效果差，致使施工人员发生恶心、呕吐、头晕现象	在施工作业面上布置轴流风机进行通风，确保施工作业面的通风良好
11		外缝焊接及钢管外支撑高处作业安全措施防护不当，造成坠落	加强安全教育，提高员工安全意识，作业过程中正确佩戴和使用安全防护用品；施工平台支架焊接应由专业电焊工焊接并做好外观检查，脚踏板按要求将两端捆绑牢固；安全带按要求高挂低用

5 结语

黄登水电站引水隧洞 90°大直径上弯段压力钢管吊装，空点狭小、设备布置困难，安装难度较大。需合理布置吊点和卷扬系统，确定并标示出钢管安装桩号，吊装运输中通过各卷扬系统控制好钢管运输角度，直至吊装运输至安装桩号，通过千斤顶和手拉葫芦进行调整。

施工前经设计、业主及监理各方对该吊装运输方案进行评审，压力钢管 90°弯段安装中确保安全，施工总工期原定为 95d，实际 68d 完成，实现了引水工程施工进度目标。

梭式布料机在电站进水口混凝土施工中的应用

赵智勇　何玉虎/中国水利水电第十四工程局有限公司

【摘　要】　黄登水电站进水口为坝身岸塔式布置，塔体混凝土为大体积温控混凝土，总浇筑量24万m³，单仓浇筑方量在2600m³，混凝土温控要求较高，设计要求采用Ⅲ级配、低坍落度、温控混凝土。进水口作业场地狭窄、浇筑强度大，采用4台布料机并采取大管径负压流管、胶带机、布料机接力式供料方法，首次将布料机浇筑应用在电站进水口中，是进水口混凝土入仓机械化的一种创新，梭式布料机在电站进水口混凝土施工中的成功应用，可为同类工程提供参考。

【关键词】　电站进水口　梭式布料机　混凝土施工

1　概述

黄登水电站引水发电系统布置在左岸地下，进水口为坝身岸塔式，前沿宽度为102.8m，顺水流向长度为40.95m，依次布置拦污栅、叠梁门、检修门、快速门和通气孔。进水口塔体高度68m，共布置4个进水口（16♯～19♯坝段），单个进水口前沿宽度25m，左岸端部20♯坝段属于回填非溢流坝段。进水口立视图、平面图见图1。

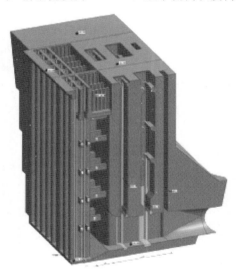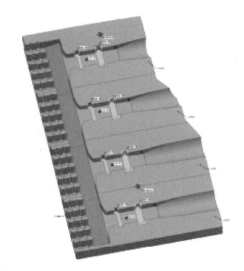

图1　进水口立视图、平面图

16♯～19♯坝段塔体为C25W8F100温控混凝土，除钢筋密集部位采用Ⅱ级配混凝土外，其余部位均采用Ⅲ级配混凝土，高程1580.00m以下均需通水冷却。

施工通道：一条是塔前高程1560.00m左岸上游中线公路，另一条是高程1625.00m坝顶公路。塔体封顶后，孔洞采用钢盖板封闭作为通道及场地。

施工场地：一是18♯、19♯坝段塔前高程1551.00m施工平台，二是塔后高程1580.00m混凝土浇筑完成后形成平台。

起吊设备布置：分时段先后在进水口布置3台塔吊作为施工材料物资的主要垂直运输手段，汽车吊作为辅助。

工作面：从 20# 坝段→16# 坝段工作面依次移交，各坝段呈台阶状上升，依次封顶。

16# ～ 19# 坝段塔后是大坝开挖边坡，边坡1625.00m 高程马道（坝顶平台）距离塔体中心距离约 60m。

电站进水口孔洞多，塔体高、体型复杂，工程量大，混凝土温控要求高，施工场地狭窄，选择合理的混凝土入仓手段尤为重要。为确保混凝土各项指标符合设计要求，综合考虑混凝土温控、浇筑强度和施工成本等，进水口混凝土采用梭式布料机作为主要入仓手段。

2 布料机型号选择

2.1 入仓强度分析

进水口采用平铺法浇筑，根据计算，浇筑强度需达到 60m³/h，方可满足浇筑需要。底板仓位面积虽比塔体稍大，但前沿钢筋密集，采用Ⅱ级配混凝土浇筑，采用管式布料机入仓或泵送辅助入仓，不考虑布料机下料。

拦污栅墩及连系梁钢筋密集，属于小结构，采用泵送，不考虑布料机入仓方案。

2.2 覆盖范围分析

根据塔体结构尺寸，如果单纯考虑覆盖范围，主选有 2 种方案，即 4 个塔体布置 3 台布料机或者每个塔体布置 1 台布料机。第 1 种方案需要 4 个塔体基本上能够同步上升，否则布料机就无法兼顾并且制约进度，从进水口交面情况来看，只能选择第 2 种方案，即每个坝段布置 1 台布料机。

2.3 布料机的主要参数

布料机有 SHB20、SHB22、SHB25 和 SHB30 型 4 种布料机可供选择，梭式布料机主要参数见表 1。

表 1　　　梭式布料机主要参数表

型号	布料范围/m	混凝土输送量/(m³/h)	皮带带速/(m/s)	皮带宽度/m	回转/(°)	立柱断面
SHB20	2.5～20	100	2.5	650	359	1.6m×1.6m
SHB22	2.5～22	120	2.5	650	359	1.6m×1.6m
SHB25	2.5～25	120	2.5	650	359	1.8m×1.8m
SHB30	4.5～30	120	2.5	650	359	1.8m×1.8m

以上 4 种型号布料机，混凝土输送量均能满足要求，其他参数基本一致，明显不同的是 SHB30 型布料机盲区为 4.5m，比其他 3 种型号布料机盲区范围大。

2.4 布料机布置方案

有 2 种方案，一种是全部埋入塔体混凝土内，一种是布置在塔体永久结构内。埋入方案布料机立柱埋入量较大约 280m，因此，考虑布置在事故闸门孔内，虽然不在塔体正中心，但是基本在中间位置。经核算，SHB25 型布料机可满足要求。

综上分析，进水口 4 个塔体布置 4 台 SHB25 型梭式布料机浇筑，布料机均布置在事故闸门孔内，闸门孔中心即是布料机布置中心。

2.5 上料系统布置

单条供料线路为：拌和楼→自卸车运至 1625m 平台→9m³ 下料斗→DN500 溜管＋缓降器→6m³ 集料斗→皮带机→SHB25 布料机→浇筑仓面。

3 入仓工艺试验

3.1 实验目的

为了进水口混凝土施工的正常进行，在启动施工前，对大级配低坍落度混凝土的整个施工过程进行工艺试验，试验目的如下：

（1）确定负压溜管最佳安装角度。

（2）验证大级配、低坍落度混凝土，采用自卸车卸料情况。

（3）验证皮带机配合布料机的入仓强度是否满足要求。

（4）混凝土平仓振捣过程及浇筑质量。根据工艺试验，选取进水口混凝土施工配合比，同时对下料系统适用性、经济性进行评价。

3.2 试验方法及过程

在尾水出口高程为 1500.00m 平台和围堰上游区域分 2 个阶段进行试验：①自卸车→吊罐→3m³ 集料斗→半圆形负压溜槽→皮带机→SHB25 布料机；②吊罐→3m³ 集料斗→DN500 溜管＋自制缓降器→皮带机→SHB25 布料机。半圆形溜槽为 $\phi630mm×10mm$ 钢管半剖，上口满铺 $D=800$ 运输皮带封闭。

混凝土入仓系统由皮带机→集料斗→皮带机→集料斗→DN500 溜管＋My－Box 组成。集料斗为自制 1m³ 料斗，溜管安装角度为 73°。

共进行五组试验，对配合比、运输方式及下料方法进行调整，反复试验，试验过程每个环节安排专人全程跟踪并记录。入仓试验现场记录成果见表 2。

表2 入仓试验现场记录成果表

序号	强度等级	级配	坍落度/mm	运输方式	气温/℃	出机口混凝土温/℃	出机口坍落度/mm	现场气温/℃	现场混凝土温/℃	现场坍落度/mm	坍损/mm
1	C25W8F100	2	40～80	自卸	25.0	21.6	40	23.7	21.3	20	20
2	C15W6F100	2	40～80	自卸	25.2	24.3	55.0	25.1	24.0	50.0	5
3	C25W8F100	2.5	80～120	罐车	29.0	26.3	120.0	30.0	27.9	95.0	25
4	C25W8F100	3	80～120	自卸	30.0	27.0	140.0	30.0	28.5	100.0	40
5	C15W6F100	2.5	80～120	罐车	31.0	27.5	160.0	33.0	29.0	130.0	30

各组配合比混凝土试验情况如下：

第一组配合比：自卸汽车运输至现场5min坍损20mm，自卸车卸料至9m³卧罐，从卧罐放到集料斗过程需安排2～3人专门在集料斗位置协助下料，混凝土通过半圆形负压溜管输送给皮带机向布料机供料，从吊罐中至集料斗卸料较慢较困难，混凝土进入溜管以后运输正常。混凝土进入仓后，仓面较窄，拉筋较密，坍落度太小人工平仓振捣困难，普通振捣器无法有效振捣，需采用∆100mm高频振捣器才能进行有效振捣，振捣难度较大。

第二组配合比：自卸汽车运输至现场坍损5mm，自卸车卸料至集料斗，集料斗下口位置容易堵塞，需安排2～3人专门协助下料，混凝土通过半圆形溜管输送给皮带机向布料机供料，从现场看出下料时坍落度在50mm左右时料斗下料困难，混凝土进入溜管以后运输正常，入仓后人工平仓困难，需采用φ100mm高频振捣器振捣。

第三组配合比：混凝土罐车运输至现场坍损25mm，混凝土罐车卸料至吊罐，从吊罐到集料斗下料顺畅，混凝土通过圆形溜管输送给皮带机向布料机供料。混凝土进入溜管以后输送正常，入仓后人工平仓容易，振捣正常。

第四组配合比：自卸汽车运输至现场坍损40mm，混凝土罐车卸料至吊罐，从吊罐到集料斗下料顺畅，混凝土通过半圆形溜管输送给皮带机向布料机供料。混凝土进入溜管以后输送正常，入仓后人工平仓容易，振捣正常。

第五组配合比：混凝土罐车运输至现场坍损30mm，混凝土罐车直接卸料入集料斗，过程中下料顺畅，混凝土通过半圆形溜管输送给皮带机向布料机供料，混凝土进入溜管以后输送正常，入仓后人工平仓容易，振捣正常。

第二阶段仅进行了混凝土溜管入仓试验，主要目的是验证传统的My-Box缓降器和自制缓降器在混凝土输送过程中的适用性，选取不同级配、不同配合比进行了试验，试验结果表明，采用My-Box缓降器下料，

坍落度100～140mm时混凝土能顺利入仓。

3.3 试验总结

半圆形溜管在安装角度大于45°时，试验所选取的所有坍落度的混凝土能顺利通过，不会产生骨料分离现象。

圆形溜管在安装角度大于47°时，不论采用自制缓降器，还是采用My-Box缓降器，任何坍落度都能满足混凝土入仓要求，不会产生骨料分离现象。

混凝土坍落度（出机口）在40～80mm时，需采用自卸汽车运输，运输至现场时损失20～40mm，自卸车卸料和集料斗放料均存在一定困难，需人工辅助卸料。混凝土坍落度100～140mm时，可采用混凝土罐车运输，运至现场损失20～40mm，到溜管时为80～100mm，罐车卸料和集料斗放料均正常，平仓也较方便。

皮带机和布料机输送混凝土时，均采用2.0m/s的速度运行，皮带机和布料机均能正常输送，入仓强度主要受集料斗放料速度控制。

当坍落度到溜管和皮带机低于80mm时，仓内平仓难度较大，需要配置大量的人员，不适于浇筑钢筋较密集空洞较多，坍落度大于100mm时，仓内平仓容易。

进水口混凝土水平运输采用自卸车运输，垂直运输采用DN500的溜管加自制缓降器，下部用皮带机给料梭式布料机供料，混凝土采用Ⅲ₁或Ⅲ级配，拌和楼出机口按照80～120mm控制，到集料斗、皮带机和布料机上时为70～90mm，对于现场下料、平仓、振捣较为合适。

4 混凝土入仓设备整体规划布置

4.1 整体布置

进水口4个坝段塔体事故门槽内各布置一台SHB22型梭式布料机，每2个坝段从坝后边坡布置一趟DN500溜管下料系统。其供料线路为：自卸车运至高程为

1625.00m 平台→9m³ 下料斗→DN500 溜管＋缓降器→6m³ 集料斗→皮带机→SHB22 型布料机→橡胶溜桶→浇筑仓面。工作面移交顺序及时间决定 18#、19# 坝段塔体先上升，16#、17# 坝段塔体滞后上升，2 个塔体共用 1 套上料系统，布料机之间采用接力式供料，可彼此

供、受料，解决了布料机立柱周围盲区无法下料的问题。随着坝体上升接近坝顶时，取消溜管下料系统，直接采用皮带机配合布料机下料浇筑，采用搅拌运输车运输，旋转分料斗直接下料至皮带机料斗内。混凝土入仓系统设计如图 2、图 3、图 4 所示。

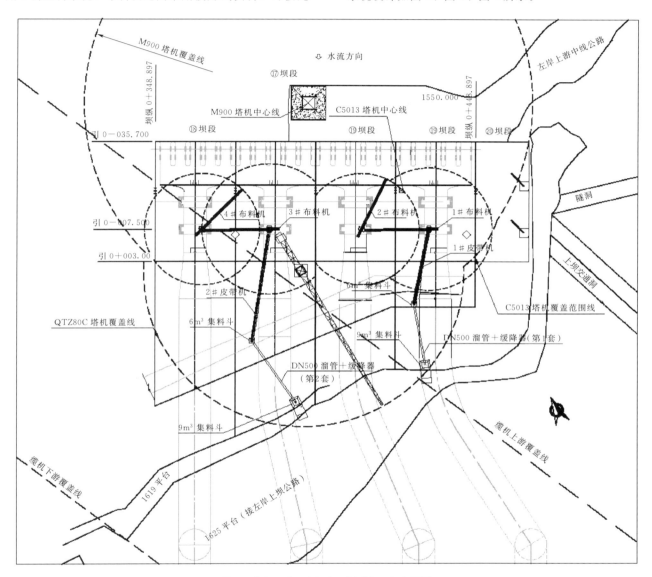

图 2　进水口混凝土入仓下料系统平面布置图

4.2　布料机安装

16#～19# 坝段每个坝段在工作面移交前，先进行布料机基础件的预埋，工作面移交后，根据设备吊装能力，整机安装或分块安装。

设备出厂时为便于运输，将设备分成预埋件、立柱、回转支撑座以上部分和皮带机部分四大块，进场后由厂家指导进行组装。

拟定安装位置提前浇筑 C25 基础混凝土，并提前预埋相关预埋件设施，基础龄期到达设计强度 75% 后方可

进行安装。

9m³ 集料斗和 DN500 溜管末端 6m³ 集料斗自制，9m³ 集料斗下料由电动弧门控制，弧门位置专门配置一人，料口焊接 A25 钢筋网片，间排距 200mm×200mm，避免自卸车下料堵塞料口。

DN500 溜管在中间位置和管口设置缓降器，溜管一侧安装检修人行通道，溜管采用钢丝绳串联固定，使用过程中，如果出现溜管磨损漏料情况，翻转另一个面使用即可。

上料皮带长度根据实际距离量取制作，一般 12m

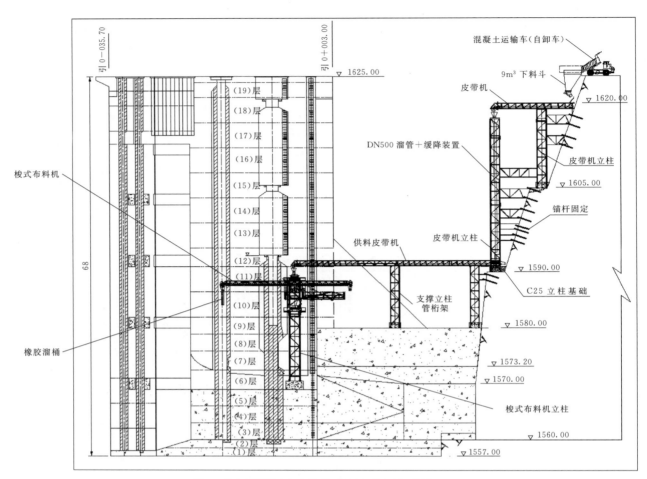

图3 进水口混凝土入仓纵剖（沿中心线）图（单位：m）

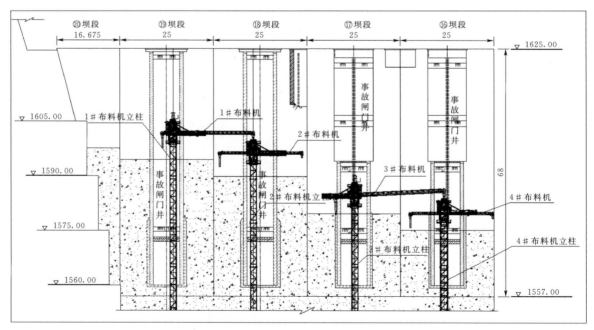

图4 布料系统沿事故门中心线立视图（单位：m）

长 1 节，根据需要尺寸连接即可。皮带机桁架主梁用 14 号槽钢，腹杆用∠63mm 角钢组焊，其余采购成品自行组装。皮带机配套设置检修通道和防雨棚等。

皮带机立柱用 150 薄壁钢管组焊成管桁架，皮带机立柱支撑 6m³ 集料斗，当皮带机净跨大于 24m 时，必须在跨中设置立柱支撑。

布料机立柱随着塔体浇筑上升，立柱为 150mm×10mm 钢管，斜腹杆为 100mm×3.5mm 钢管，标准节高度 12m，截面为 1.6m 的正方形，采用法兰连接。根据实际条件，立柱也可直接预埋入结构混凝土内。

布料机、皮带机输送胶带接头位置应采用热硫化搭接，不可采用胶粘，否则浇筑过程中漏料会相当严重，污染工作面，特别是浇筑大坍落度混凝土。

5 布料机运行和维护

5.1 负荷运转试验

（1）空运转。各部件安装完毕后，首先进行空载试运转；并对各部件进行观察、检验及调整，为负载试运转做好准备。

（2）负载运转。直接采用混凝土下料试验，加载量先按 20% 额定负载加载，通过后再按 50%、80%、100% 额定负荷进行试运转，在各种负荷下试运转的连续运行时间不得少于 2h。另外，有必要进行 110%～125% 额定负荷下的满载启动和运转实验。

5.2 操作、维护与保养

（1）制定安全操作规程和建立维护保养制度，安排专人进行定期修理和更换零部件。

（2）布料机的有关操作人员在首次操作前应阅读使用说明书，尤其是主控制台的操作人员，应经过培训，具有一定操作经验。

（3）严格按照操作规程进行操作，驱动装置的调整及各种安全保护装置的调整应由专职人员操作进行。

（4）系统在运行过程中，特别注意漏斗有无阻塞及滚筒、托辊、清扫器、张紧装置等的工作状态和电控设备的工作状态。检查胶带是否跑偏，如有，则应及时排除或停机调整。

（5）尽量降低落料高度，料斗出料应均匀以减少物料对带面的冲击，防止受料点集料。

（6）整个系统尽量在输送带上的物料卸净后停车，并以空载启动为宜。

（7）每次浇筑完成后，应及时对布料机进行清理，便于下次使用。

6 结语

进水口塔体使用布料机并采取接力式供料方法，解决了布料机本身存在盲区的问题，浇筑强度达到每小时 60～70m³ 左右，满足浇筑强度要求。将布料机应用在进水口混凝土浇筑中，与传统的溜槽或者泵送相比，布料机加高一次可浇筑 3 层，减少重复搭设溜槽架或者架设泵管等工作，节约了大量的劳动力，降低成本。在混凝土浇筑工期相对富余的情况下，可减少布料机数量一次投入，只需要将布料机立柱随浇筑高度加高，通过移设布料机回转以上部分进行浇筑。布料机立柱加高或者改造上料皮带需要 1 周左右时间，但是基本不会直接影响到仓位的备仓工作，不影响塔体升层进度。

黄登水电站进水口混凝土施工梭式布料机安装与运行

姚 巍 单亚洲 韩月朋/中国水利水电第十四工程局有限公司

【摘 要】 黄登水电站进水口混凝土施工中，成功使用梭式布料机进行混凝土浇筑，本文介绍了梭式布料机的系统布置、安装调试方法以及运行维护保养注意事项，可为类似工程提供借鉴。

【关键词】 电站进水口 梭式布料机 安装

1 概述

黄登水电站引水发电系统进水口位于左岸 16♯～19♯ 坝段（坝纵 0＋348.897～坝纵 0＋448.897）之上，采用坝身岸塔式取水，进水口前沿宽度 100m，顺水流向长度 40.95m，依次布置拦污栅、检修闸门、事故闸门和通气孔。进水口底板高程为 1560.00m，塔顶高程与坝顶高程相同，为 1625.00m，塔体高度 65m，本标还包含左岸端部 20♯ 坝段（0＋448.897～0＋465.572）。

进水口施工主要包括进水口 16♯～20♯ 坝段高程 1557.00m 以上混凝土浇筑、预埋件制安、二期混凝土浇筑，20♯ 坝段基础处理等，混凝土浇筑量约为 24 万 m³。

SHB25 型伸缩式双向布料机是为满足水电施工混凝土浇筑盲区而开发设计的专用混凝土布料设备，可满足半径 25m、高 12m 区域的混凝土连续布料要求。

布料机主体由机架、皮带机、驱动单元三大部分组成，主要性能参数：悬臂布料范围为 2.47～25.00m；瞬时生产率 200m³/h，额定生产率 120m³/h；带宽 650mm，带速 2.5m/s，回转 359°，伸缩 12m；皮带驱动电机功率 15kW；设备总体尺寸 24.5m×1.9m×18.7m；立柱高度 12m。

2 布料机安装与试运转

2.1 系统布置

1♯～4♯ 布料机立柱基础埋均布置在 1555.50m 高

程，立柱初始高度为 12m，布料机头尾部各挂 12m 溜筒，可完成 1567.50m 高程以下的混凝土入仓。混凝土输送路径为：1625.00m 高程平台→9m³ 下料斗→DN500 溜管（配置缓降装置）→6m³ 集料斗→18.5m 上料皮带机→梭式布料机→浇筑仓面。浇筑至 1567.50m 高程后，将 6m³ 集料斗与布料机立柱各加高 12m，并拆除底部 DN500 溜管，可实现 1579.50m 高程混凝土入仓。1579.50m 高程混凝土入仓如上布置，但布料机与 6m³ 集料斗应同时上升加高，并拆除 DN500 溜管，上料皮带机则相应加长，皮带机加长后则需在桁架中间底部增加支撑，增加上料皮带机的稳定性，保证上料皮带机运行安全，同时应对布料机所增加的立柱进行支撑，保障布料机运行稳定。

布料机基础均布置于 1♯～4♯ 塔事故闸门井内，根据安装顺序进行编号。布料机基础布置见图 1。

2.2 布料机安装

设备出厂时为便于施工和安装，将设备分成预埋件、立柱、回转支撑座及皮带机四大部分，出厂前已部分组装成整体，现场则利用进水塔塔前的 M900 固定式塔机进行布料机安装及升高，塔机覆盖不到的区域采用汽车吊。

（1）立柱安装。按照《布料机立柱及基础预埋件安装技术要求》安装好立柱预埋件，再安装立柱，接着安装立柱以上部分。在立柱中间安装垂直爬梯，立柱与埋件间用 M30 高强螺栓和垫片连接，预紧力矩 500N·m。所有高强螺栓分 4 次拧紧，首先将连接螺栓带紧，然后对称交叉用力矩扳手将螺栓拧紧至预紧力矩的 1/3，再对称交叉用力矩扳手将螺栓拧紧至预紧力矩的 2/3，最后用力矩扳手将螺栓拧紧至预紧力矩。

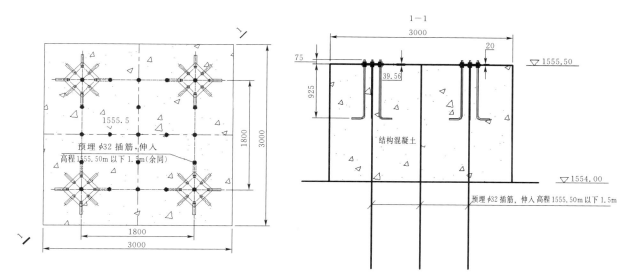

图 1　布料机基础布置图

（2）回转部分安装。到货时已装配成一体，检测 72 套高强度螺栓 M24 预紧力矩，预紧力矩不足需加拧至 800N·m，不允许漏拧。在平整开阔场地准备 1 个 2m×2m 安装平台，将回转柱立正，并固定在平台上，加固安装平台及回转柱，防止倾翻。安装回转减速器，给减速器及液力耦合器加油，通电试运行，回转平稳无异常响声则满足要求，给回转轴承内齿圈抹润滑脂。安装回转柱上部维修平台及中间操作台，平台要求焊接牢固。将回转柱吊装至立柱上，用 8.8 级高强螺栓 M30 将其固定，预紧力矩 900N·m。

（3）皮带机安装。安装栈桥两侧走道、栏杆。安装张紧装置，调节丝杆使栈桥保持水平。检查栈桥及回转柱上拖轮组，并给拖轮加润滑脂。安装及检查侧挡装置，并涂抹润滑脂。将 3 节皮带机桁架分别从回转柱两侧插入，在栈桥上装连接销轴组成整体，安装伸缩装置链条，并用螺旋扣锁紧。安装皮带机上托辊、下托辊、侧挡辊等部件，安装胶带。硫化胶带接头时将螺旋张紧滚筒松开，尽量缩短胶带环形长度，确保能够张紧。安装皮带机驱动装置，给电动滚筒加油。张紧胶带，安装内清扫器、头尾清扫器，安装头尾过渡料斗，再安装 φ426 橡胶负压溜筒。安装电气液压系统，给设备整体供电。安装皮带机桁架伸缩限位块，限位形成开关等；安装导料槽、挡料罩。

2.3　布料机试运转

（1）空载试运转。梭式布料机各部件安装完成后，首先进行空载试运转（运转时间不得低于 2h）；并对各部件进行观察、检查及调整，为负荷试运转做好准备。试运转时，布料机伸缩、旋转范围内施工人员必须撤离工作面。

（2）带负荷运转。设备通过空载试运行并进行必要的调整后进行负载试运转，目的在于检测布料机的相关技术参数是否达到设计要求，对设备存在的问题进行调整。加载量应从小到大逐渐增加，先按 20% 额定负载加载，通过后再按 50%、80%、100% 额定负荷进行试运转，在各种负荷下试运转的连续运行时间不得少于 2h。

2.4　布料机拆除

布料机拆除顺序为：上料皮带机→布料皮带机→回转部分→立柱。

3　布料机运行与维护

梭式布料机日常正常使用过程中，精心维护保养与否对设备使用寿命影响很大。为确保梭式布料机正常运行，应制定安全操作规程和建立维护保养制度，进行定期修理和更换零部件，防止不正确的使用操作造成设备和人身事故。

3.1　安全注意事项

（1）布料机的有关操作及工作人员在首次操作前必须阅读使用说明书，了解布料机性能、构造及有关要求。尤其是主控制台的操作人员，必须经过培训，具有一定操作经验。

（2）在运转过程中，系统上要派人巡查，以防止意外原因产生堵料或设备损坏。

（3）操作人员应集中精力，操作之前必须响警铃。

（4）除紧急情况外，日常不得使用安全保护装置停机。

(5) 两台布料机上下交叉重叠时，则应在布料机桁架上安装旋转警示灯及警示带。

3.2 操作注意事项

(1) 操作前检查各操作按钮及手柄是否处于零位。

(2) 操作前检查各润滑处是否符合要求，如有不足需及时补充。

(3) 严格按照操作规程进行操作，驱动装置的调整及各种安全保护装置的调整应由专职人员操作进行，不得随意触动各种安全保护装置。

(4) 系统在运行过程中，操作人员及巡查人员应随时注意设备运行情况。

(5) 操作人员发现设备运行异常时，应做好记录，紧急情况时应立即停机。

(6) 尽量降低下料高度，上料皮带机出料尽量均匀，并减少物料对带面的冲击，防止受料斗集料。

(7) 头尾清扫器刮刀与带面接触必须均匀，弹簧压力适中，以防止清扫部位渗漏或带面过热。

(8) 皮带机运转过程中，不得对输送带、托辊、滚筒进行清扫，不得拆换零部件或进行润滑保养。

(9) 力求避免皮带机空载运行时间过长，以减少头尾清扫器对输送带的磨损，必要时可向刮刀进行喷水加以润滑及降温。

(10) 整个系统尽量在输送带上的物料卸净后停机，并以空载启动为宜。

(11) 遇到突发事故停机，故障处理时间超过1.5h，

停留在带面上和斗体内的混凝土需清理干净。

(12) 各电机要有遮雨设施，以防止电机受潮。

(13) 皮带机胶带粘接用热硫化工艺。

(14) 混凝土输送完成后应切断总电源。

(15) 各部位通信必须通畅。

(16) 做好运行、运转记录和交接班工作。

3.3 设备的正常使用与定期检查

(1) 不得将皮带机用来完成设计规定以外的工作任务。

(2) 不允许超载运行。

(3) 应使各安全报警装置处于完好状。

(4) 通往紧急停机开关通道应无障碍物，定期检查这些开关是否处于完好状态。

(5) 各运转部位应设置足够的照明设施。

(6) 人宜接近的挤夹处应设防护棚。

除日常检修外，每月应进行一次小修，每半年或一年进行一次大修（可根据现场条件及实际情况缩短或延长周期）

4 结语

黄登水电站首次采用梭式布料机进行进水口混凝土浇筑，布料机安装完成并经调试试运行，能满足混凝土浇筑质量和施工强度要求。

浅谈降低钢衬底拱脱空率施工质量控制

秦　涛　晏和林/中国水利水电第十四工程局有限公司

余雅宁/华能澜沧江股份有限公司黄登·大华桥建设管理局

【摘　要】 黄登水电站钢管钢衬及蜗壳底拱回填混凝土施工中，通过优化混凝土振捣施工工艺、增加混凝土流动性、优化混凝土干缩性能等措施，使混凝土脱空率不大于10%，明显脱空面积不大于0.5m²，施工质量得到较好的控制，为类似工程提供很好的借鉴。

【关键词】 钢衬底拱　脱空率　质量控制

1　工程概况

黄登水电站位于云南省澜沧江中游河段，为引水式发电地下厂房，采用单机单管引水方式，4台机组布置4个蜗壳和4条压力管道，蜗壳钢衬结构主要有蜗壳钢衬底拱、蜗壳阴角（包括蜗壳座环）及蜗壳外围，单台机组蜗壳层混凝土最大浇筑宽度为28.7m，蜗壳外围混凝土最大浇筑长度为29m。

压力钢管钢衬分为上平段和下平段，1♯～4♯条压力管道上平段钢衬段长依次为17.636m、40.199m、42.908m、59.28m，下平段钢衬段长均为54m，衬砌断面半径为4.3～5m，厚度80cm，底拱120°范围内呈密闭空间，且钢管外壁设20cm加劲环，仓内狭窄，人员无法进入。

根据设计技术要求，引水隧洞压力钢管及蜗壳钢底拱衬段回填混凝土脱空率不大于15%，脱空面积不大于0.5m²，钢衬底拱衬砌属重要隐蔽工程，底拱易引起底拱脱空，且下平洞压力钢管为高强钢，设计不允许开孔接触灌浆，如脱空面积较大，影响流道后期安全运行。

2　钢衬底拱混凝土脱空原因分析

2.1　仓面混凝土振捣困难

根据混凝土施工要求，混凝土振捣主要控制目标为混凝土不再显著下沉，不出现气泡，并开始泛浆为准。由于压力钢管钢衬底拱衬砌钢筋密集，加劲环较多，作业空间狭小，人员无法振捣，造成混凝土排气性很差。

2.2　混凝土流动性低

常态二级配普通混凝土流动性低，仓面空间狭小，平仓振捣十分困难，且混凝土可泵送性差、当浇筑速度稍有减慢，浇筑间歇时间变长，极易造成堵管及混凝土骨料下沉。

2.3　混凝土凝结干缩较快

采用常态二级配普通混凝土浇筑，为尽量增加其流动性，其胶凝材料用量及砂率均比相同强度等级的普通混凝土大得多，水泥用量多达460kg/m³，造成混凝土拌和物浆量多，使混凝土凝结干缩加快，造成混凝土固有的干缩性能与钢衬无法很好结合，接触面脱空，且底拱始终存在振捣不到位的部位，局部容易造成底拱脱空。

3　解决办法与控制措施

3.1　解决仓面混凝土振捣困难

仓面混凝土振捣困难主要为作业空间狭小，人员无法振捣。通过改进工艺，实现钢衬底部混凝土振捣。

在钢管底部设置振捣器导向装置（见图1），使$\phi 50$软轴振捣器深入底拱，解决因仓内狭窄，人员无法振捣问题，并对混凝土排气起到较好作用。

通过对钢衬段回填混凝土检测数据和位置，大部分混凝土脱空范围都聚集在中心线以下压力钢管靠近加劲环两侧范围内，设计增加振导器导向笼，导向笼内径90mm，采用$\phi 6.5$圆钢制作，制作完成后振捣导向笼安装在压力钢管加劲环两侧20cm处，每个加径环间安装

1个，安装间距1.5m，使用φ50软轴振捣器通过导向笼，让振捣棒深入底拱进行振捣作业，解决人员无法振捣的问题。压力钢管底拱混凝土脱空率和脱空面积得到有效控制。

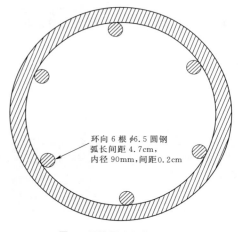

环向6根φ6.5圆钢
弧长间距4.7cm，
内径90mm，间距0.2cm

图1 振捣导向笼的示意图

3.2 增加混凝土流动性

经过长时间观察和统计，混凝土采用二级配普通混凝土浇筑流动性差，为保证其流动性，结合其施工环境因素，对配合比进行改进，采取高流态自密混凝土代替二级配普通混凝土进行浇筑，因此通过配合比设计试验、工艺试验总结，高流态自密实混凝土用于压力钢管衬砌底部。

高流态自密实混凝土固有的流动性极大，很好的解决仓面狭小，平仓困难的问题。

3.3 优化混凝土干缩性能

自密实混凝土胶凝材料用量及砂率均比相同强度等级的普通混凝土大，造成混凝土拌和物浆量多，会使混凝土凝结干缩更加明显，混凝土固有的干缩性能与钢衬无法很好结合。

通过高流态自密实混凝土工艺试验，设计高流态自密实混凝土配合比，并在工艺试验的基础上，添加了微膨胀剂氧化镁（MgO），减少混凝土干缩造成混凝土脱空质量缺陷，并分别通过对4%、6%、8%掺量进行试验，通过混凝土标养试块力学性能试验，初始时，随着膨胀剂掺量增大，混凝土力学性能（抗压强度、抗折强度及弹性模量）略有增大，各龄期自由收缩率降低，但是掺量过大时，混凝土力学性能反而降低，且成本过高，因此确定最佳掺率6%的最终配合比（见表1）。

表1		高流态自密实混凝土最终配合比表							
混凝土强度等级	水胶比	每方材料用量/（kg/m³）							
		水	水泥	粉煤灰	减水剂	减气剂	膨胀剂	砂	5～20mm 小石
C25W8F100	0.39	180	246	115	4.62	0.0069	27.7	866	802

4 结语

黄登水电站钢管钢衬及蜗壳底拱回填混凝土施工中，通过在仓内压力钢管两侧20cm处底部设置环向导向笼，优化混凝土振捣施工工艺，并采取增加混凝土流动性、优化混凝土干缩性能等措施，使混凝土脱空率不大于10%，明显脱空面积不大于0.5m²，施工质量得到较好的控制，为类似工程提供很好的借鉴。

浅谈 20m 预应力小箱梁预制及组织管理

王　凯/中国水利水电第十四工程局有限公司

【摘　要】　在黄土高原沟谷地区进行公路工程施工，特别是在地形利于梁场建设的环境下，通过箱梁预制场地的合理布置，优化施工机具、人员的资源配置，实现了条件受限的情况下箱梁场预制生产组织管理。在梁场各功能分区划分过程中，综合考虑架梁通道、架设方法、工期安排、桥梁分布等要素，合理地进行制梁、存梁台座数量、位置、走向等规划方案，给出了黄土高原沟谷地区复杂地形下箱梁预制的施工组织管理模式。

【关键词】　预应力　箱梁　预制　施工组织

1　引言

目前我国箱梁预制采用多种组织管理模式，但箱梁在预制场集中预制，是目前国内大力推行的方法。在箱梁梁场内各功能分区合理划分，其中预制箱梁钢筋在加工区集中调直、焊接、弯制成型运至台座绑扎。为缩短钢筋安装工作在制梁台座上占用的时间，提高制梁台座的利用率，将箱梁底板、腹板钢筋在钢筋胎具上预扎，然后利用龙门吊配专用吊架将箱梁底板、腹板钢筋整体吊放至制梁台座上，安放模板后，继续绑扎剩余顶板钢筋。预应力管道采用波纹管，其安装穿插在钢筋绑扎过程中。

因箱梁混凝标号高、混凝土浇筑工艺要求严，目前都采用集中拌和、通过运输车或泵输送至浇筑台座处、利用龙门吊吊运混凝土料模的方式。

2　工程概况

延安至延川（陕晋界）高速公路路线起自延安市以北的马家沟，设枢纽立交与包茂高速公路相连，之后向东经宝塔区、延长县和延水关镇，在刘家畔设黄河特大桥跨越黄河至山西境内的直里地，路线全长116.520km。其中桥梁上部结构为20m装配式预应力连续箱梁，下部构造为柱式桥墩、肋板式桥台、人工挖孔与钻孔灌注桩基础，桥梁分为整体式与分离式两种。

箱梁主要技术指标：①几何尺寸：梁长 20.00m，梁高 1.20m，梁宽度 2.40m 或 2.90m，顶板厚度 0.18m；②梁体混凝土等级 C50，湿接缝混凝土 C50，压浆水泥浆等级 C50；③预应力体系主要参数：钢绞线 $\phi 15.24$，$f_{pk}=1860MPa$，锚具为 YM、BM 锚，预应力孔道为波纹管成型。

3　施工特点

（1）本段桥梁跨河、邻河较多，大部分墩位位于沟谷、河流中，结构复杂，桥梁设备进场困难，且环保要求高，施工难度大；需要项目技术人员精心组织，科学管理，按项目法施工，合理划分施工区段，安排施工顺序，保证施工正常、高效进行。

（2）预应力箱梁数量较大，集中预制的施工场地小，限制预制施工的开展。大梁预制安装要求精度高，施工难度大；如何按图纸设计的施工用地范围和布置内容，合理选择施工用地，保证项目各项生产，显得尤为重要。

（3）施工有效工期短。需要科学组织、合理安排，组织专业化的桥梁分项施工队，施工时编制合理的施工计划并严格按照计划实施。

4　箱梁预制场地的布置

（1）第一箱梁预制场设在主线 K70＋000 禹居停车场共计 60.6 亩（1 亩≈666.7m²），第二箱梁预制场 K71＋650 共计 22.3 亩距线路左侧约 500m 处，预制梁场布置如图 1、图 2 所示。

（2）每个预制场共需要预制约 700 片箱梁，根据施工计划安排，在第一梁厂内设 28 个制梁台座，一个存梁区；第二梁厂设 40 个制梁台座，1 个存梁区。混凝土由项目部拌和站（距预制场约 1000～2500m）供应，混凝土罐车运送到预制场内。

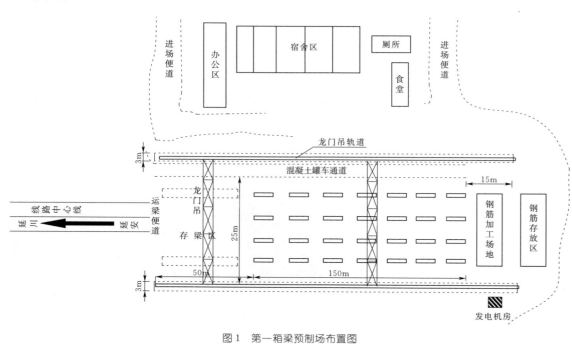

图1 第一箱梁预制场布置图

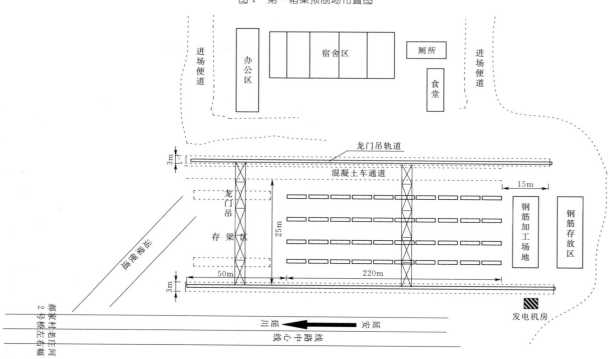

图2 第二箱梁预制场布置图

（3）每个预制场内配三台30t龙门吊机，用于混凝土浇筑、移梁、钢筋笼安装等施工。

5 施工准备工作

5.1 施工机具、设备配置

进场施工机具、设备清单见表1。

表1　　进场施工机具、设备清单

序号	设备名称	型号	数量	使用部位	备注
1	混凝土拌和站	90型	2	混凝土浇筑	
2	装载机	ZL50C	1	拌和站	
3	装载机	ZL30	1	拌和站	
4	混凝土罐车	6m³	4	混凝土运输	
5	龙门吊	30t	6	吊梁、浇筑	

续表

序号	设备名称	型号	数量	使用部位	备注
6	振动棒	50 型	8	混凝土浇筑	
7	附着式震动器	2.2kW	10	混凝土浇筑	
8	张拉油泵	ZB4 - 50 型	4	张拉	
9	千斤顶	150t	2	张拉	
10	千斤顶	27t	4	张拉	
11	模板	20m	16		8中、8边
12	闪光对焊机		1	钢筋加工	
13	电焊机	BX500 型	6	钢筋加工	
14	压浆泵		2	压浆	
15	钢筋切断机	J3G - 400	2	钢筋加工	
16	发电机	75kW	2	备用电源	
17	吊车	50t	2	吊装	
18	运梁拖车	60t	1	运梁	
19	导链葫芦	1t	6	支模、运梁	

5.2 预制场施工人员配置

依据预制箱梁的工期安排及本标段箱梁预制数量，拟计划投入的施工人员配备数量见表2。

表2　　　施工人员配备数量表　　单位：人

人员	2013 年							
	3 月	4 月	5 月	6 月	7 月	8 月	9 月	10 月
管理人员	2	2	4	4	4	2	2	2
技术人员	10	15	15	20	20	15	10	10
测量人员	4	6	6	6	6	6	4	4
钢筋工	10	40	60	80	80	60	40	20
模板工	10	40	80	80	80	100	100	80
混凝土工	20	40	120	120	120	140	140	120
水电工	4	4	6	8	8	8	6	2
起重工	10	15	15	20	20	20	15	10
司机及机械工	20	40	80	100	100	80	60	20
普工	20	80	80	80	80	80	80	80
合计	110	282	466	518	518	511	457	348

6 施工方法总结

6.1 箱梁预制场布置

（1）箱梁预制场场地硬化处理。预制场的原材料堆放区、箱梁预制生产区和道路实行硬化，硬化方式为原地面压实后，半刚性基层采用 20cm 厚砂砾垫层，再铺设 20cm 厚 C30 混凝土硬化。预制场内设置排水设施，并在场地四周挖好排水设施，以利于排水及防洪。

（2）预制区。第一箱梁预制场预计设置 40 个制梁台座，底座中心线距离为 5m，底座尺寸长 22m，吊装孔宽带为 25cm。在箱梁底座两端设置可以调节高度的钢模板，在支立箱梁模板时，可根据图纸设计调节模板高度，设置梁底承托倾斜角度，使梁底承托与主梁同时浇筑。

（3）存梁区。每个预制场分别设置 1 处存梁区，预计可存梁 500 片，存梁区场地进行部分硬化。将原地面压实后，浇筑 40cm 厚 C15 素混凝土。

（4）龙门吊轨道。每个预制场设置两大一小三个龙门吊，大龙门吊 24m 跨、11m 高，小龙门吊 24m 跨、9m 高。大龙门吊主要用于移梁；小龙门吊主要用于箱梁模板支立箱梁混凝土浇筑。龙门吊轨道采用 43kg/m 钢轨，轨道基础为 100cm 宽、50cm 厚 C25 钢筋混凝土。

（5）钢筋堆放区。钢筋场地按标准化建设要求，全部硬化，并在场地内现浇 30cm 高钢筋堆放台座。

6.2 箱梁预制施工工艺总结

6.2.1 台座、模板制作

（1）为保证预制场内达到标准化施工要求，先对原地面进行清表、整平，原地面用掺石灰 5%～8% 处理，处理深度约 20～40cm 深，经碾压合格后，全部采用混凝土硬化处理。制梁台座采用 C30 混凝土浇筑，台座的预留拉杆孔可采用预埋塑料管方法，台座两端用于起吊箱梁的位置可预留槽口，为保证梁体张拉后对台座的稳定性，两端采用扩大基础。制梁台座顶面需按抛物线型式预留向下 1.3cm 预拱度；台座表面平整度 2m 范围内允许偏差小于 2mm，中线尺寸偏差小于 4mm。台座混凝土浇筑后及时焊接顶面钢板。

（2）台座的结构型式见图 3。

（3）箱梁侧模可使用 8mm 厚度的钢板整体加工成型，本工程设计为单侧 4m×5m，共配备 2 套中梁、1 套内边梁、1 套外边梁共 16 套模板。模板的结构型式见下图 4。底部、顶部用拉杆固定，模板外侧连接角钢斜撑，既能调整模板垂直度，又起到支持固定作用。

6.2.2 钢筋加工安装

（1）箱梁钢筋加工应做好施工顺序安排，先在场地内照图下料、成型，再将钢筋转运至台座上面进行二次绑扎，成型骨架。绑扎程序：腹板钢筋安装→底板钢筋绑扎→腹板钢筋绑扎→绑扎横梁钢筋→波纹管安装固定→支座钢板及加强钢筋安装。为避免骨架变形，用马凳钢筋做临时支撑加固腹板钢筋，侧模板合模前撤掉。

（2）边跨梁及中梁边梁绑扎钢筋笼时必须注意预埋各类护栏、伸缩缝等预埋筋。

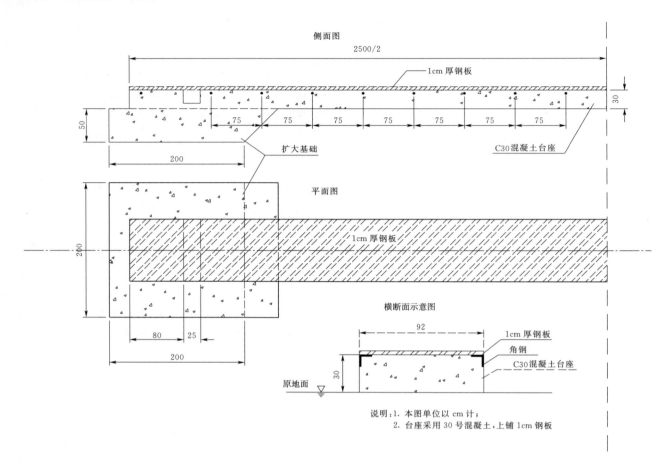

图 3 台座的结构型式图

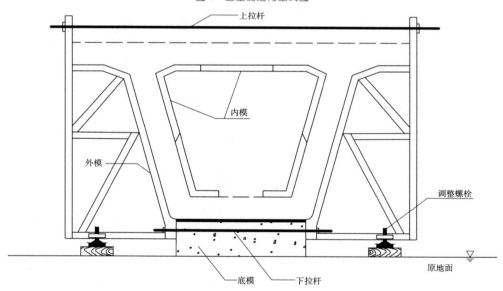

图 4 模板的结构型式图

6.2.3 模板安装

（1）立模应满足《公路桥涵施工技术规范》（JTG/T F50—2011）要求：①梁长误差＋5～－10mm；②腹板厚度误差＋10～－0mm；③上口中线偏差±10mm，宽度（湿接缝）±20mm；④横梁对梁体的垂直度误差不超过5mm；⑤相邻两片钢模拼接高差±2mm；⑥钢模板面板变形不超过1.5mm；⑦预埋件中心线位置5mm；⑧箱梁高度＋0～－5mm；⑨跨径（支座中心距离）±20mm。

（2）箱梁模板安装施工工序：脱模剂涂刷模板→修

整、清理制梁台座→二次涂刷脱模剂→箱梁钢筋入模→侧模合模安装→内模吊放、固定→调整模板标高、尺寸、固定。

（3）箱梁模板设计为单侧四块（5m＋5m＋5m），龙门吊配合吊放安装，第一次使用模板前必须将板面抛光、涂刷脱模剂。使用龙门吊将模板在台座上试拼，模板各部位尺寸进行校核，尤其是校核拉杆孔的位置是否对正、是否符合设计要求。

（4）箱梁腹板钢筋骨架垫块安装好后，钢筋笼的位置调整准确，模板各接缝采用双面胶贴好，防止漏浆。采用龙门吊配合人工将侧模移到台座处进行就位，两侧模板安装对称，调整好位置后在模板外侧的立柱下面加垫方木来调整高度，每安装一节模板底拉杆进行临时固定，以此循环安装侧模板。全部安装到位后用千斤顶辅助调整高度、轴线、模内尺寸等，同时紧固底拉杆。外侧拼好依次调入内模进行固定，再进行顶板钢筋绑扎，紧固顶拉杆，调整箱梁顶板上口宽度与线型，安装箱梁翼缘板侧模。

（5）箱梁端模安装。先将锚下加强螺旋筋旋入主筋内，同时将锚垫板固定在端模上，压浆孔用泡沫塞紧，防止水泥浆流入管道内堵死。安装端模时波纹管、锚孔、垫板等各处的缝隙用泡沫、棉布、速率胶带密封，防止漏浆。

（6）混凝土浇筑施工前要按照施工图纸检查所有的预埋件、波纹管、主筋、保护层等，翼缘板上提前预留用来吊装的预留孔，距离梁端为 91.5cm。

6.2.4 混凝土浇筑

（1）混凝土拌和、浇筑设备：配备 90 型拌和站两套，一套作为备用，混凝土罐车运输 4 台。此箱梁为 C50 的高标号混凝土，坍落度为 70～90mm，标号高，设计外加剂为粉剂，实际拌制过程中搅拌时间需要加大到 2min 以上才能保证拌和均匀。

（2）浇筑方法：龙门吊起吊混凝土料斗下料，从任意端模处开始连续、分段、分层浇筑，按底板 1 层、腹板 3 层、顶板 1 层划分垂直浇筑层数。腹板要两侧对称浇筑。内模底板处为开口型式，应先浇筑底板混凝土，初凝后，再浇同一断面两侧的腹板混凝土，如此循环往复浇筑。最后在内模入孔处浇筑结束、收面。箱梁浇筑顺序示意见图 5。

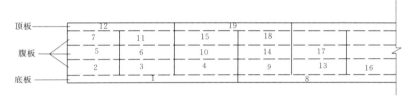

图 5　箱梁浇筑顺序示意图

6.2.5　拆模、养护

同养护条件下混凝土试件的抗压强度达到设计的 80% 左右后进行拆模，拆模后及时覆盖、喷淋养护。箱室两端可采设置素混凝土挡水坎，用来箱室内部灌水养护。拆除侧模板后箱梁的侧面一定要洒水浸透，将塑料薄膜用胶带粘贴在腹板上，洒水养护不少于 7d。

6.2.6　预应力施工

（1）预应力材料要求：钢绞线采用 ϕ15.2mm，松弛率 $\rho=0.035$，松弛系数 $\zeta=0.3$，弹性模量 $E=1.95\times10^5$MPa，$f_{pk}=1860$MPa；锚具为 YM、BM 锚；波纹管为 $D_内=55$mm，钢带厚度不小于 0.30mm。所有的预应力材料经进场检验合格方可使用。

（2）钢绞线下料、穿束：按照施工图纸计算实际钢束长度，采用切割机下料，严禁气焊切割，实际梁体外露约 80mm 长度。每一孔钢绞线束分别编号堆放，每隔 1～1.5m 用扎丝绑扎。先将孔道清洗干净，采用卷扬机配合人工穿束。为避免漏浆堵塞孔道浇筑混凝土时波纹管孔道内可穿小一号的塑料管。钢绞线穿完及时将锚环、夹片整齐安装，采用小千斤顶调整单根钢绞线应力，使同一管道内的钢绞线松弛程度、初应力大概保持一致。

（3）张拉：本工程采用两端张拉工艺，以应力为主，伸长值作为校核的双控方式。根据设计的锚下应力采用两台 150t 千斤顶张拉，施工前两台千斤顶必须做好联合标定，计算每个千斤顶的张拉应力值及油表读数，不得任意更换。张拉控制力计算应考虑以下因素：设计控制应力、孔道摩阻损失、锚口摩阻损失、夹片夹具压缩量、锚具类型等因素，编制张拉力计算书。同条件试件混凝土抗压强度达到 90% 时进行张拉。张拉完成后立即用高标号砂浆封锚，并及时进行养护。

（4）实际张拉过程中及张拉完成后要观察箱梁跨中起拱情况，记录的实际数据和理论值，误差要小于 20%，发现偏差过大要查找原因采取措施后才可继续施工。根据计算本工程箱梁挠度理论计算值，1d 按边梁 21.9mm、中梁 13.9mm，30d 按边梁 26.7mm、中梁 7.0mm，60d 按边梁 29.3mm、中梁 18.6mm。

（5）后张法预应力钢绞线在张拉过程中主要受到以下两方面的因素影响：一是管道弯曲影响引起的摩擦力，二是管道偏差影响引起的摩擦力。两项因素导致钢绞线张拉时，锚下控制应力沿着管壁向跨中逐渐减小，因而每一段的钢绞线的伸长值也是不相同的。

6.2.7 压浆

(1) 预应力张拉后，1d 内要进行预应力孔道压浆施工，首先用高标号砂浆封锚，封闭容易漏浆的孔隙，孔道浆液配合比通过工艺性试验确定，膨胀剂使用专用外加剂，稠度为 14～18s，泌水率按施工技术规范及试验标准中要求控制。

(2) 孔道压浆按先下后上的顺序依次施工。一次拌和要大于一个孔道所需数量，稠度要符合试验要求。

(3) 采用活塞泵进行压浆，活塞泵具有压力可调、稳定的特点，压力根据输液管长度控制在 0.5～0.7MPa，最大不宜超过 1MPa。两端锚垫板上的压浆孔要设置能及时关闭、开启的阀门，从一端开始压浆，另一端溢出规定稠度的浆液可关闭阀门，同时以 0.5～0.7MPa 稳压 2min 后关闭进浆端阀门，依次进行下一孔道压浆。

(4) 压浆结束将两端梁体冲洗干净并凿毛，焊接封锚钢筋，最后封锚。

6.2.8 安装箱梁堵头板

箱梁堵头板按照图纸要求提前预制，安装在连续端，吊放到位后拼接，缝隙用砂浆灌注加固，定期喷水养护。

6.3 箱梁存放、吊装施工

同条件砂浆试件强度达到 40MPa 后方可移梁、吊装。采用 80t 龙门吊进行兜底吊法移梁，本标段 20m 小箱梁吊装重量如表 3 所列。

表 3　　20m 小箱梁吊装重量表

跨径	边跨边梁	边跨中梁	中跨边梁	中跨中梁
20m	53.9t	49.5t	53.4t	48.5t

箱梁场的存梁台座可用 C25 混凝土制作。压浆合格后的箱梁梁体上进行成品标识，箱梁移至存梁台座后要固定稳定，按 2 层存放，可将方木放置在梁体的支座处及中间，为保证稳定，把顶部预埋筋临时焊接在一起，翼板下面用方木支撑，每层之间垫方木，箱梁的通气孔要检查是否通畅。

7 结语

通过对典型黄土高原沟谷地貌高速公路箱梁预制施工组织管理，系统地总结了高速公路箱梁预制的场地选择，功能分区的规划，施工设备、人员等资源的配置，结合施工过程中的技术管理经验，总结了一些结论，可供类似工程建设提供指导借鉴。

(1) 箱梁预制前做好整体策划，在熟悉设计意图前提下，施工图纸与现场实际情况进行反复对比、核查，通过专家指导及多部门建议，确定建设方案。

(2) 目前公路施工标准化建设日趋完备，对细节的标准化更能体现项目管理的能力，为提高箱梁建设的质量、安全、环保等高标准，也同时提高了企业品牌的影响力。

(3) 梁场选址规划、功能分区定位没有定式，主要以满足施工建设为目标，与线路走向、工期要求、架梁方法结合，同时也要考虑成本的要求。

(4) 箱梁预制工序繁杂，要制订好流水施工的方案，为提高施工效率，流水施工组织显得尤为关键，以台座的周转率为基本参数，来统筹安排箱梁预制的施工。

浅谈工程项目施工索赔

伍胜洪/中国水利水电第十四工程局有限公司
刘海勃/中国电建集团西北勘测设计研究院有限公司

【摘　要】　工程项目管理的核心是合同管理，合同管理的关键则是工程施工索赔。工程施工索赔就是在工程承包合同履行中，承包商由于业主未履行合同所规定的义务或者出现了应当由业主承担的风险而遭受损失时，向业主提出赔偿要求的行为，这种行为涉及施工技术、合同法律、贸易财会以及社会公共关系等众多学科的相关知识。工程施工索赔及其管理是我国工程建设中相对薄弱的一个环节，我国许多施工企业对工程索赔的理解和认知存在一定的认识上错误，本文对工程建设施工中如何做好工程索赔进行了一些探索，供同行借鉴和参考。

【关键词】　项目管理　合同管理　工程施工索赔　施工技术　合同法律

目前我国工程领域竞争日趋激烈，承包商在投标时不得不采取低价中标的方式来承揽工程，然而低价中标后一系列的经济问题也可能随之产生。因此，在工程实施进程中，施工索赔尤为重要。做好工程项目施工索赔工作，可以使承包商在有效维护权益的同时获取更多的利润，业主单位也可以通过索赔事件保证工程质量。施工索赔工作需要施工单位工程施工、技术、管理人员相互配合、认真研究、共同参与。工程施工索赔是从工程中标、合同签订直到工程竣工结算，贯穿施工全过程的一项重要工作。资料的收集是施工索赔成功的前提，索赔的方法和时机是施工索赔成功的关键，成功的索赔能够使工程费用补偿达到工程造价的 10%～20%。因此，工程施工中的索赔工作已经成为每一个施工企业必须面对的一门课题。

1　索赔发生的原因及做好工程施工中索赔管理的重要性

1.1　索赔发生的原因

工程中施工中导致索赔的原因较多，在水电建设工程施工过程中较为常见的索赔原因主要有以下几点：

（1）不利的地质条件与人为障碍引起的索赔。不利的地质条件是指施工中遭遇到的实际自然地质条件比招标文件中的描述更为恶劣，导致承包商必须花费更多的时间和费用去应对该问题。以云南省黄登水电站为例，投标标书中所描述的围岩地质情况和实际施工中围岩类别的地质情况相差较大，导致施工过程中工期和费用增加。

（2）因业主提供的招标文件中的错误、漏项与实际施工情况不符，造成中标后突破原标价而引起的索赔。

（3）因设计或监理要求的施工现场条件与合同明示或隐含的条件相比较，产生了不利于施工且承包商无法事前预料与防范的变化，超出合同范围所引起的索赔。

（4）因业主要求提前完工，或工程变更超出合同范围，业主提出合同完工时间如期或提前的要求，导致施工成本增加所引起的索赔。

（5）属于业主承担的风险（如自然气象、水文条件、地质条件、国家法律法规的变更等原因）造成施工单位损失所引起的索赔。

（6）合同规定由业主承担的责任，如施工图纸、主要施工材料、金属结构、机电设备、工程设备的提供等，业主未按合同规定履行而造成施工单位损失所引起的索赔。

（7）停水、停电超过合同规定时限，业主委托供主材质量不合格等导致工程停工所引起的索赔。

1.2　工程索赔管理的重要性

（1）工程索赔管理是减少工程风险损失的有效途径。绝大部分业主往往在索赔问题上忽视了对自己有利的一面，他们不希望看到索赔，这是因为他们只看到索赔会使工程价款增加、工期延长的一面，没有认识到索赔会使风险的分担更趋于合理，进而得到较低工程报价的一面。倘若承包商根据合同条款对业主的行为进行正常索赔，使自己在承包工程中受到的损失能得到应有的补偿，那么承包商在投标报价中就可以少报或者不报风险损失费用，而报一个相对较低的价位，在承包工程过程中当意外情况出现时，按实际发生的损失通过索赔得以补偿。这样做有助于降低工程报价，使工程造价更趋于合理，从而保证工程质量。可以看出，索赔实质上是业主和承包商对相互间承担风险的再分配。

（2）工程索赔管理是合同当事人维护其合同权益的重要手段。从经济利益上说，业主和承包商之间存在着矛盾。业主的出发点是在其预算范围内获取最好的工程成果，因此，他们对工程实施过程中的额外费用非常敏感，只有当他们对支付整个工程的资金有完全把握时，才有可能同意支付赔偿款。而承包商的出发点是最大限度地获取经济收益，尽早地将损失从业主方得到补偿，但承包商总是处于相对被动的地位。

（3）工程索赔是承包商经营管理水平的体现。承揽工程项目的主要目的是获取经济收益，项目的经营管理自然也就围绕这一中心而展开。任何一个有实力的承包商不仅应具备施工技术和施工能力上的优势，还应具备很强的合同管理和工程索赔能力。只有这样，承包商才能既圆满地完成工程任务又获得满意的经济效益。

2　工程索赔的准则

对于承包商来说，在工程索赔过程中应遵循客观性、合法性和合理性的准则。

工程索赔的客观性是指事件真实存在，工程施工切实使承包商蒙受损失，并且在施工过程中这些损失有原始记录、签证文件及相关变更文件资料等；合法性是指索赔文件中所提出的要求，要符合合同中相关条款或相关法律规定；合理性是指索赔事件符合合同规定，符合实际情况，索赔费用的计算有理论依据，符合核算原则和工程惯例，做到实事求是。

3　工程索赔的技巧

组成一个工程建设项目的合同文件内容及形式较多，合同文件组成为：合同协议书、中标通知书、投标人的投标书、合同专用条款、合同通用条款、技术规范、图纸、工程量清单及合同专用条款中所列的组成本合同的其他文件等。正因为内容及形式较多，且参建各方利益不同，工程参建各方往往对索赔事件的合同理解存在分歧，影响工程施工索赔的管理。但无论何种理解，其基本立足点应是在法律法规框架下合法的理解，这种理解的本身是合同中任何条款不得显失公平。因此工程施工索赔管理的技巧显得尤为重要，下面是本文作者多年工作中用到的索赔技巧。

3.1　工程索赔的基础——报价策略

这种技巧来源于合同当事人的经验，始于工程建设的前期，一般可用以下两种策略：

（1）不平衡报价。主要是指在同一工程项目中，在总价不变的情况下，对分部分项报价作适当调整，以争取工程利润最大化。在采取不平衡报价法的策略时，一定要注意，不要畸高畸低，以免导致成为废标。

（2）抓大放小。索赔事件在工程建设中比较多，有大有小，有原则性的索赔，有非原则性的索赔。在实际的索赔管理中，不应一概而论，而应分轻重而予以不同的处理，对于大的原则性的索赔问题抓住不放，而对旁枝末节的事件，大可予以忽略，切不可斤斤计较，特别是工程中出现紧急事件需处理时，应先以工程为重，以抢险为重，以尽可能采取措施挽回损失为重。

3.2　索赔时机的把握

基于合同组成内容及形式的多样性，不可避免地存在着合同条款的矛盾之处，而这种矛盾正是工程施工索赔的争议所在，这也是索赔与反索赔的双刃剑。在不同阶段，处理同一索赔事件的结果可能完全不同。在工程前期，业主与施工单位是一对矛盾体，双方都会死抠合同中对自己有利的条款而不能统筹兼顾，使谈判陷入僵局，加重合同双方的矛盾，重者可能导致合同解除。因此，合理把握索赔谈判时机非常重要。在业主对工程进度不太关心的时候，对一些模棱两可的事件，在谈不拢的情况下尽量回避谈判。到工程中后期，业主对工程进度会有急迫的要求，承包方可在此时提出未解决的经济问题，如资金较为困难、为加快工程的进展迫切需要业主给予经济上的支持。在前期施工质量等基本满足业主要求的前提下，此时业主较容易接受承包方对合同条款的解释，合同中存在的矛盾容易得到解决。

3.3　谈判时的技巧

实践证明，在谈判中一味地采取强硬态度或软弱立场都是不可取的，两种态度都难以获得满意的效果，采取刚柔相济的立场则可事半功倍，既有原则性又有灵活性才能应付谈判的复杂局面。在谈判中要随时研究和掌握对方的心理，了解对方的意图，不要用尖刻的话语刺激对方，伤害对方的自尊心。要以理服人，求得对方的理解。要善于利用机会，用长远合作的利益来启发和打动对方，应准备几套能进能退的方案。在谈判中应该有取有舍，共同寻求双方都能接受的折中办法。对谈判要有坚持到底的精神，有经受各种挫折的思想准备。对分歧意见，应相互考虑对方的观点共同寻求妥协的解决办法，双方僵持不下的情况下，应及时终止谈判，留到合理的时间再次进行谈判。

4　索赔费用的计算方法

4.1　分项法

分项法是按每个索赔事件所引起损失的费用项目分别分析计算索赔金额的一种方法。这一方法是在明确责任的前提下，将索赔费用分项列出，并提供相应的工程记录、收据、发票等证据资料，这样可以在较短时间内予以分析、核实，进而确定索赔费用，顺利解决索赔事宜。在实际工程中，该方法较多采用。

4.2　总费用法

总费用法又称总成本法，是指当发生多次索赔事件后，重新计算该工程的实际总费用，再从实际总费用中减去投标报价时的估算总费用，计算索赔余额。

4.3　修正总费用法

修正总费用法是对总费用法的改进，即在总费用计算的原则上，去掉一些不合理的因素，使其更合理。修正内容主要有以下 4 项：

（1）将计算索赔款的时段局限于受到外界影响的时间，而不是整个施工期。

（2）只计算受影响时段内的某项工作所受影响的损失，而不是计算该时段内所有施工工作受的损失。

（3）与该项工作无关的费用不列入总费用中。

（4）对投标报价费用重新进行核算，按所受影响时段内该项工作的实际单价进行核算，再乘以实际完成的该项工作的工作量，得出调整后的报价费用。

修正总费用法与总费用法相比，更趋合理，能够准确反映出实际增加的费用。

5　结语

索赔是一种正当的权利要求，同履约并不矛盾。恪守合同原则是业主和承包商的共同义务，只有坚持守约才能保证合同的正常执行。承包商在激烈的竞争中以较低价格中标，实施过程中稍遇条件的变化便可能导致项目亏损，他们必然会寻找一切可能的索赔机会来减少自身的风险。因此，索赔是承包商和业主之间承担风险比例的合理再分配。索赔工作是承发包双方之间经常发生的管理业务，是双方合作的方式，而不是对立。

总之，工程施工索赔的管理工作是一项复杂、细致的系统性工作，这项工作的开展始终贯穿着"以法律为准绳，以合同文件为基础，以事实为依据，以有度为界线"的原则。它虽然体现在工程建设的投资事后控制中，但却源于工程建设的事前控制，源于工程建设项目参建各方对风险的识别、风险的评价以及风险对策组合的决策。

浅谈黄登水电站引水发电系统
施工质量管理

史振军　吴　帅/中国水利水电第十四工程局有限公司

余雅宁/华能澜沧江水电股份有限公司黄登·大华桥建设管理局

【摘　要】 黄登水电站引水发电系统布置于左岸，地下洞室众多，结构多变，工程地质条件复杂，施工难度大，质量要求高。本文重点介绍了黄登水电站引水发电系统工程施工质量管理的方法和重点，供类似工程参考。

【关键词】 水电站　引水发电系统　质量管理

1　概述

黄登水电站位于云南省兰坪县境内，是澜沧江上游曲孜卡至苗尾河段水电梯级开发方案的第六级水电站。电站以发电为主，装机容量为 1900MW，年发电量 78.11 亿 kW·h。属 I 等大（1）型工程。黄登水电站引水发电系统布置在左岸地下，由进水口、引水隧洞、地下厂房洞室群系统、尾水系统以及其他辅助洞室组成；工程规模宏大、地下洞室众多、结构多变、工程地质条件复杂，施工难度大，加之工程量大、施工持续时间长、安全文明施工及环境保护要求高。华能澜沧江水电股份有限公司将黄登水电站项目明确为"创建国家优质工程金奖"的目标。因此，黄登水电工程建设项目在质量把控方面必须做到高起点、高标准、严要求。

2　质量管理重点

2.1　施工方案制定

技术方案的正确性和可实施性，是工程质量管理事前控制重点，黄登项目部在总结完善水电工程施工常规的施工工艺、施工方法的基础上，借助新科技、新技术，对常规工艺、方法进行不断的改进，努力引进和推广新技术、新材料、新工艺在黄登项目的运用。在引水发电系统免装修混凝土施工方面，提前策划，在借鉴清远抽水蓄能电站的基础上，从工艺试验、配合比设计与优化、PVC 蝉缝条和倒角线条应用、模板选择和安装三维设计、混凝土振捣、成品保护等方面，细化技术方案，为免装修混凝土施工提供可靠的技术保障。施工方案是整个工程的指引，在施工方案编制中要涵盖全部施工环节采取的技术方案、工艺流程、组织策略、质量检测等。而工程项目实施方案的有效性直接影响了工程项目的施工质量，这是最核心的部分。在编制设计方案时必须把技术方案作为重点参考，对于存在的施工难题、经济效益等问题，需在方案设计环节给予正确控制，以确保工程建设的质量。

2.2　推行"首建制"管理

方案制订完成后，按照"首建制"管理模式，即在每一个工程项目开工前，由工程技术部编制施工措施，通过内部讨论评审，报监理单位对制定的工艺措施经参建各方评审后，开展工艺试验。取得各项施工工艺参数后，根据工艺实验结果，对工艺效果进行评价，总结相关参数，按照工艺参数组织施工。特别在混凝土施工阶段，每个分部工程第一仓混凝土开仓前，由参建各方进行预验收，并请第三方测量中心对模板、中线进行校检，确认无误后再进行施工。施工通过"一仓一总结、三仓定标准"的原则，从方案的策划、实施、检查、改进，取得合理的施工参数。

2.3　建立工序工艺标准化

在施工过程中采取控制措施，坚持把工序质量作为控制核心。每个单元由各工序组成，每道工序都会对施工质量造成影响，而各道工序的组成结构都涉及人员、设备、材料、方案、环境等。控制施工质量要围绕这些因素来开展，要准确把握好质量的控制点，确保工程施工质量。黄登项目部结合工程建设实际需要，制定了《止水安装Ω围枪》《混凝土收仓面》《预埋灌浆管施工》《模板施工》《混凝土浇筑》等工序工艺标准化手册，并将工艺标准化制作成册，在黄登项目推广执行，确保工程施工标准、规范进行。

2.4 认真做好现场交底工作

技术交底对于工程建设有着重要的意义，保证参与引水发电系统工程施工的人员能够从结构特点、技术要求、施工工艺、质量标准等多方面了解工程的要求。技术交底是一项经常性的技术工作，在各单项工程开工前，由技术部、质量管理部、安全环保部共同组织实施，按照施工组织设计（施工措施）对作业人员进行质量、技术、安全联合交底；关键部位和重点工程，由项目经理、总工程师参加交底，根据现场情况选择合理的交底方式，从设计图纸、施工组计、质量检验、验收规范、操作工艺等方面入手。必要时结合现场、图表、实样以及现场示范操作等进行技术交底，将技术交底从会议室交底改为由质检人员、技术人员深入至各作业班组，进行现场交底，使作业人员熟知作业内容及质量要求。黄登项目部还针对项目不同部位、不同工艺、不同施工环境，编制了质量交底培训材料，使技术交底工作做到了简明扼要、通俗易懂，让作业人员容易接受，容易理解和掌握。

2.5 加大检查力度

现场检查实行质量"三检制"和"联检制"。黄登项目部自进入混凝土施工阶段以来，按照混凝土施工各工序《工艺标准化手册》的要求操作，强制推行各工序质量控制；还制定了混凝土仓面标准化检查清单，在仓面验收前，由二检、三检人员按照清单逐项检查，确认执行无误后，申请监理工程师进行验收。对于工程的关键环节、关键工序，进行旁站跟踪，尽早发现存在的质量问题，维持施工质量处于受控状态。具体操作中，在上一道工序一检、二检合格后，再申报三检人员进行检查，在三检合格后检验资料呈交监理工程师，并与监理工程师对申请验收的部位进行联检，在联检合格后方可进行下道工序的施工作业。

2.6 控制施工环境因素影响

引水发电系统工程的环境对施工质量影响是巨大的，涉及地下洞室内的温度、湿度、空气流动及外部太阳光照、雨季等。特别是夏季和雨季，洞内湿度过大，地下水丰富等，都会给混凝土施工造成影响。高温季节，现场布置喷湿机喷淋或进行人工仓面降温，防止混凝土因温度温差过大造成干缩、裂缝等问题；雨季现场搭设防雨棚，尽量减少雨水进入仓面，仓面内部放置排水工具，及时对仓面积水排除。通过不同季节制定不同

的保证措施，减少环境因素对施工质量影响。

2.7 加强成品保护

在施工过程中，对已完工的分部或单元工程，不采取有效的措施进行保护，就会造成损伤，有些损伤难以恢复而成为永久性缺陷，从而严重影响工程质量。因此，做好已完工的分部工程成品保护工作十分重要。成品保护工作主要抓施工顺序和防护措施两个主要环节，按正确的施工流程组织施工，不颠倒工序，防止后道工序损坏或污染前道工序。

3 原材料管理

原材料是构成工程的基础，引水发电系统工程材料种类繁多，极易出现材料不合格而影响工程质量。因此，必须抓好材料质量的源头管控。要建立原材料准入制度，采购人员要把控好材料选购的质量，所有原材料进场后要进行现场验收，要对照合格证书、材料证明、技术资料及规格数量逐一进行检查验收，确保进场材料与供货单规格、型号一致。验收后要登记建账立卡，保证材料"四相符"（账、卡、物、质量文件相符），同时委托试验室对原材料进行检验；所有主体原材料必须经检测合格后方可发放使用。对检测异常的原材料及时进行申报处理，对不同原材料采取相应的防潮、防腐蚀、防过期、防破损措施，并定期对库存原材料进行质量检查，杜绝不合格原材料使用于工程建设之中。

黄登项目部在工程开挖施工中期，就提前对混凝土施工进行策划，成立混凝土攻关小组，从施工技术、工程材料、施工组织等方面对引水发电系统混凝土施工进行周密安排。针对引水隧洞圆形竖井滑模、闸门井方形滑框翻模、进水口拦污栅整体性定型钢模、主厂房廊道定型钢模和清水混凝土定型钢模等不同施工部位，分别对模板设计、制作、安装等每一道工序都进行了细化，甚至具体到一个锥形销的制作、柱框的抱箍、不同型号模板组合等，从优选择模板材料，为确保混凝土成型质量奠定了基础。

4 农民工管理

引水发电系统施工使用了大量的农民工，这些劳务人员的质量意识、技能水平都参差不齐，给项目的质量控制增加了难度。

在施工过程中，项目部针对工程施工的不同部位、不同工艺、不同施工环境等情况，编制了施工技术、工艺流程、质量要求等简明扼要、通俗易懂的培训材料，供农民工人员学习和使用，使他们对工程施工流程、施工方法、操作工艺有了清楚的认识，不仅提高了他们的专业技能水平，也增加了他们对项目部的认同感，保证了施工队伍的相对稳定性，形成了高效共赢的协作施工模式。

5 设备管理

机械设备是项目施工的重要物质基础，它会对项目的施工进度和施工质量产生直接的重要影响，项目施工中，在综合考虑施工现场条件的基础上，按照工程特点，根据机械设备功能，合理选择施工机械的类型和性能参数，使之合理装备、配套使用、有机联系。设备管理设备的管理按照"定人、定机、定岗"的三定管理制度，切实做好设备的"清洁、紧固、调整、润滑、防腐"保养工作，确保设备具有良好的运行状态。要定期开展施工设备的现场检查工作（每月不少于2次），建立相配套的奖罚制度，使每台设备的责任人形成自觉保养设备的良好习惯。

6 工程验收评定

单元工程施工完成后，要对整个工程的质量进行验收评定。工程验收包括了单元、分部工程的验收以及单位工程的验收，由三检人员对已完工工程，从结构形式、平面尺寸、力学性能、安全监测等各项设计指标进行检测，以保证引水发电系统已完工工程的工程质量。对于工程质量进行验收时，其重点在于对程中的各个组成建筑物性能进行验收，并在过程中安排第三方检测人员进行测量、试验、物探等检测，保障各项参数指标达到标准后正式投入运用。

7 结语

工程质量是企业的根本，没有质量的工程是创造不出经济效益的。为了保证施工项目顺利进行，黄登项目部在施工前、施工中、施工后等各个环节，围绕工程质量采取了一系列必要的措施，为整个引水发电系统工程顺利施工创造了良好的条件，也为圆满完成黄登引水发电系统工程提供了根本的保证。

浅析建筑施工企业绩效考核管理体系的问题与对策

裴　勇/中国水利水电第十四工程局有限公司

【摘　要】 国有企业掌握国民经济命脉，是国民经济的支柱。国有企业的经济发展状况决定了社会主义市场经济体系的兴衰，关系着国家的安危和民生。建筑施工企业作为国有企业的重要组成部分，需不断加强自身竞争力以适应经营环境的变化，通过不断完善、改进建筑施工企业绩效考核体系，设计更为符合其自身特点的绩效考核体系，以加强内部管理，提高效益，实现其发展战略目标。

【关键词】 国有企业　绩效考核　问题　对策

1　绩效考核的含义及重要作用

绩效考核指企业在既定的战略目标下，运用特定的标准和指标，对员工的工作行为及取得的工作业绩进行评估，并运用评估的结果对员工将来的工作行为和工作业绩产生正面引导的过程和方法。

绩效考核作为一项涉及战略目标体系及其目标责任体系、指标评价体系、评价标准及评价方法等内容的系统工程，其核心是促进企业获利能力的提高及综合实力的增强，其实质是做到人尽其才，使人力资源作用发挥到极致。

绩效考核在员工管理、激励等方面的核心作用决定了其在提升企业核心竞争力方面的重要作用，即一个企业的绩效考核水平将直接影响到企业的综合竞争实力。企业是否能建立完善、合理的绩效考核体系，是解决企业内部员工积极性问题、实现资源合理配置和人力资源高效利用的有效措施之一。

2　现阶段建筑施工企业绩效考核体系所存在的不足

2.1　现阶段所实行绩效考核与企业战略目标没有挂钩

建筑施工企业战略目标的实现通过企业营业收入、营业利润的完成率来体现，它需要多种要素的促成。绩效考核作为其中的一个重要工具，是通过对企业战略目标层层分解后目标完成情况的一个检验，是对各层级员工工作完成情况、完成质量的一个实际评测。但在现行绩效考核体系中却多数出现了虽然各部门及员工的工作目标已达成，但所达到整体绩效水平却并不尽如人意。出现这种问题的主要原因就是整个绩效目标的分解应是自上而下的分解，而非是依据自身现有工作或日常性工作进行绩效目标的制定。这就导致绩效考核与企业战略目标脱节，从而无法依据企业战略目标给予部门及员工的工作行为以很好的引导，也就导致企业既定战略目标无法顺利实现。

2.2　不能够依据企业实际情况制定合理规范的考核指标

建筑施工企业的绩效考核多采用KPI指标考核，这就对KPI指标的提取质量要求较高。但现阶段建筑施工企业的绩效考核指标多以定性化指标为主，定量化指标较少。考核指标评价多为针对个人的德、能、勤、绩、廉等方面的相关指标评价，缺乏相关数据性指标作为支撑，指标设置过于笼统和理论化，细致性及可操作性不强。这就导致在绩效考核的实际运用过程中考核人员难以衡量员工的真实绩效水平，从而导致绩效考核流于形式，也使建筑施工企业的绩效考核陷入信用度不断下降的不良循环中。

2.3　绩效考核意识未能渗入到全员体系中

现阶段建筑施工企业的绩效考核，往往仅有人力资源部的工作人员能够理解绩效考核的真正意义，而领导与其他部门员工对于绩效考核的认识往往不足。领导对于绩效考核也仅仅是做简单指示，部门主管或考核人员也只是填表评分，基层员工多数认为绩效考核是企业用来变相缩减员工薪酬的一种方式。人力资源部作为绩效考核主导部门，承担了绩效考核的主要工作，而一旦出现问题也就全都是人力资源部的问题。这种针对绩效考核的角色分配是不合适的。出现这一问题的主要原因，是企业未将绩效考核作为企业的一项系统工程融入到日常管理的过程中，同时也缺乏必要的交流与沟通；同时，部门以及员工个人从自身切身利益出发，对绩效考核给予敷衍甚至排斥的态度，认为仅仅是一个形式，从而使绩效考核工作难以有效按质按量推行。

2.4 考核方法盲目、不合理

绩效考核是调动建筑施工企业职工积极性的重要手段。而现阶段建筑施工企业的绩效考核往往将企业最终的盈利情况与员工的绩效工资直接挂钩，即企业每月扣押员工部分绩效工资，企业最终如果盈利，则员工可按盈利情况超额获得绩效工资，若企业最终亏损，则按一定比例扣减员工所扣押绩效工资。这种"以企业命运赌员工绩效工资"的方式是不合适的，企业最终是否盈利取决于领导者的战略决策及执行规划，员工在完成甚至于超额完成本职工作的同时，若因企业亏损而扣减员工工资，对于员工的积极性是一种巨大的打击，从而导致企业凝聚力、向心力低。

2.5 考核结果未能得到有效运用

在绩效考核结束时，人力资源部收集整理了大量的评分表格。而绩效考核的结果也仅仅被做成了几张统计表格，以用于计发员工绩效工资，而对在绩效考核中所发现的问题没有做深入的分析。殊不知绩效考核所产生的结果是非常有价值的资料，这其中包括员工现阶段技能水平、工作能力以及工作态度等，这些信息都是作为人力资源管理的主要依据。但遗憾的是，现在很多建筑施工企业把绩效管理结果仅当成薪酬的补充调整，对于一些深层次信息的挖掘不够；同时也缺少考核结果的反馈，缺少绩效面谈与沟通，从而导致员工对于自己的绩效考核结果不明确甚至不知道，无法达到通过绩效考核提高员工绩效水平的效果。

3 改善建筑施工企业绩效考核体系的对策

3.1 关注企业总体战略目标

绩效考核的意义，在于为企业的战略目标服务。因此，在绩效考核体系中，战略指标的完成情况就是其实施的核心。只有紧密联系战略指标，才能保证实现绩效考核的最终目标。在建筑施工企业中，每个岗位都有其自身的岗位职责，但是并非所有岗位的岗位职责都与战略目标直接挂钩。因此，并非所有的岗位都需要密切关注战略目标，否则对战略目标的关注就会被分散，从而加大管理的成本。管理者应把关注度重点放在那些对企业发展具有重大影响的岗位和团队上。

3.2 设计科学合理的绩效考核指标

现阶段，在建筑施工企业所实行的绩效考核中，多数存在部门定量化指标提取较少，定性化评价指标较多的问题。部分管理类部门与直接生产或营销关联度低，考核往往多以定性化考核为主，存在评分主观性和流于形式等问题。鉴于此，在设计考核指标时应进行考核试点，结合辅助部门生产实际，制定量化标准，通过试点检验考核方法的适用性并逐步推广。对于管理部门，则可制定书面化的考核指标，以确保绩效考核体系更贴近企业本身，具备自身特色，灵活而不失严谨，同时也提高了考核的可信度。

3.3 全员参与绩效考核

建筑施工企业绩效考核意识淡薄，全员认识不足。针对此问题，可加大对绩效考核的培训力度，使全体员工能够了解绩效考核体系的本质及意义，使他们了解绩效考核并非仅仅是人力资源部门的事，只有全体员工都主动参与到绩效考核之中，才能让员工明确自身的考核标准，从而一方面检测自己是否适合岗位标准，另一方面也使员工有达成指标和赶超指标的欲望。

3.4 优化绩效考核方法

建筑施工企业在实施绩效考核期间，不仅要进一步明确考核标准，提高考核信度，同时也要充分考虑考核方法的合理性，不能盲目地将全员考核结果与企业盈亏挂钩。应全面分析企业盈亏的缘由，进行责任划分，明确相关责任部门与责任人绩效考核指标完成情况；做到动态管理，而非全员承担企业盈亏风险。只有真正做到优胜劣汰，多劳而优者上，少劳而劣者下，才能充分发挥绩效考核的激励性，同时也能提高企业员工的凝聚力与向心力。

3.5 合理运用考核结果

绩效考核结束后，在考核结果中会产生非常丰富的员工个人工作的信息资源，对于企业管理来说这是一种财富。同时绩效考核结果的应用也应该是多方面的，只有把它与培训与开发、岗位胜任力模型、岗位评估等人力资源管理的其他环节很好地衔接，才不至于使绩效管理流于形式。同时，在绩效考核结束后，应及时进行绩效反馈，通过面谈、培训等方式解决员工在绩效考核所暴露出的问题，才能真正发挥绩效管理的作用。

4 结语

在现阶段，建筑施工企业必须不断改进绩效考核体系，采取切实有效的措施来解决绩效考核中存在的各种问题，实现绩效考核水平不断提升。同时建筑施工企业对于绩效考核应有一个全新的认识，重点在指标提取、结果运用、方法创新等方面不断创新，引入目标管理、平衡计分卡等方法，从而能够有效识别员工在绩效指标完成中存在的不足以及问题，以全面提升职工的绩效指标完成能力，推动绩效考核水平的不断提升，为企业战略目标的实现提供支持。

征 稿 启 事

各网员单位、联络员：

广大热心作者、读者：

《水利水电施工》是全国水利水电施工技术信息网的网刊，是全国水利水电施工行业内刊载水利水电工程施工前沿技术、创新科技成果、科技情报资讯和工程建设管理经验的综合性技术刊物。本刊宗旨是：总结水利水电工程前沿施工技术，推广应用创新科技成果，促进科技情报交流，推动中国水电施工技术和品牌走向世界。《水利水电施工》编辑部于 2008 年 1 月从宜昌迁入北京后，由全国水利水电施工技术信息网和中国电力建设集团有限公司联合主办，并在北京以双月刊出版、发行。截至 2016 年年底，已累计发行 54 期（其中正刊 36 期，增刊和专辑 18 期）。

自 2009 年以来，本刊发行数量已增至 2000 册，发行和交流范围现已扩大到 120 个单位，深受行业内广大工程技术人员特别是青年工程技术人员的欢迎和有关部门的认可。为进一步增强刊物的学术性、可读性、价值性，自 2017 年起，对刊物进行了版式调整，由杂志型调整为丛书型。调整后的刊物继承和保留了原刊物国际流行大 16 开本，每辑刊载精美彩页 6～12 页，内文黑白印刷的原貌。本刊真诚欢迎广大读者、作者踊跃投稿；真诚欢迎企业管理人员、行业内知名专家和高级工程技术人员撰写文章，深度解析企业经营与项目管理方略、介绍水利水电前沿施工技术和创新科技成果，同时也热烈欢迎各网员单位、联络员积极为本刊组织和选送优质稿件。

投稿要求和注意事项如下：

（1）文章标题力求简洁、题意确切，言简意赅，字数不超过 20 字。标题下列作者姓名与所在单位名称。

（2）文章篇幅一般以 3000～5000 字为宜（特殊情况除外）。论文需论点明确，逻辑严密，文字精练，数据准确；论文内容不得涉及国家秘密或泄露企业商业秘密，文责自负。

（3）文章应附 150 字以内的摘要，3～5 个关键词。

（4）正文采用西式体例，即例"1""1.1""1.1.1"，并一律左顶格。如文章层次较多，在"1.1.1"下，条目内容可依次用"（1）""①"连续编号。

（5）正文采用宋体、五号字、Word 文档录入，1.5 倍行距，单栏排版。

（6）文章须采用法定计量单位，并符合国家标准《量和单位》的相关规定。

（7）图、表设置应简明、清晰，每篇文章以不超过 5 幅插图为宜。插图用 CAD 绘制时，要求线条、文字清楚，图中单位、数字标注规范。

（8）来稿请注明作者姓名、职称、职务、工作单位、邮政编码、联系电话、电子邮箱等信息。

（9）本刊发表的文章均被录入《中国知识资源总库》和《中文科技期刊数据库》。文章一经采用严禁他投或重复投稿。为此，《水利水电施工》编委会办公室慎重敬告作者：为强化对学术不端行为的抑制，中国学术期刊（光盘版）电子杂志社设立了"学术不端文献检测中心"。该中心将采用"学术不端文献检测系统"（简称 AMLC）对本刊发表的科技论文和有关文献资料进行全文比对检测。凡未能通过该系统检测的文章，录入《中国知识资源总库》的资格将被自动取消；作者除文责自负、承担与之相关联的民事责任外，还应在本刊载文向社会公众致歉。

（10）发表在企业内部刊物上的优秀文章，欢迎推荐本刊选用。

（11）来稿一经录用，即按 2008 年国家制定的标准支付稿酬（稿酬只发放到各单位，原则上不直接面对作者，非网员单位作者不支付稿酬）。

来稿请按以下地址和方式联系。

联系地址：北京市海淀区车公庄西路 22 号 A 座
投稿单位：《水利水电施工》编委会办公室
邮编：100048
编委会办公室：杜永昌
联系电话：010-58368849
E-mail：kanwu201506@powerchina.cn

全国水利水电施工技术信息网秘书处
《水利水电施工》编委会办公室
2018 年 1 月 30 日